上海财经大学富国 ESG 丛书

编 委 会

上海财经大学富国ESG研究院
Fullgoal Institute for ESG Research, SUFE

上海财经大学富国 ESG 丛书

实质性议题的准则与实践

中国ESG发展报告·2024

郭　峰　范子英　孙俊秀　张　航　郭光远　等◎著

上海财经大学出版社
SHANGHAI UNIVERSITY OF FINANCE & ECONOMICS PRESS

上海学术·经济学出版中心

图书在版编目(CIP)数据

实质性议题的准则与实践:中国ESG发展报告·2024 / 郭峰等著. -- 上海:上海财经大学出版社, 2025. 7. (上海财经大学富国ESG丛书). -- ISBN 978-7-5642 -4679-2

Ⅰ.X322.2

中国国家版本馆CIP数据核字第20251TB944号

□ 责任编辑　顾丹凤

□ 封面设计　李　敏

实质性议题的准则与实践
——中国ESG发展报告·2024

郭　峰　范子英　孙俊秀　张　航　郭光远　等　著

上海财经大学出版社出版发行

(上海市中山北一路369号　邮编200083)

网　　址:http://www. sufep. com

电子邮箱:webmaster@sufep. com

全国新华书店经销

上海华业装潢印刷厂有限公司印刷装订

2025年7月第1版　2025年7月第1次印刷

787mm×1092mm　1/16　18.75印张(插页:2)　398千字

定价:92.00元

实质性议题的准则与实践

中国 ESG 发展报告·2024

负责人

郭　峰

上海财经大学富国 ESG 研究院副院长

上海财经大学财税投资学院教授

课题组主要成员

范子英　孙俊秀　张航　郭光远

研究团队

池雨乐　李子荣　梁书宁　刘文瑄　罗雅鑫

乔丽丽　任昱昭　石欣然　谭伟杰　杨　震

叶天辰　张心媛　赵倪可　周烨杨　朱宇非

总　序

ESG，即环境（Environmental）、社会（Social）和公司治理（Governance），代表了一种以企业环境、社会、治理绩效为关注重点的投资理念和企业评价标准。ESG 的提出具有革命性意义，它要求企业和资本不仅关注传统营利性，更需关注环境、社会责任和治理体系。ESG 的里程碑意义在于它通过资本市场的定价功能，描绘了企业在与社会长期友好共存的基础上追求价值的轨迹。

关于 ESG 理念的革命性意义，从经济学说史的角度，它解决了个体道德和宏观向善之间的关系，使得微观个体在"看不见的手"的引导下也能够实现宏观的善。因此，市场经济的伦理基础与传统中实际整体社会的伦理基础发生了革命性的变化。这种变革引发了"斯密之问"，即市场经济是否需要一个传统意义上的道德基础。马克斯·韦伯在《新教伦理与资本主义精神》中企图解决这一冲突。他认为现代市场经济，尤其是资本主义市场经济，它们很重要的伦理基础来源于新教。但它们依然存在未解之谜：如何协调整体社会目标与个体经济目标之间的冲突。

ESG 具有如此深刻影响的关键在于价值体系的重塑。与传统的企业社会责任不同，ESG 将企业的可持续发展与其价值实现有机结合起来，不再是简单呼吁企业履行社会责任，而是充分发挥了企业的价值驱动，从而实现了企业和社会的"双赢"。资本市场在此过程中发挥了核心作用，将 ESG 引入资产定价模型，综合评估企业的长期价值，既对可持续发展的企业给予了合理回报，更引导了其他企业积极践行可持续发展理念。资本市场的"用脚投票"展现长期主义，使资本向善与宏观资源配置最优相一致，彻底解决了伦理、社会与经济价值之间的根本冲突。

然而，推进 ESG 理论需要解决多个问题。在协调长期主义方面，需要从经济学基础原理构建一致的 ESG 理论体系，但目前进展仍不理想。经济的全球化与各种制度、伦理、文化的全球化发生剧烈的碰撞，由此产生了不同市场、不同文化、不同发展阶段，对于 ESG 的标准产生了各自不同的理解。但事实上，资本是最具有全球主义的要素，是所有要素里面流通性最大的一种要素，它所谋求的全球性与文化的区域性、环境的公共属性之间产生了剧烈的冲突。这种冲突就导致 ESG 在南美、欧洲、亚太产生一系列差异。与传统经济标准、经济制度中的冲突相比，这种问题还要更深层次一些。

2024 年，以中国特色为底蕴构建 ESG 的中国标准取得了长足进步，财政部和三大证券交易所都发布了各自的可持续披露标准,引起了全球各国的重点关注。在政策和实践快速发展和迭代的同时,ESG 的理论研究还相对较为缓慢。我们需要坚持高质量的学术研究,才能从最基本的一些规律中引申出应对和解决全球冲突中最为坚实的理论基础。所以,在目前全球 ESG 大行其道之时,研究 ESG 毫无疑问是要推进 ESG 理论的进步,推进我们原来所讲的资本向善与宏观资源配置之间的弥合。当然,从政治经济学的角度讲,我们也确实需要使我们这个市场、我们这样一个文化共同体所倡导的制度体系能够得到世界的承认。

在考虑到 ESG 理念的重要性、实践中的问题以及人才培养需求的基础上,为了更好地推动 ESG 相关领域的学术和政策研究,同时培养更多的 ESG 人才,2022 年 11 月上海财经大学和富国基金联合发起成立了"上海财经大学富国 ESG 研究院"。这是一个跨学科的研究平台,通过汇聚各方研究力量,共同推动 ESG 相关领域的理论研究、规则制定和实践应用,为全球绿色、低碳、可持续发展贡献力量,积极服务于中国的"双碳"战略。我们的目标是成为 ESG 领域"产、学、研"合作的重要基地,通过一流的学科建设和学术研究,产出顶尖成果,促进实践转化,支持一流人才的培养和社会服务。在短短的一年多时间里,研究院在科学研究、人才培养和平台建设等方面都取得了突破进展,开设 ESG 系列课程和新设了 ESG 培养方向,组织了系列课题研究攻关,举办了一系列学术会议、论坛和讲座,在国内外产生了广泛的影响。

这套"上海财经大学富国 ESG 丛书"则是研究院推出的另一项重要的学术产品,其中的著作主要是由研究院的课题报告和系列讲座内容转化而来。通过这一系列丛书,我们期望为中国 ESG 理论体系的构建做出应有的贡献。在 ESG 发展的道路上,我们迫切需要理论界和实务界的合作。让我们携起手来,共同建设 ESG 研究和人才培养平台,为实现可持续发展目标贡献我们的力量。

刘元春

2024 年 7 月 15 日

前　言

2024 年是 ESG 概念提出 20 周年,这一重要里程碑为全球可持续发展和企业社会责任的实践与反思提供了契机。从最初的理论探索到今天被广泛认可为衡量企业长期价值的重要指标,ESG 理念的演进不仅见证了时代需求的转变,也彰显了全球对绿色发展与社会公平的重视。在 2024 年,ESG 的实践领域发生了深刻变化,政策、技术与资本市场协同推进的特征尤为显著。全球主要经济体相继出台更严格的 ESG 监管标准,以进一步规范企业信息披露和可持续发展目标(SDGs)的对接,在增强企业责任透明度的同时,也倒逼企业从关注"报告"走向重视"行动"。

随着"双碳"战略的深入推进,中国 ESG 体系正加速从概念阶段向大众化、标准化转型。一系列政策法规的出台,以及企业披露意愿的增强,都反映出 ESG 理念在中国的不断深化。总体而言,中国 ESG 发展的韧性与潜力,为国内外关注可持续发展的利益相关者提供了丰富的合作与投资机会。在这一过程中,实质性议题的重要性日益凸显。相比传统的形式化披露,实质性议题直接与企业的核心业务和长期价值相关,其不仅帮助企业识别关键风险与机遇,还能增强韧性与竞争力。例如,气候变化、供应链公平性、数据隐私与劳动者权益等议题,既是社会关注的热点,也是企业应对政策压力和投资者需求的重点。聚焦实质性议题不仅是企业应对全球挑战的战略选择,更是未来可持续商业生态构建的重要基石。

基于以上考虑,上海财经大学富国 ESG 研究院将 2024 年的研究院年度总报告主题确定为"ESG 实质性议题",并组建了由研究院核心团队和十余名硕博研究生组成的强大的课题组,利用了一整年的时间对 ESG 实质性议题的准则和实践进行了系统的梳理和研究。作为研究院旗舰性年度总报告,在本书中,课题组首先从国际、国内两个层面梳理了 ESG 的最新发展趋势(第一章和第二章),同时作为一个创新,本书也对国内外关于 ESG 学术研究的最新趋势进行了文献计量学考察(第三章)。在梳理 ESG 最新发展趋势的基础上,本书第四章在可持续发展理念的历史脉络中分析了实质性议题的历史价值和现实意义,然后在第五章和第六章中分别总结分析了国际准则和国内准则中的实质性议题,重点揭示了国内外准则在实质性议题上存在的分歧。在第七章和第八章,我们则分别从企业实践和评级实践入手,考察了 ESG 实质性议题在实践中的进展和存在的问题。总体而言,实质性议题的实践已经得到普遍重视,但也存在种种问题。第九章到第十二章,则是本书的案例考察,这些章节分别从代表性议题(气候变化)、代表性行业(新能源汽车)、代表性企业(贵州茅台和丽珠集团)切入,深入梳理和分析了 ESG 实质性议题在这些领域取得的最新进展以及不足之处。选择这些案例,并非意味着课题组就认为这些行业和企业在 ESG 实质性议题上做得最好,而是基于它们的独特性。比如,通过新能源汽车行业,我们能够了解现有的 ESG 实践对这些新型产业的分析存在严重不足,而通过国内外 ESG 评级存在极大分歧的贵州茅台和 ESG 评级稳步提升的丽珠集团,我们就可以了解代表性企业如何通过实质性和策略性的手段,实现 ESG 的评级提升。

通过本报告的梳理与分析,我们深刻认识到,尽管 ESG 理念已逐步深入人心,但其在实践中依然面临诸多挑战。从"在乎者赢"(Who Cares Win)到"行动者胜"(Who Acts Gain),实现这一转变之路仍需砥砺前行。特别是在实质性议题方面,现有准则与实践之间的分歧尤为显著。未来,亟需各界携手努力,推动 ESG 实践真正彰显其应有的精神内涵,助力可持续发展。对此,我们在本书的最后总结了课题组的若干思考与建议,以期抛砖引玉,共同为 ESG 的未来贡献力量。

目　录

第一章 全球 ESG 发展趋势

本章提要 2023 年以来,全球 ESG 领域经历了重要发展,本章从 ESG 披露准则的更新与变革、国际机构发挥的引领作用、代表性经济体所取得的进展等方面进行了回顾和总结。总体来看,国际化的 ESG 披露准则变得更加严格和详细,独立审计成为新标准,国际标准统一化的趋势增强了信息可比性。国际机构在 ESG 领域发挥了引领作用,推动了可持续发展目标(SDGs)的实现,并加强了对企业 ESG 表现的监督与指导。同时,投资和评级机构如 MSCI 和 S&P Global 更新了 ESG 评级方法,增加了对企业气候风险、人权问题和治理结构的考量。各国政府和监管机构加强了对企业 ESG"漂绿"现象的监管,出台了更严格的法规和标准。然而,以美国为代表,全球也出现了一些"反 ESG"浪潮,部分投资者和政治团体质疑 ESG 投资的经济效益和监管负担。此外,本章还整理了 2023 年以来的全球 ESG 发展大事记,为相关利益方提供参考和借鉴。

第一节 引 言

2023 年以来,全球环境、社会和治理领域呈现出新的发展趋势,成为全球资本市场和企业管理的重要议题。随着气候变化、社会公平和公司治理等问题日益受到关注,各国政府、国际组织和企业界都在积极推动 ESG 准则的完善与实施。

首先,ESG 披露准则经历了显著的更新与变革,呈现出几个主要的趋势:第一,信息披露要求更加严格和详细,企业需要提供更全面和深入的 ESG 数据;第二,披露内容的独立审计和验证成为新的标准,确保信息的真实性和可靠性;第三,国际标准趋于统一,全球范围内的 ESG 信息可比性大大增强。这些变革不仅反映了全球范围内对可持续发展的重视,也展示了各国和地区在推动 ESG 标准化方面的努力。许多国家和地区对原有的 ESG 披露准则进行了更新,以适应不断变化的市场需求和监管环境。例如,欧盟在其《非财务信息披露指令》(NFRD)的基础上,推出了更为严格和全面的《企业可持续报告指令》(CSRD),要求更多企业进行详细的 ESG 信息披露,并且披露内容需要经过独立审计和验证,以确保信息的真实性和可靠性。除了对现有准则的更新,2023 年还见证了多个新的 ESG 披露准则的提出。例如,国际可持续发展标准委员会(ISSB)发布了其首个全球 ESG 披露标准,旨在提供一个统一的框架,帮助企业在全球范围内披露可比的 ESG 信息。这一标准得到了全球各大经济体的广泛支持,预计将成为未来 ESG 披露的主要参考准则。

其次,在推动 ESG 发展的过程中,各种国际机构发挥了重要的引领作用。2023 年,联合国、国际标准制定机构、非政府组织以及投资和评级机构在 ESG 领域的最新动态备受关注。联合国及其相关机构在 2023 年继续推动可持续发展目标的实现,并进一步加强了对企业 ESG 表现的监督与指导。国际标准化组织(ISO)和国际财务报告准则基金会(IFRS)等机构也在 2023 年发布了一系列新的 ESG 标准和指南。此外,非政府组织在推动 ESG 发展的过程中也发挥了重要作用,气候变化基金会(CCF)等非政府组织在 2023 年加大了对企业 ESG 表现的监督和评估力度,并发布了多份关于企业 ESG 表现的报告和排名,推动企业提升 ESG 管理水平。作为 ESG 生态的重要参与者,投资和评级机构在 2023 年继续加强了对 ESG 因素的重视。明晟(MSCI)、标准普尔全球(S&P Global)等评级机构更新了其 ESG 评级方法,增加了对企业气候风险、人权问题和治理结构的考量。此外,黑石、贝莱德等大型投资机构也加大了对 ESG 投资的力度,推出了多只 ESG 主题基金,推动资本市场向可持续方向发展。

从国家维度来看,全球范围内,多个代表性经济体在 2023 年 ESG 发展方面取得了重要进展。欧盟发布了严格的《企业可持续报告指令》,美国加强了对气候风险和人权问题的披露要求,英国更新了《可持续发展披露要求和投资标签》,日本、韩国、新加坡、澳大利亚、印度等经济体也在企业社会责任和治理改革方面取得了重要进展,推动企业在环境保护和社会责任方面的投入。此外,各国政府和监管机构还加大了对企业 ESG"漂绿"现象的监管,例如加强信息披露的审查力度,出台更严格的法规和标准以确保企业的可持续发展声明真实可靠。这些进展显示出各经济体对 ESG 的重视和推动,预示着全球 ESG 发展的良好趋势。但不容忽视的是,2023 年"反 ESG"浪潮也在全球范围内兴起,以美国为盛,部分投资者和政治团体质疑 ESG 投资的经济效益和监管负担,呼吁回归传统财务绩效指标。

本章将对 2023 年以来全球 ESG 发展趋势进行梳理和总结,能够为相关利益方提供参考和借鉴。

第二节　ESG 披露准则最新变革

ESG 披露准则关乎企业 ESG 披露及评级机构对企业与行业进行评级,是全球 ESG 趋势向何方发展背后最为直接的推动因素。它们为企业提供了一个全球认可的框架,以透明、一致地报告其在环境、社会和治理方面的表现。这种透明度不仅增强了投资者和其他利益相关者对企业的信任,而且有助于企业识别和管理与可持续发展相关的风险,从而促进负责任的商业实践和长期价值创造。通过遵守这些准则,企业能够展示其对社会责任的承诺,吸引投资者,提高市场竞争力,并在全球范围内推动社会和环境的积极变化。因此,了解 ESG 披露准则的最新变革至关重要,这些变革不仅反映了全球对可持续发展的不断演进和深化的认识,还能够确保企业披露的信息更加符合当前的社会期望、环境需求和治理标准,帮助企业更好地适应监管要求、市场趋势和投资者需求,进而促进企业在可持续发展方面的创新和改进,从而在全球竞争中保持领先地位。ESG 披露准则最新变革既包括原有准则的更新,也包括新准则的提出。

一、原有准则的更新

全球报告倡议组织(GRI)的 GRI Standards 2021 版准则于 2023 年 1 月 1 日正式生效。此后,凡声称符合 GRI 标准的可持续发展报告/社会责任报告/ESG 报告,均需要按照新标准的要求编制和发布。图 1—1 展示了 GRI 标准本次更新的概览。

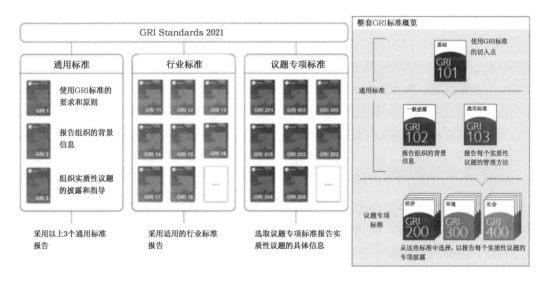

资料来源:商道咨询。

图 1—1　GRI 标准更新版细则

GRI Standards 2021 较大的变化是增加了"行业标准"板块,相应地,通用标准中的 3 个子标准和议题专项标准也发生了变化。相较于 2016 版,2021 版 GRI 标准主要由 GRI 通用标准、GRI 行业标准和 GRI 议题标准三部分组成。所有企业在依照 GRI 标准编制报告时均采用通用标准,依其实质性议题清单使用议题标准。

二、新准则的提出

伴随着 ESG 理念的发展,在原有国际准则更新的同时,新的国际准则也在不断发布。

(一)国际碳中和标准正式发布

2023 年 11 月,国际标准化组织发布国际碳中和标准 ISO14060 系列标准,其目的在于提高量化、监测、报告、验证、核实温室气体排放和清除的可信度和透明度,并为碳中和提供明确性和一致性的标准,同时促进跟踪温室气体排放量减少或温室气体清除量增加或两者兼而有之的绩效和进展的能力。ISO14060 系列标准的应用包括:(1)公司决策,例如确定温室气体减排机会和通过减少能耗来提高盈利能力;(2)风险管理,例如气候风险和机遇的识别和管理;(3)自愿倡议,例如参与自愿温室气体计划或可持续性报告倡议;(4)温室气体市场,例如温室气体配额或信用额的买卖;(5)监管/政府温室气体计划,例如早期行动信贷、协议或国家和地方报告举措。

(二)ISSB 发布首批国际可持续披露准则

2023 年 6 月 26 日,国际可持续准则理事会(ISSB)正式发布了首批两份国际财务报告可持续披露准则的终稿。其中,一般披露准则(IFRS S1)沿用了 TCFD 建议的"四支柱"框架——治理、战略、风险管理、指标及目标;气候信息披露准则(IFRS S2)则采纳 TCFD 的所有披露建议,并在此基础上进行了细化和升级。

在过去 TCFD 建议的基础上,ISSB 进一步要求推动披露信息更具实质性。同时,为了增强报告主体气候信息的一致可比性,特别引入了行业特定指标。此外,IFRS S1、IFRS S2 要求企业披露信息使报告使用者能够了解不同可持续相关风险和机遇之间的关联;所披露的核心内容之间的关联;财务报表和可持续相关披露信息的关联。这大大提升了 ESG 报告与其他财务信息准则的适配性,并增加了 ESG 报告和财务报表的关联度。

三、ESG 披露准则最新趋势的总结

在当前全球经济中,企业的环境、社会和治理(ESG)表现越来越受到重视。ESG 披露准则的最新变革,不仅为企业提供了一个全球认可的框架,以透明、一致地报告其在环境、社会和治理方面的表现,而且推动了全球可持续发展的趋势。这些准则的更新和新准则的提出,反映了全球对可持续发展的不断演进和深化的认识,确保企业披露的信息更加符合当前的社会期望、环境需求和治理标准。

全球报告倡议组织的 GRI Standards 2021 版准则的生效,是 ESG 披露准则的一个重要里程碑。这一更新不仅增加了"行业标准"板块,而且对通用标准和议题专项标准进行了调整。这一变化意味着企业在编制报告时,需要更加关注其实质性议题,并依据新的标准报告。这种更新有助于企业更准确地识别和管理与可持续发展相关的风险,从而促进负责任的商业实践和长期价值创造。

国际标准化组织发布的国际碳中和标准 ISO 14060 系列标准,为量化、监测、报告、验证、核实温室气体排放和清除提供了明确性和一致性的标准。这一新准则的提出,不仅提高了温室气体排放和清除的透明度,而且促进了企业在温室气体减排和清除方面的绩效和进展的跟踪。这为企业在全球范围内推动社会和环境的积极变化提供了新的工具和框架。

国际可持续准则理事会(ISSB)在 TCFD 框架基础上发布的首批国际财务报告可持续

披露准则,进一步推动了 ESG 披露准则的发展。这些准则不仅沿用了 TCFD 建议的"四支柱"框架,而且在此基础上进行了细化和升级。特别是其引入了行业特定指标,增强了报告主体气候信息的一致可比性。这些新准则的提出,提升了 ESG 报告与其他财务信息准则的适配性,并增加了 ESG 报告和财务报表的关联度,为企业在可持续发展方面的创新和改进提供了新的方向。

从全球报告倡议组织标准 2021(GRI Standards 2021)版新增行业准则板块,到 ISO14068 进一步落实对于企业温室气体排放造成的效应的量化衡量,再到 ISSB 发布 IFRS S1、IFRS S2 对于 TCFD 框架的细化和升级,从一系列 ESG 披露准则变革的大事件中不难发现,ESG 披露准则正由较为宽泛、颗粒度较粗的指导性理念逐步走向较为细化、可行度较高的具体指标及数据。GRI 组织明确指出,如果无法满足 GRI Standards 2021 的全部考核标准,在满足其中部分项目的情况下,可以声明自己参考了 GRI Standards 2021,这体现了 ESG 披露准则的变革有着降低门槛,尽量扩大用户群体的倾向。同样,ISO14060 标准家族的广泛适用性,使得各类组织和项目都能根据自身需求灵活应用,从而有利于推动碳中和进程。此外,ISSB 发布的 IFRS S1 和 IFRS S2 进一步提高与传统财务报表的对接和适配,即 ESG 披露准则的变革也在兼容过去企业业绩的考核标准,其在努力实现 ESG 披露"软着陆"方面正做出巨大努力。

第三节　国际机构最新动态

国际机构向来都是全球 ESG 发展的重要推动者,它们通过制定全球性的标准和指南,加强了对企业 ESG 实践的监督和评估,促进了跨国界的合作与信息共享。2023 年,国际机构如联合国下属的碳披露项目(CDP)、联合国全球契约组织(UNGC)、联合国负责任投资原则组织(UNPRI),以及一些非政府组织,在 ESG 不断得到国际认可与支持的大趋势下,对于 ESG 具体落实情况实施了阶段性盘点,并对 ESG 未来发展的大致走向进行了呼吁,在推进全球 ESG 建设上发挥着越来越重要的作用。

一、联合国相关机构

(一)ECOSOC 会议召开

联合国秘书长安东尼奥·古特雷斯在 2023 年 1 月召开的 ECOSOC 会议上强调了实现可持续发展目标的紧迫性。古特雷斯表示,地球的生命迹象正在衰退,为了防止地球崩溃和燃烧,需要各国政府通力合作并展现出政治意愿;他呼吁齐聚迪拜参加第 28 届联合国气候变化大会的世界各国领导人展现真正的全球气候领导力。他指出,"全球盘点"必须在以下三个关键领域为我们每况愈下的地球开出一个可靠的治疗方案。

第一,大幅减排。敦促各国必须加快实现净零排放的时间表,使发达国家尽可能在

2040 年实现净零排放,使新兴经济体尽可能在 2050 年实现净零排放。

第二,加速从化石燃料到可再生能源的公平和公正的能源转型。通过逐步淘汰最终达到停止燃烧所有化石燃料,实现将气温升幅控制在 1.5℃以内的目标,并为 1.5℃升温限制设定明确的时间框架。此外,各国需要采取切实行动,将可再生能源产能增加 2 倍,能效提高 1 倍,并在 2030 年前为所有人提供清洁能源。

第三,应尽早兑现对气候的财政承诺,为不平等不公正的世界实现气候正义,包括增加对气候适应的融资、将"损失和损害基金"投入运作。各国代表就损失和损害基金的运作达成了协议,该基金将帮助世界上最脆弱的国家防止气候灾害造成的破坏性影响。

(二)UNPRI 报告框架更新

2023 年 1 月,联合国负责任投资原则组织(UNPRI)发布 2023 年报告框架更新文件,并明确全年的报告时间线。相比以往的版本,UNPRI 在四个角度对原有框架进行了更新:(1)报告效率的变化:新的框架提供更简单的指标结构,允许签署方合并指标并删除重复项。同时,框架内一些领域经过重组,形成了更协调的结构。(2)报告披露的变化:签署方只需要针对不同资产类别提供信息。(3)报告规范性的变化:UNPRI 修订了所有指标术语,并通过此前的报告经验,改善了指标的适用性。在需要的情况下,签署方可以增加描述类内容。(4)报告曾经存在的模糊定义:所有的定义、指标和方法都提高了清晰度。

相较于往年的报告框架,联合国负责任投资原则组织官网上描述本次改版重点为 Mission-led(以 ESG 任务为导向)和 Signatory-centric(以签署方为中心),整体的细节颗粒度有所下降,更聚焦于从优先展开成本效益较高的业绩工作循序渐进扎实推进 ESG 的具体内容。

(三)UNGC—埃森哲开展联合调研

2023 年 1 月,第十二次联合国全球契约组织(UNGC)—埃森哲联合 CEO 调研公布研究成果。此次调研是该联合项目自 2007 年启动以来规模最大的一次调研。世界经济论坛 2023 年年会期间,该研究指出,绝大多数(93%)受访企业的首席执行官(CEO)坦承全球环境极其严峻,其业务正同时面临 10 项以上的挑战。由此,87%的受访者认为,当前的全球性挑战将会制约企业实现联合国可持续发展目标(SDGs)。但几乎所有(98%)受访 CEO 都认同,可持续发展是企业高管的核心职责,该比例在过去 10 年中上升了 15%。

(四)联合国大会召开

2023 年 2 月 6 日,联合国秘书长安东尼奥·古特雷斯在第 77 届联合国大会上,宣布联合国将在 2023 年把六大方面作为工作重点,并呼吁放弃短视行动。六大工作重点包括:确保享有和平的权利、确保社会经济权利和发展权、努力完成可持续发展目标、尊重多样性、性别平等、建立包容性社会。其主要亮点有:标志着开始终结化石燃料时代、新建损失和损害资金基金、绿色气候资金(GCF)获得第二次增资、提出三重地球危机的概念(气候变化、生物多样性丧失和污染废物)、将气候行动和自然保护与污染视为相互关联的主要环境问题、签署了几项关于减少排放的重大宣言、提出将在 2024 年 6 月前为缔约方提供透明度报告和审查工具[目前是要求在联合国的培训和指导下提交两年期透明度报告(BTR)]。

(五)UNGC 发布"碳中和"报告

联合国全球契约组织于 2023 年 2 月 22 日在上海发布的《企业"碳中和"目标设定、行动及全球合作》报告显示,截至 2022 年 10 月 12 日,全球已有 3 821 家企业加入科学碳目标倡议,其中 1 399 家企业做出了明确的净零承诺,即在规定时期内,排入大气的温室气体与人为移除的温室气体相互抵消。企业如果达到净零排放,就实现了碳中和。报告还显示,依照科学碳目标倡议标准做出承诺的企业已占全球企业总市值的 35%,覆盖全球超过 27% 可能对气候产生重大影响的企业。此外,范围一(企业直接控制的燃料燃烧活动和物理化学生产过程产生的直接温室气体排放)和范围二(企业外购能源产生的温室气体排放,包括电力、热力、蒸汽和冷气等)的每年线性减排速率为 8.8%,比科学碳目标倡议要求的 4.2% 快 1 倍多。

(六)《2023 年可持续发展目标报告:特别版》发布

2023 年 7 月 10 日,联合国发布了《2023 年可持续发展目标报告:特别版》(The Sustainable Development Goals Report 2023:Special Edition)。此前的 2015 年,联合国发布并期望在 2030 年实现 17 个可持续发展目标。根据最新数据和对可持续发展目标的评估,当前大多数领域的进展速度缓慢,难以在 2030 年实现目标。在新冠疫情流行和地缘政治冲突的背景下,许多领域甚至出现了倒退。在正视了现有差距的同时,本次报告展望了通过坚定的政治意愿和利用现有技术、资源和知识取得成功的巨大潜力。报告相信,国际社会可以共同努力,重新点燃实现可持续发展目标的进展的希望,为所有人创造更光明的未来。

(七)COP28 会议"全球盘点"

自 1995 年首届《联合国气候变化框架公约》(UNFCCC)缔约方大会(COP)在柏林召开以来,COP 大会已经举行了 27 届。在 2023 年 11 月的 COP 会议——于阿拉伯联合酋长国(阿联酋)迪拜召开的 COP28 上,全球近 200 个缔约方进行了首轮全球盘点。2015 年 12 月,全世界 178 个缔约方在当年的巴黎 COP21 上通过了《巴黎协定》,该协定对 2020 年后全球应对气候变化的行动做出了统一安排。2016 年,《巴黎协定》完成签署正式生效。为了全面检查各缔约方的进展以及这些进展对于缓解气候危机的作用,《巴黎协定》第十四条规定,缔约方应在 2023 年进行第一次全球盘点。2023 年全球盘点内容主要包括全球气候行动的进展、国家自主贡献(NDCs)的实施情况、全球温室气体排放趋势、气候资金流动、适应气候变化的行动、技术和能力建设支持、损失与损害。

(八)《2024 年可持续发展目标报告》发布

2024 年 6 月 28 日,联合国发布《2024 年可持续发展目标报告》。报告显示,可持续发展目标中仅有 17% 的目标目前进展顺利,近一半的目标进展甚微或一般,超过 1/3 的目标停滞不前或出现倒退。

联合国可持续发展解决方案网络认为,当代可持续发展可以用人类(People)、地球(Planet)、繁荣(Prosperity)、和平(Peace)和伙伴(Partnerships)这五个词语概括。可持续发展是一项长期挑战,正确的行动将消除贫困、实现和平、利用数字技术推动社会进步,错误的行动将加深气候灾害、减少人类对人工智能发展的了解,对经济和社会产生负面影响。

在当前全球可持续发展的背景下,多边主义(Multilateralism)的重要性正在日益提高。由于各个国家之间的联系非常紧密,在解决气候危机、促进能源转型等方面,各国需要彼此配合,而无法独自实现可持续目标。从公共经济学的角度分析,全球需要公共产品,并需要制定生产、保护这些产品的机制,联合国各相关机构的努力在实现全球可持续发展目标的过程中发挥了核心作用。

二、非政府组织

非政府组织在推动 ESG 发展中起到了不可或缺的作用,从基层研究到政策倡导,再到教育和合作,它们的工作涵盖了 ESG 实践的多个方面,为推动全球可持续发展目标的实现做出了重要贡献。

(一)碳披露项目(CDP)

2023 年 4 月,CDP 全球环境信息研究中心与普华永道共同发布《2023 年中国企业 CDP 披露分析报告》。该报告显示,2023 年,全球有超过 23 000 家企业在 CDP 平台披露其环境相关表现,较 2022 年增长约 25%;其中,中国(含港澳台地区)参与 CDP 气候变化相关环境信息披露的企业超过 3 400 家,较 2022 年增长约 26%。仅中国大陆内地,披露企业就达到 2 700 多家,较 2021 年增长 43%(见图 1—2)。

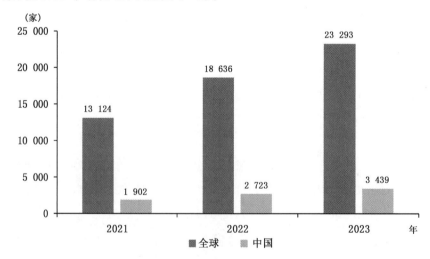

资料来源:《2023 年中国企业 CDP 披露分析报告》。

图 1—2　全球及中国 CDP 披露趋势

（二）全球可持续投资联盟

COP28 气候大会的前夜，旨在促进全球 ESG 投资发展的全球可持续投资联盟（The Global Sustainable Investment Alliance，GSIA）于 2023 年 11 月 29 日发表《2022 年全球可持续投资回顾》。该文件显示，除了美国市场之外，自 2020 年起，其他国家和地区的 ESG 投资管理规模增长 20％，但美国市场 ESG 投资管理规模有所下降。该文件并未系统统计中国 ESG 投资规模数据。

（三）自然相关财务信息披露（TNFD）

2023 年 9 月，自然相关财务信息披露（TNFD）工作组发布自然相关披露框架，为实体企业和金融机构披露与自然相关的信息提供了有效指导。TNFD 框架采用了与气候相关财务信息披露工作组（TCFD）相似的四支柱方法：治理、战略、风险管理，以及指标和目标。这一框架不仅关注气候变化对企业的影响，还包括生物多样性、水、土壤和空气等更广泛的自然因素，强调了"双向识别"的重要性，即不仅要反映自然对企业财务表现的影响，还要反映企业活动对自然产生的影响。

（四）世界循环经济论坛

2023 年世界循环经济论坛（WCEF）在赫尔辛基举行，来自主要多边开发银行的环境重点董事首次聚首，讨论循环经济主题。非洲开发银行、欧洲复兴开发银行、欧洲投资银行、美洲开发银行和世界银行认识到循环经济转型对于应对气候变化三重全球危机的重要性、生物多样性丧失和污染，并强调了金融部门在支持各国向循环经济转型方面的关键作用。

未来的多边开发银行（Multilateral Development Banks）合作考虑将循环性与关键环境目标特别是与《巴黎协定》的目标联系起来，改进和调整循环经济投资的影响评估方法，旨在增加高影响循环项目在贷款和投资实践中的份额；建设内部（多边开发银行）和外部（项目合作伙伴）能力以利用循环经济作为客户国实现经济成功和恢复力的战略，制定降低循环经济投资风险的机制，并通过公私合作促进更好地获得混合融资。

第四节　国际投资和评级机构

投资和评级机构作为重要的市场主体，在 ESG 领域的发展动态同样至关重要。它们通过提供评级、报告和分析，不仅引导资本流向更可持续的企业和项目，还影响政策制定、企业行为和国际合作，是推动全球可持续发展的重要力量。这些机构的行动和建议有助于构建更加环保、公平和透明的市场环境，同时帮助投资者和管理者更好地识别和管理与 ESG 相关的风险和机遇。

一、投资机构

(一)贝莱德(BlackRock)

2023 年 3 月,投资巨头 BlackRock 发布了 2023 年的参与优先事项,明确了 2023 年度与公司沟通的关键主题。尽管面临美国共和党政治人物的反对声音,指责 BlackRock 推动社会议程或"抵制"能源公司,贝莱德仍然将"气候和自然资本""公司对人的影响"等可持续性主题作为关键议题。

贝莱德在报告中强调,其参与的重点是理解公司如何管理风险和把握机遇,而不是告诉公司该做什么。在气候方面,贝莱德在该份报告中鼓励与 TCFD 框架一致的信息披露,并欢迎 ISSB 制定全球可持续性报告标准。贝莱德还强调了对公司短期、中期和长期目标的披露,特别是基于科学的目标,以及这些目标与其股东长期财务利益的一致性。此外,贝莱德还关注公司激励计划中与可持续性相关因素的使用,并强调了对土地使用、水资源和生物多样性等自然资本组成部分的披露。

(二)先锋领航(Vanguard)

2023 年 4 月,Vanguard 发布了关于 Vanguard ESG 全球企业债券指数基金的可持续性相关披露。该基金采用被动管理策略,旨在跟踪 Bloomberg MSCI 全球企业浮动调整债券筛选指数的表现。基金通过排除那些基于发行人行为或产品对社会和/或环境有影响的固定收益证券来促进环境和社会特征,并不以可持续投资为目标。但披露结果显示,该基金至少 90% 的资产与所促进的环境和社会特征一致。

2023 年 6 月 Vanguard 在 2023 年的代理投票结果出炉,但遭到反对组织 Vanguard S. O. S 的批评。Vanguard 在 2023 年的代理投票年度中,仅支持了其美国投资组合公司环境和社会问题股东提案的 2%,这一比例较上一年度的 12% 有所下降。在 2023 年的代理年度中,共有 359 项环境和社会提案提交给 Vanguard 的美国投资组合公司投票,数量上超过了 2022 年的 290 项。尽管 Vanguard 认为其专注于识别解决特定公司财务重大风险的提案,支持了可能填补公司当前实践空白的提案,但 Vanguard S. O. S. 这一国际运动组织批评了 Vanguard 对 ESG 问题的承诺,认为 Vanguard 虽然承认气候危机对金融体系和投资者构成的风险,但几乎没有采取行动减轻这些风险,Vanguard S. O. S 还对 Vanguard 决定退出净零资产管理人倡议(NZAM)表示质疑。

(三)黑石(Blackstone)

2023 年 6 月,Blackstone 发布了《2023 年环境、社会和治理(ESG)政策》。该政策概述了公司在业务和投资活动中整合 ESG 的全面方法,并强调某些业务单元有其特定的 ESG 政策,与本政策保持一致并反映各自投资策略的独特因素。该政策体现了公司将 ESG 原则整合到投资流程和运营理念中,以创造长期价值。

文件显示,Blackstone 在其企业运营中致力于整合 ESG 因素,包括测量和减少温室气体排放、促进人才多样性、提供社区机会、培训员工以及遵守反现代奴隶制和强制劳动法规。在投资流程中,Blackstone 将实质性的 ESG 因素纳入投资决策和所有权,认为这有助于提高风险评估并识别价值创造机会。ESG 的整合包括环境考量(如温室气体排放和能源管理)、社会考量(如多样性、公平和包容、人权)和治理考量(如公司治理、风险管理和透明度)。投资后,Blackstone 通过年度 ESG 调查和数据收集过程监控参与的投资公司,并鼓励这些公司定期向董事会报告 ESG 事宜。Blackstone 还与投资公司合作,帮助它们实施最佳实践,管理关键的 ESG 因素,并衡量进展。

该政策还强调了 Blackstone 在气候变化缓解、适应和复原力、多样性、公平和包容(DEI)以及良好治理方面的重点领域。此外,Blackstone 还定期与有限合伙人、投资者、利益相关者和行业就 ESG 事项进行交流,向投资者、股东和其他利益相关者透明地报告 ESG 举措、成功和目标。

(四)富达(Fidelity International)

Fidelity International 在 2023 年发布了《2022 年可持续投资报告》,概述了 Fidelity International 的 ESG 投资策略,包括其对可持续投资的承诺、投资流程中的 ESG 整合以及通过参与和投票行使积极所有权。在该报告中,Fidelity International 强调了如何通过其投资决策和业务运营促进可持续发展,并与被投资公司合作以提高其可持续性表现。报告中还提到了 ESG 2.0 的概念,即 ESG 不仅是风险管理工具,而且是一种实现影响的方式。此外,Fidelity International 正在通过其专有的可持续性评级系统评估公司,该系统现在包括对公司行动的财务和非财务影响的评估,即"双重重要性"。

(五)道富(State Street)

2024 年 5 月,State Street 在其《2023 年可持续性报告》中强调了公司持续关注其运营足迹的影响,特别是建筑方面。例如,State Street 在波士顿的新全球总部和在爱尔兰基尔肯尼的运营与网络融合中心的相关标准均超过了包括美国绿色建筑委员会 LEED 认证在内的行业标准。

报告还提及,2022 年年底,State Street 根据可持续性债券框架发行了首笔债券,这不仅加强了公司对可持续发展的承诺,还有效筹集了资本。截至 2023 年 9 月 30 日,公司已将相当于 3.658 亿美元的资金分配给支持联合国可持续发展目标的可持续性项目。

在报告中,State Street 还强调了作为银行对多元化企业的支持。State Street 多年来与多元化企业合作,包括各种少数族裔、女性和退伍军人拥有的公司。多元化企业已承销了 State Street 从 2021 年到 2023 年公开发行的约 100 亿美元债务中的近 40%。这显示了 State Street 在 ESG(环境、社会和治理)方面的积极实践和对可持续发展的承诺。

二、评级机构

(一)标准普尔全球(S&P Global)

S&P Global 在 2023 年继续提供和更新了其 ESG 评分系统,该系统衡量公司 ESG 风险、机遇和影响方面的绩效。S&P Global 的 ESG 评分不仅考虑了公司披露的信息、媒体和利益相关者分析,还考虑了公司对 S&P Global 企业可持续发展评估(CSA)的参与。CSA涵盖了 62 个行业特定的问题集,并且 S&P Global ESG 评分采用了"双重重要性"方法,考虑了对社会或环境以及对公司价值驱动因素、竞争地位和长期股东价值创造的重大影响。

(二)穆迪投资者服务(Moody's Investors Service)

在气候风险评估方面,穆迪在 2023 年进一步强化了气候风险评估工具,包括对企业和主权债务的气候韧性评分。在社会责任投资方面,穆迪在 ESG 评级中更加重视社会因素,如劳工标准和社区关系,以反映社会责任投资的增长趋势。此外,在技术应用方面,穆迪还利用大数据和 AI 技术来提高 ESG 评级的效率和准确性,特别是在数据分析和风险预测方面。

(三)惠誉评级(Fitch Ratings)

惠誉评级在 2023 年对其 ESG 评级框架进行了调整,以更好地反映企业的治理结构和风险管理实践。这些调整包括对 ESG 评级方法的更新,旨在提供更细致和透明的评估,从而帮助投资者更好地理解企业在 ESG 方面的表现和风险。惠誉评级的 ESG 评级方法涵盖了对个体企业、绿色、社会、可持续(GSS)债务工具以及与可持续发展相关的债务工具的评估,包括对使用收益(Use of Proceeds,UOP)的分析、关键绩效指标(Key Performance Indicators,KPIs)和目标的评估,以及对框架的治理和管理的评估。在监管合规方面,惠誉评级加强了与监管机构的沟通,确保其评级方法和披露要求符合最新的国际标准。这表明惠誉评级致力于遵守行业最佳实践,并与全球监管环境保持一致。此外,惠誉评级还提供行业特定的 ESG 分析,帮助投资者理解不同行业在 ESG 方面的表现和风险。

(四)晨星(Morningstar)

晨星在 2023 年继续在其基金评级中融入 ESG 因素,提供更多的 ESG 投资选项和分析工具。晨星和其旗下品牌 Sustainalytics 提供 ESG 研究、评级和数据,涵盖各种资产类别和投资类型。投资者和公司利用这些数据来识别、评估和管理可持续投资的每一个方面:从公司对世界的影响,到环境和社会因素对公司的影响。

晨星还推出了 ESG 实践程度评级(Morningstar ESG Commitment Level),旨在帮助投资者了解基金如何进行 ESG 投资,并帮助投资者挑选出符合其可持续投资理念的基金产品和基金公司。该评级是晨星分析师对基金和基金公司在投资流程中融入 ESG 因素的程度所做出的定性评价。

(五)明晟(MSCI)

MSCI 在 2023 年对其 ESG 评级方法进行了更新,尤其是在社会因素和治理结构的评估上。这些更新旨在更准确地反映企业的整体可持续性。MSCI 的 ESG 评级提供了对公司在财务相关 ESG 风险和机遇管理方面的评估。每个评级都考虑了公司的 ESG 风险敞口、管理系统和治理结构的质量,以及在适用的情况下,公司提供对环境或社会有积极贡献的产品和服务方面的市场定位。MSCI 的评级方法包括对环境和社会关键问题(Key Issues)的评估,以及对治理支柱的全面评估,后者包括六个关键问题,涵盖公司治理和公司行为两个主题。

2023 年 2 月,MSCI 宣布重新修订基金 ESG 评级方法论,提高了"AA"或"AAA"领先评级的要求,以改善基金 ESG 评级的稳定性。这一变化导致大约 31 000 只基金的 ESG 评级被下调。MSCI 强调,这次评级调整是基于市场反馈,而非监管要求。2023 年 4 月,MSCI 在其声明《明晟基金 ESG 评级改进》(Enhancements to MSCI's Fund ESG Ratings)中解释了评级调整的原因,主要是重新校准基金 ESG 评级方法论,删除了调整因子,使评级结果更直接反映基金持仓的 ESG 基础表现。

第五节　代表性经济体 ESG 进展

在审视了国际机构 ESG 的最新动态后,我们进一步深入了解代表性经济体在这一领域的最新进展。这不仅有助于我们理解全球 ESG 趋势的广度和深度,还能揭示不同国家和地区在推动可持续发展方面所采取的独特策略和面临的挑战。以下是一些代表性经济体在 ESG 实践中的最新发展情况,它们展示了全球范围内对环境、社会和公司治理议题的日益关注和积极响应。

一、欧盟

(一)《企业可持续性发展报告指令》(CSRD)发布

欧盟在 ESG 领域继续推进严格的政策和监管措施。2023 年,欧盟通过了金融市场参与者根据《可持续金融披露条例(SFDR)》披露可持续性相关信息时所使用的技术标准,提高了披露质量和可比性。此外,欧盟还提出了 REPowerEU 计划,以推动欧洲清洁能源转型。

CSRD 将可持续发展报告和年度财务报告放在了同等重要的位置,非财务信息披露报告未来会和财务报告一样更加普遍、一致和标准化。这具体表现为覆盖范围与之前相比大幅扩大,披露内容描述更为翔实,报告编制从明确披露标准走向统一规范,报告从审计简单检查转变为第三方出具独立鉴证报告(见图1—3)。

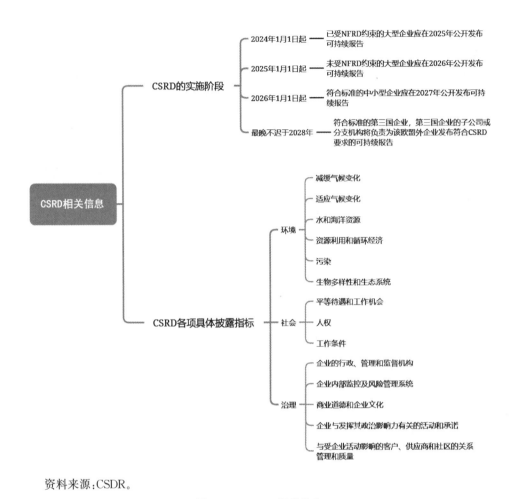

资料来源:CSDR。

图 1-3 CSDR 相关信息

(二)《欧洲可持续发展报告标准》(ESRS)发布

与 CSRD 配套的 ESRS 在 2023 年 7 月 31 日获得欧盟委员会通过,为受 CSRD 约束的企业提供具体的报告披露准则。ESRS 的制定考虑了与国际标准的一致性,如全球报告倡议组织(GRI)和国际可持续发展标准委员会(ISSB)的标准。

(三)CBAM 产品进口商报告义务

2023 年 8 月 17 日,欧盟委员会(European Commission)通过了碳边境调整机制(Carbon Border Adjustment Mechanism,CBAM)过渡阶段的实施细则(Implementing Regulation),规定了欧盟 CBAM 产品进口商的报告义务,以及 CBAM 产品生产过程中内含碳排放量的计算方法。

过渡阶段将于 2023 年 10 月 1 日开始,至 2025 年年底结束。在过渡阶段,贸易商只需报告其受该机制约束的进口产品涉及的碳排放量,无需进行任何财务调整。这将为企业提供充足的时间以可预测的方式准备,同时也允许其在 2026 年之前对最终方法进行微调。

有关进口商需从 2023 年 10 月 1 日收集第四季度数据,并在 2024 年 1 月 31 日前提交第一份报告。为了帮助进口商和第三国生产商,欧盟委员会发布了面向欧盟进口商和非欧盟设施的指南。目前欧盟正在开发专门的信息技术工具,以帮助进口商执行和报告这些计算结果,且正同步准备培训材料、网络研讨会和教程,以便在过渡机制开始时为企业提供支持。

(四)《企业可持续发展尽职调查指令》(CS3D)发布

2024 年 3 月 15 日,欧盟理事会批准了《企业可持续发展尽职调查指令》(EU Corporate Sustainability Due Diligence Directive,CS3D 或 CSDDD),该指令被称为欧盟的"新 ESG 法规"或欧盟"供应链法案"。2024 年 4 月 24 日,欧洲议会以 374 票赞成、235 票反对、19 票弃权的结果,投票通过了上述法案,该法案要求在欧盟运营的公司就其环境和人权实践进行尽责管理,并采取行动。

(五)"漂绿"相关政策出台

2023 年 1 月,欧盟《可持续金融披露条例》下的《监管技术标准》(二级要求)开始实践,要求在欧盟销售基金产品的欧盟及非欧盟金融机构均遵守其规定。具有"促进环境或社会特征"以及以"可持续投资"为目标的金融产品(即"条款 8"产品、"条款 9"产品),相比其他金融产品("条款 6"产品),必须遵守更高的披露要求。

2023 年 2 月,欧盟就建立绿色债券标准达成协议,为发行绿色债券创造了第一个同类最佳标准,对外部审查员的要求更加明确和严格,除债券发行前审查之外,债券发行后仍需连续监督和定期审查。此标准面向的是那些满足严格可持续发展要求,希望在资本市场上筹资的公司和公共机构实体。该协议将协助投资者识别高质量的绿色债券和公司,向债券发行人澄清可以用债券收益和销售收益使用的明确报告流程,规范外部审稿人的核查工作,提高审稿过程的可信度,减少债券市场的"漂绿"行为。

2023 年 3 月,欧盟关于《绿色声明指令》的相关建议达成共识。该指令建议欧盟制定关于环保声明的最低政策性要求,企业需确保相关环境声明的可靠性,且声明需经第三方独立验证及科学证据支持。此外,为解决企业生态标签与绿色标注混乱的问题,新的私人生态标签计划将不被批准,除非其在欧盟层面提出且被证实设立更深远的环境目标。同时,环境标签也必须可靠、透明,经过独立验证和定期审查。

2023 年 9 月,欧洲欧盟理事会、欧洲议会就绿色转型消费者权益指令达成了临时政治协议,旨在通过修订《不公平商业行为指令》和《消费者权力指令》来加强消费者权利,使其适应绿色转型,并打击不公正的商业行为,减少"漂绿"及虚假声明等现象。计划引入统一标签,更新欧盟现有的禁止商业行为清单,并对未来环境绩效声明做出更严格的规定。只有在声明中包含切实可行的实施计划和目标,并由独立的第三方专家定期审查,且审查结果向消费者公布的情况下,公司才允许发布环境绩效声明(见表 1—1)。

表 1－1　　　　　　　　　　　　　　欧盟反"漂绿"相关政策

时间	机构	相关政策或文件	详细内容
2023 年 1 月	欧盟	《可持续金融披露条例》下的《监管技术标准》(二级要求)开始实践	要求在欧盟销售基金产品的欧盟及非欧盟金融机构均遵守其规定。具有"促进环境或社会特征"以及以"可持续投资"为目标的金融产品(即"条款 8"产品、"条款 9"产品),相比其他金融产品("条款 6"产品),必须遵守更高的披露要求
2023 年 2 月	欧盟	就建立绿色债券标准达成协议,为发行绿色债券创造了第一个同类最佳标准	对外部审查员的要求更加明确和严格,面向满足严格可持续发展要求,希望在资本市场上筹资的公司和公共机构实体。该协议将协助投资者识别高质量的绿色债券和公司,向债券发行人澄清可以用债券收益和销售收益使用的明确报告流程,规范外部审稿人的核查工作,提高审稿过程的可信度,减少债券市场"漂绿"行为
2023 年 3 月	欧盟	关于《绿色声明指令》的相关建议	该指示建议欧盟制定关于环保声明的最低政策性要求,企业需确保相关环境声明的可靠性,且声明需经第三方独立验证及科学证据支持。此外,为解决企业生态标签与绿色标注混乱的问题,新的私人生态标签计划将不被批准,除非其在欧盟层面提出且被证实设立更深远的环境目标。同时,环境标签也必须可靠、透明,经过独立验证和定期审查
2023 年 9 月	欧盟理事会、欧洲议会	就绿色转型消费者权益指令达成了临时政治协议	旨在通过修订《不公平商业行为指令》和《消费者权力指令》来加强消费者权利,使其适应绿色转型,并打击不公正的商业行为,减少"漂绿"及虚假声明等现象。计划引入统一标签,更新欧盟现有的禁止商业行为清单,并对未来环境绩效声明做出更严格的规定。只有在声明中包含切实可行的实施计划和目标,并由独立的第三方专家定期审查,且审查结果向消费者公布的情况下,公司才允许进行环境绩效声明

资料来源:欧盟相关文件。

二、美国

美国近两年 ESG 实践虽然取得一定程度的发展,但呈现摇摆不定的状态,反 ESG 浪潮此起彼伏。

(一)环境保护署开展气候适应计划

2024 年 6 月 20 日,美国环境保护署(EPA)发布了《2024—2027 年气候适应计划》,该计划描述了其为应对气候变化影响和助力建设更具气候适应能力的国家将采取的行动。该计划以 2014 年和 2021 年 EPA 气候适应计划中启动的工作为基础,扩大了 EPA 的工作范围,旨在将气候适应纳入该机构的计划、政策、规则、执法活动和运营。该计划的重点内容涵盖:(1)开展气候变化相关能力建设;(2)建立设施韧性;(3)发展适应气候的供应链;(4)将气候复原力纳入外部融资机会;(5)将气候数据和工具应用于决策;(6)将气候适应纳入规则制定过程。

(二)美国证券交易委员会(SEC)加强 ESG 基金监管

2023 年 9 月,SEC 通过了《企业投资法》的《名称规则》的修正案,要求在名称中包含 ESG 或可持续性相关因素的基金将其资产价值的至少 80%投资于相关领域,相关基金至少每季度评估其在 80%投资政策内的投资组合资产的处理情况。作为 SEC 遏制美国资本市场"漂绿"的最新尝试,修正案在《联邦公报》公布 60 天后生效。

(三)ESG 投资存在挑战和质疑

在美国,ESG 投资面临一些挑战和质疑,包括政治分歧和对 ESG 实践有效性的担忧。例如,2023 年投资者从 ESG 基金中撤资超过 140 亿美元,ESG 基金数量首次出现负增长,下半年美国市场 ESG 基金的推出数量呈现断崖式下跌状态,同时有报道称美国南部 37 个州的共和党议员提出了共计 165 项"反 ESG 法案"。

(四)特朗普胜选或重创美国 ESG 发展

2024 年特朗普赢得美国总统大选,于 2025 年再度入主白宫,美国的能源政策可能产生极大变化。特朗普能源政策的一个显著特点是对化石能源的重视,包括煤炭、石油和天然气。其核心目标是追求美国能源独立和促进经济与就业,体现了他倡导的"美国优先"的执政理念。尽管短期内该政策可能带来经济收益和就业增长,但长期来看,这种政策转向可能加剧环境问题、抑制清洁能源创新,并对全球气候治理产生负面影响。特朗普的再次当选对美国 ESG 来说或是一大挫折。

三、英国

(一)发布新版《可持续发展披露要求和投资标签》

英国的绿色投资承诺受到政党选举的影响,原计划的绿色能源项目投资规模有所缩减。然而,英国金融行为监管局(FCA)推出了新版《可持续发展披露要求(SDR)和投资标签》,要求至少 70%的产品资产必须根据其可持续性目标投资。具体来看,FCA 将推出 4 个具有可持续发展目标的投资标签,分别代表不同的可持续发展目标和投资方式(见图 1—4)。同时,在投资规则上,新规要求至少 70%的产品资产必须根据其可持续性目标投资,公司还必须披露产品中持有其他任何资产的原因。

资料来源:FCA 文件。

图 1—4　英国企业于 2024 年 7 月底开始使用的 4 类投资标签

(二)发布可持续发展披露标准制定计划

2023 年 8 月 2 日,英国商业贸易部(Department for Business and Trade,DBT)发布了英国可持续发展披露标准(Sustainability Reporting Standards,SRS)的制定计划。

SDS(后改名为 SRS,Sustainability Reporting Standards)以国际可持续发展准则委员会(ISSB)发布的可持续发展披露标准为基础,期望在 2025 年第二季度达成相关决议。生效后,SDS 可用于英国实体的任何法律或法规要求。对于英国注册公司和有限责任合伙企业,披露要求将由英国政府独立做出;对于英国上市公司,披露要求则由英国金融市场行为监管局(FCA)独立做出。

此前,英国曾发布《动员绿色投资:2023 年绿色金融战略》,计划建立一个评估 IFRS S1 和 IFRS S2 在英国的适用性的框架,并对应创建两个英国 SDS。为此,英国成立了两个委员会:英国可持续发展信息披露技术咨询委员会(UK Sustainability Disclosure)和英国可持续发展披露政策和执行委员会(UK Sustainability Disclosure Policy and Implementation Committee,PIC)。

(三)英新合作推动绿色金融发展

2023 年,英国财政部与新加坡金融管理局之间的国际合作标志着两国在可持续金融领域迈出了重要一步。这项合作的核心目标是扩大融资规模,以支持全球向净零排放过渡的议程。两国致力于推动可持续金融的发展,通过合作加强双方在绿色和可持续金融市场的领导地位,同时增加对可持续项目和倡议的投资,促进实现经济增长和环境保护的双重目标。通过协调政策和监管措施,两国希望能够为跨境绿色金融流动创造更加有利的环境。

(四)CFA 发布 DEI 准则

CFA 协会发布了英国 DEI(多样性、公平性和包容性)准则。DEI 准则包括六个核心原则,分别是:扩大多样化人才渠道;设计、实施和维护包容性和公平的招聘和入职实践;设计、实施和维护包容性和公平的晋升和留用实践,减少进步的障碍;利用自身地位和声音促进 DEI,并改善投资行业的 DEI 结果;利用角色、地位和声音促进和增加投资行业的可衡量 DEI 结果;衡量和报告公司在推动更好 DEI 结果方面的进展,并定期向高层管理、董事会和 CFA 协会报告公司的 DEI 指标,以加强投资行业的多元化、公平性和包容性。准则的制定旨在通过多样化的视角带来更好的投资者结果,并推动建设一个包容性更强的投资行业。

四、日本

(一)新的绿色转型政策

日本政府采取了一系列措施来推动从化石燃料向清洁能源的转型,并实现可持续增长和净零排放目标,其中包括更改碳定价政策,发放气候转型债券,开始新的小额投资免税计划(NISA),开发和推广与绿色转型相关的投资产品,吸引国内外投资者参与以及成立"亚洲绿色转型联合会"。2023 年 2 月,日本政府批准了新的绿色转型政策,目标是到 2050 年实现净零排放。预计到 2030 年,可再生能源将成为最大的电力供应来源,占电力结构的 37%,其将有助于显著减少温室气体排放。

(二)支持可持续商业活动和投资

时任日本首相岸田文雄在 2023 年 PRI in Person 全球负责任投资大会上介绍了日本政府为鼓励可持续商业活动和投资的四项政策,包括支持绿色转型投资、解决社会问题的初创企业、提升人力资本水平,以及进一步发挥金融的作用。过去 5 年,日本可持续投资资产以 16.4% 的复合年增长率持续增长,政府及企业预计将对 2050 年转型至低碳经济的承诺创造更多机会。

(三)大力推广 PRI

日本正在推动更多的公司签署负责任投资原则(PRI),以加强资产管理者和所有者与企业间的对话,促进增长和可持续发展。日本有七家具有代表性的公共养老基金正准备成为 PRI 的签署方,这标志着日本在可持续金融方面的工作进一步加强,并计划将这一行动推广到整个金融市场。

(四)发布"初创企业发展五年计划"

日本政府制定了一项从 2022 年开始的"初创企业发展五年计划",以培养能够应对和解决全球挑战、引领全球和日本经济增长的初创企业,并将在 5 年内把投资额扩大 10 倍,达到 10 万亿日元。

促进这种投资的一个重要驱动力是影响力投资。这种投资将"影响力"的重点放在应对社会和环境挑战上,并促进有助于应对挑战的具体技术和商业模式创新。因此,投资者对推动转型的承诺至关重要。日本金融服务管理局一直在制定"影响力投资基本准则",热衷于引领能够促进社会变革的筹资活动。

(五)加强 ESG 监管

日本金融厅(Financial Services Agency)制定了针对 ESG 基金等金融产品的投资规则,并关注 ESG 基金"漂绿"问题,以帮助投资者有效识别基金是否存在"漂绿"问题,具体包括:规定基金产品若不符合 ESG 标准,则不得在名称中使用"ESG、SDG、绿色、减碳、影响力、可持续"等词语,以避免误导投资者。此要求自 2023 年 3 月底起实施;ESG 基金在投资策略中需要详细披露 ESG 因素,包括考虑的环境、社会、公司治理因素、ESG 因素在投资决策中的衡量方法、投资中纳入 ESG 因素的风险和限制、实现 ESG 相关因素的方式以及对投资结果的衡量方法。此外,此规则要求基金公司在网站等公开渠道披露这些信息。

FSA 将定期检查基金披露的 ESG 信息,确保其准确性和时效性。FSA 也会监督基金投资的 ESG 资产类别是否符合基金文件中的比例,并审查选择特定 ESG 指数作为跟踪基准的基金,确保其 ESG 内容与基准指数相符。

五、韩国

ESG 投资在韩国呈现增长态势：2019 年投资总额约为 33.2 万亿韩元，其中国民养老金机构占 ESG 交易总额的近 90%。但目前大部分投资由公共资金进行，需要进一步推动私人部门参与，为此，韩国政府推行了一系列政策。

(一)加大对碳捕获、利用和储存(CCUS)项目的投资

韩国计划在 2030 年前对 CCUS 项目投资 11.8 亿美元，并扩大核发电量，以加速实现碳净零排放。然而，根据气候变化表现指数(CCPI)报告，韩国在气候变化应对方面的政策目标和实施水平排名较低。

(二)发布政府框架方案

韩国政府计划推动所有中央企业控股上市公司在 2023 年实现 ESG 信息披露，并出台了相关指引，以促进市场发展和透明度提升。韩国金融服务委员会(FSC)、韩国金融监管服务务局(FSS)和韩国证券交易所(KRX)联合发布了政策框架方案，要求在 2025 年至 2030 年，属于 KOSPI 成分股且总资产在 2 万亿韩元及以上的上市公司强制公布 ESG 相关信息。这一要求将扩展至所有上市公司。同时，韩国设立特别工作组，为 ESG 基金制定披露标准，以提高透明度和促进可持续发展投资。

六、澳大利亚

(一)发布《可持续金融路线图》

2024 年 6 月 19 日，澳大利亚政府发布《可持续金融路线图》(Sustainable Finance Roadmap)，阐述了其实施关键可持续金融改革和相关措施的愿景。该路线图是在 2023 年 11 月就可持续金融战略进行磋商后制定的。澳大利亚政府表示，该路线图旨在调动实现净零目标所需的大量私人资本，使金融市场现代化，并最大限度地利用与能源、气候和可持续发展目标相关的经济机遇。在气候和可持续发展方面，其旨在确保市场能够获得高质量、可信和可比的信息，帮助投资者和公司获得投资和管理气候、可持续发展相关风险所需的信心及确定性。以下是路线图中的关键要点：澳大利亚政府将对大型企业和金融机构等实施与气候相关的强制性财务披露要求，同时澳大利亚政府将发展澳大利亚可持续金融分类法。

(二)开发可持续投资产品标签

澳大利亚政府承诺为标榜"可持续"或类似的投资产品制定统一的标签和披露要求，包括管理基金和养老金体系内的投资产品。鉴于对具有特定可持续发展目标的投资产品的需求日益增长，这种制度将为产品发行商和投资者提供支持。财政部正在着手制定新的制度，并将密切关注以下问题：澳大利亚可持续投资产品营销的现有行业方法；与新的可持续金融框架(如分类法)以及更广泛的气候和可持续发展活动(如减排目标)之间的互动以及

其他市场,尤其是美国、英国和欧盟的主要标签发展情况。

七、印度

(一)推出 ESG 基金新披露和投资准则

2023 年 7 月,印度证券交易委员会针对 ESG 基金推出新的披露和投资规则。根据新规,资产管理者需要提供投资标的的月度 ESG 评分。ESG 基金必须确保至少 80% 的资产管理规模投资于符合其特定 ESG 策略的证券,其余资产不投资于违背该策略的证券。ESG 基金名称中须明确包含 ESG 策略,月度投资组合报告中必须包含商业责任和可持续发展报告评分及 ESG 评级提供商的名称。

(二)制定氢气生产过程的碳排放限值

2023 年 8 月,印度新能源和可再生能源部(Ministry of New and Renewable Energy)宣布,印度政府规定了可再生能源"绿色"氢能的基准。这一基准要求将每生产 1 千克氢气的二氧化碳排放限额维持在 2 千克。

印度的目标是到 2030 年实现每年生产 500 万吨绿色氢气,预计将减少约 5 000 万吨的碳排放量,并通过减少对矿物燃料进口的依赖而节省超过 120 亿美元的资金。虽然氢燃料在使用时只生成水,但它的生成是通过电解工厂分解水分子,核心问题涉及在这一过程中使用的能源和相关的碳排放。值得注意的是,2023 年早些时候,主持 G20 轮值主席国会议的印度官员提出,绿色氢气的碳排放阈值为 1 千克二氧化碳/千克氢气。这项提议是本次正式提出的排放限额的一半。

附　录　2023 年以来 ESG 大事记

对于 ESG 领域来说,2023 年是风险与契机并存的一年,ESG 相关标准、机制的建立与完善更是核心主题。国际方面,ESG 披露标准逐步统一完善,其在推动 ESG 相关准则全球化的同时也规范了企业的治理行为。国内方面,行业 ESG 相关活动明显增多,新规新法也加速出台,呈现方兴未艾之势。同时,值得注意的是,ESG 领域中合作和冲突是并存的:一方面,大国间的气候合作为应对全球气候危机注入信心;另一方面,环境保护中却不乏重大失责行为,关于化石能源的使用多国难以达成统一,并且基于"碳关税"形成的单边贸易保护也引发多方不满。

总体而言,2023 年是 ESG 极其重要的一年,不少事件为 ESG 新阶段发展提供重大转机。本章将 2023 年以来的 ESG 领域的重大事件总结如下:

2023 年 4 月 14 日,港交所提出与国际可持续准则理事会(ISSB)准则一致的气候信息披露新规——《优化环境、社会及管治框架下的气候相关信息披露》。该新规与国际接轨,标志着中国香港地区在 ESG 领域跨出重要一步。

2023 年 6 月 26 日，国际可持续发展准则理事会(ISSB)正式发布了其首批准则《IFRS S1：可持续相关财务信息披露一般要求》和《IFRS S2：气候相关披露》，让全球可持续披露准则走向融合。

2023 年 7 月 21 日，国资委发布央企控股上市公司 ESG 专项报告指标体系，为中国企业提供了 ESG 披露的明确指南。

2023 年 7 月 31 日，欧盟审批通过首批 12 份《欧盟可持续报告准则》(ESRS)，欧盟相关企业披露 ESG 终于有章可依。

2023 年 8 月 4 日，中国证券监督管理委员会发布《上市公司独立董事管理办法》，明确了独立董事的职责与权利，推动完善上市公司治理。

2023 年 8 月 24 日，日本不顾国际反对，正式启动福岛第一核电站核污染水排海计划，严重违背国际环境法原则和联合国人类可持续发展目标。

2023 年 10 月 1 日，欧盟碳边境调节机制(CBAM)正式进入过渡期，并将于 2025 年 12 月 31 日结束。

2023 年 10 月 12 日，气候相关财务信息披露工作组(TCFD)发布最后一份进展报告，正式宣告解散，其工作成果以及标准将由国际可持续发展准则理事会(ISSB)接管。

2023 年 12 月 13 日，迪拜联合国气候变化框架公约第二十八次缔约方大会(简称"COP28")闭幕，达成"阿联酋共识"，目标是"将全球升温控制在 1.5℃范围内"控制在可实现范围内。

2023 年 12 月 29 日，十四届全国人大常委会第七次会议表决通过《中华人民共和国公司法》("新公司法")，完善公司法律制度。

2024 年 1 月 22 日，全国温室气体自愿减排交易市场(CCER 市场)正式启动，确立了以碳排放配额交易为主、自愿减排市场交易为辅的碳交易机制，补齐了我国碳交易体系方面的空缺，标志着我国碳市场体系正式成型。

2024 年 3 月 4 日，欧洲第二大养老金机构、荷兰最大的养老金机构 ABP 计划于 2030 年前增加 300 亿欧元的影响力投资，主要关注气候、生物多样性等领域，以追求社会影响力和财务上的双重回报。

2024 年 4 月 24 日，欧洲议会全体会议通过了《企业可持续发展尽职调查指令法案》(CSDDD)，突出强调对违规企业的行政处罚和刑事处罚。CSDDD 将成为欧盟成员国的具体国家法律，以应对不履行尽调任务的企业。

2024 年 4 月 12 日，上交所、深交所和北交所正式发布上市公司可持续发展报告指引，明确了规则实施、披露框架、具体议题等方面的内容，规定自 2024 年 5 月 1 日起实施。

2024 年 5 月 2 日，国际财务报告准则基金会和欧洲财务报告咨询组联合发布互操作性指南。

2024 年 5 月 27 日，财政部发布《企业可持续披露准则——基本准则(征求意见稿)》。

2024 年 6 月 4 日,国务院国资委发布《关于新时代中央企业高标准履行社会责任的指导意见》,对 ESG 治理提出更高要求。

2024 年 6 月 24 日,国际可持续准则理事会发布《议程优先事项的咨询反馈意见公告》。

2024 年 7 月 5 日,欧洲证券与市场管理局(ESMA)发布《可持续发展信息执行指南》的最终报告和《欧洲可持续发展报告准则》首次应用的公开声明。

2024 年 7 月 26 日,英国推出 10 亿美元清洁能源发展计划。

第二章　中国 ESG 发展趋势

本章提要　中国市场作为世界经济的重要组成部分,其 ESG 实践在 2023 年以来开始向大众化和标准化转变。本章从立法、监管、市场三方面展示了中国 ESG 实践的发展。在立法方面,《中华人民共和国公司法》(下称《公司法》)的修订展示了中国将 ESG 理念纳入立法,强调了公司在经营活动中应考虑利益相关者和生态环境保护,承担社会责任的重要性。在监管方面,监管部门如财政部、证监会、国资委等积极推动 ESG 发展,通过制定政策和措施,以提升企业在环境、社会和治理方面的表现。此外,其他监管机构如央行等七部门发文将 ESG 纳入信用评级,国家金融监管总局推动绿色保险发展也都促进了中国 ESG 实践的发展。在市场方面,市场机构如基金和其他金融机构也在 ESG 领域展现积极发展态势,通过完善 ESG 评价体系,加强国际合作,推动企业可持续发展转型。其中,银行业在 ESG 产品创新、信息披露、风险管理等方面取得显著进展。而 ESG 评级机构则通过更新评级方法、加强数据披露要求、提供气候风险评估等服务,也相应推动了 ESG 领域的发展。

第一节　引　言

对于全球 ESG 而言,2023 年是希望与阻碍交织的一年。一方面,披露标准趋向全球统一,为公司治理提供更为标准规范的制度环境。另一方面,伴随着俄乌冲突、贸易保护以及经济周期的影响,ESG 的发展也遇见"迷雾"(见图 2—1)。

ESG 投资面临困难的同时,我们也需注意到 ESG 发展仍体现出韧性,企业的实践与合作朝向更为广泛、规范的方向努力。尤其是在中国市场,ESG 在 2023 年从晦涩的概念开始朝大众化、标准化蜕变。

2023 年,中国绿色金融依然围绕着"双碳"这一主基调,加强对转型金融的重视,通过建立绿色金融体系助力实现碳达峰、碳中和目标,碳市场主管部门也纷纷出台政策以鼓励金融机构对碳减排项目的支持、开展气候投融资试点工作。中国金融市场最大品类的绿色金融产品为银行绿色信贷,2023 年年末,中国绿色贷款余额已达 30.08 万亿元,同比增长 36.5%。同时,作为世界经济稳健增长的引擎,中国也积极推动可持续领域的国际合作。

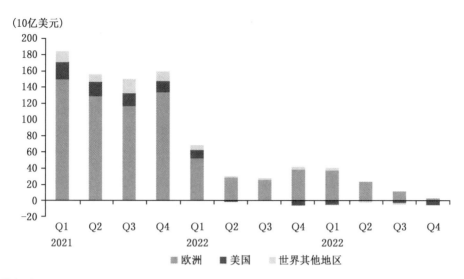

（10亿美元）

■ 欧洲　■ 美国　世界其他地区

资料来源：Morningstar。

图 2－1　季度全球 ESG 基金流量

2023 年 11 月，中美就应对全球气候危机问题明确重点合作领域联合发表了《关于加强合作应对气候危机的阳光之乡声明》，夯实了转型和变局中实现多边合作的基础。

顺承全球 ESG 信息披露标准统一化的趋势，在 ISSB 发布两项新准则 IFRS S1 和 IFRS S2 后，ESG 和金融机构环境信息披露无疑成为政策热点领域。在中国香港市场，港交所向 ISSB 新规看齐，要求上市企业在进行气候披露时与其框架保持一致，ESG 信息披露强制性增加。与此同时，国资委也迅速行动，大力推动央/国企的 ESG 披露工作。根据同花顺的数据，2023 年共有 2 099 家 A 股上市公司披露 ESG 报告，整体数量远超 2022 年，央企上市公司 ESG 披露更是接近全覆盖。并且中国（含港澳台地区）在 2023 年参与 CDP 气候变化相关环境信息披露的企业超过了 3 400 家，同比增长 26％（见图 2－2）。

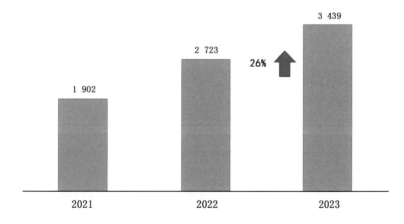

资料来源：PwC《2023 年中国企业 CDP 披露分析报告》。

图 2－2　2021—2023 年中国 CDP 披露情况

2023 年,ESG 基金业绩总体表现不佳,其大多数时间走势偏弱,未跑赢沪深 300 指数基金。但将时间拉长,ESG 基金业绩呈现出不错的发展态势,无论是从 2022 年年末向前追溯的 2 年期年化收益,或是向后类推的 3 年期、4 年期年化收益,其均大幅领先沪深 300。因此从长远角度来看,ESG 基金投资值得更多的关注。

同时,2023 年我国在公司法律法规方面也有重大举措。首先,为建立健全我国现代企业制度,2023 年公司法迎来全面修订,涵盖公司治理机构调整、完善各经营主体责任等多个方面。其次,我国独立董事制度虽实施多年,但一直存在"独董不独""独董不懂"的情况,因此,为优化上市公司独立董事制度,证监会发布了《上市公司独立董事管理办法》,以强化独立董事的履职保障,以及明确独立董事的责任认定标准等,保护中小股东的合法权益。

2023 年以来,中国 ESG 可持续发展的大背景发生了变化,信息化与城市化的进步让科技的创新发展与 ESG 的紧密度不断增强。为实现低碳经济和绿色经济,物联网、大数据分析以及人工智能在空气质量检测、能源消耗、水资源管理等方面发挥重大作用,以实现对环境资源的合理检测。此外,电子支付、区块链等绿色金融科技的运用打破了传统金融壁垒,使金融服务更为便捷。

随着各领域对 ESG 的关注度与认可度不断升高,中国企业的 ESG 发展也进入快车道,信息主动披露意愿增强,更加强调与利益相关者在 ESG 实践中的互动。A 股上市公司的 ESG 平均得分以及各个维度的得分表现均大幅提升,更是有一批领军企业以更加具有战略性的视角看待 ESG。相较于 2022 年,新能源及新能源汽车公司在 ESG 方面表现突出,体现了可持续理念在运营与创新中的重要性。

总体而言,过去一年,随着俄乌冲突拖缓全球气候行动的步伐,以及国际 ESG 投资情况下滑,企业短期生存压力加剧,一些发达经济体对 ESG 的质疑之声四起。然而与之相对的是,经过我国在 ESG 领域多年的改革创新,2023 年中国 ESG 政策和市场开始走向成熟。在"双碳"整体战略指导下,ESG 信息披露与监管工作具有了更为严谨的法律与政策体系支撑,其与科技的结合也更为紧密,这使得资本市场充满韧性,也使得企业的 ESG 参与度与责任感不断提升。

第二节　法律法规层面的变革及其影响

2023 年 12 月 29 日,全国人大常委会审议通过了《公司法(修订草案)》,本次经全国人大常委会修订的《公司法》在现行《公司法》13 章 218 条的基础上,实质新增和修改 70 条左右,对公司治理的诸多制度进行了重构。其中,总则第二十条比较完整地将 ESG 理念写入立法,并将其确定为公司法的基本原则。这一规定坚持立足国情与借鉴国际经验相结合,关注利益相关者的利益与长期价值的创造,重视公司的社会责任及可持续发展,对于完善中国特色现代企业制度、推动经济高质量发展具有重要意义。

一、变革前后 ESG 相关差异

本次《公司法》修订草案进行了四审,涉及 ESG 理念及原则的修订过程如下。《中华人民共和国公司法(修订草案)(一次审议稿)》第十八条、第十九条将 2005 年《公司法》第五条一拆为二,其中第十八条继续要求公司从事经营活动时遵守法律法规,遵守社会公德。第十九条则大幅充实了公司社会责任条款,提出了利益相关者、生态环境保护、社会责任报告等内容,具体为"第十九条 公司从事经营活动,应当在遵守法律法规规定义务的基础上,充分考虑公司职工、消费者等利益相关者的利益以及生态环境保护等社会公共利益,并承担社会责任。国家鼓励公司参与社会公益活动,公布社会责任报告"。二审稿第十九条、第二十条仅做条文顺序上的调整。二审稿第二十条与一审稿第十九条的内容相同。三审稿第二十条则删除"应当在遵守法律法规规定义务的基础上"中的"义务"两字,其他内容与二审稿相同。新《公司法》第二十条则删除了"在遵守法律法规规定的基础上",即"第二十条 公司从事经营活动,应当充分考虑公司职工、消费者等利益相关者的利益以及生态环境保护等社会公共利益,并承担社会责任。国家鼓励公司参与社会公益活动,公布社会责任报告"。

二、环境相关的变革

新《公司法》在总则第二十条中将 ESG 理念写入立法,并将其确定为公司法的基本原则,强调公司在经营活动中应充分考虑利益相关者的利益及生态环境保护,承担社会责任,并鼓励公司参与社会公益活动和公布社会责任报告。这体现了《中华人民共和国民法典》绿色原则的立法精神,首次将环境生态保护作为企业的原则性要求,推动企业在经营中与生态环境保护相协调,实现可持续发展。

三、社会相关的变革

新《公司法》第二十条明确要求公司在经营活动中应"充分考虑公司职工、消费者等利益相关者的利益以及生态环境保护等社会公共利益",这不仅强调了企业需关注其经济活动对社会和环境的影响,也体现了对包括职工和消费者在内的各方利益相关者权益的保护。

新《公司法》还鼓励公司参与社会公益活动,并"公布社会责任报告"。这一规定不仅提升了企业的社会责任感,也为外部利益相关者提供了更多关于企业社会责任实践的信息,增强了透明度和社会监督。

此外,新《公司法》在职工权益保护方面也有所加强。例如,新法规定公司应"建立健全以职工代表大会为基本形式的民主管理制度",这意味着职工在公司决策中有了更多的参与权和发言权。同时,公司在研究决定重大问题如改制、解散、申请破产时,应通过职工代表大会等形式听取职工的意见和建议,这有助于保护职工的合法权益,促进企业的和谐发展。

四、公司治理相关的变革

新《公司法》在优化公司治理方面主要做出了以下几点改动:

(1)允许公司只设董事会、不设监事会,公司只设董事会的,应当在董事会中设置审计委员会行使监事会职权。(2)简化公司组织机构设置。规模较小或者股东人数较少的公司,可以不设董事会,设一名董事,不设监事会,设一名监事;规模较小或者股东人数较少的有限责任公司,经全体股东一致同意,可以不设监事。(3)职工人数 300 人以上的公司,除依法设监事会并有公司职工代表以外,其董事会成员中应当有公司职工代表。公司董事会成员中的职工代表可以成为审计委员会成员。(4)对股份有限公司董事会审计委员会和上市公司董事会审计委员会的议事方式和表决程序作了规定。(5)加强了对中小股东利益的保护,降低了股东持股比例的要求,并增加了双重股东代位诉讼的条款,以提升公司治理水平和经营透明度。(6)对董事、监事、高级管理人员的忠实勤勉义务进行了具体解释,要求董监高避免利益冲突,尽到合理注意,以促进企业 ESG 活动实践和合规管理。

这些改动体现了新《公司法》在优化公司治理结构、强化职工权益保护、增强公司社会责任、提高公司治理透明度和效率等方面的积极努力,有助于推动公司治理现代化,提升公司的市场竞争力和社会责任感。

五、影响和意义

(一)社会责任报告成为落实公司社会责任的有力抓手

新《公司法》新增了有关社会责任信息披露制度的规定:"国家鼓励公司参与社会公益活动,公布社会责任报告。"因此,可以认为,社会责任报告是落实公司社会责任的有力抓手,是公司信息披露的组成部分,也是 ESG 信息披露法律服务的重点。这为社会责任报告提供了法律依据,强化了其在公司运营中的重要性。

考虑到不同的公司类型以及目前关于 ESG 信息披露的规定及实践,《公司法》及配套法律法规可能对于非上市公司采取以自愿披露为主的方式,对上市公司等特殊类型公司发布社会责任报告采取从自愿披露过渡到强制性披露的方式。事实上,2015 年以后,证监会陆续出台多项规定,这些规定和沪深交易所的相关文件基本构成我国上市公司 ESG 信息披露的主要依据,并呈现出从概括性规定到具体指导规则、以自愿披露为主到趋向强制披露的趋势。境内上市公司发布了三种形式的 ESG 报告,即 ESG 报告、CSR 报告以及可持续发展(SD)报告。而信息披露制度是资本市场的"生命线",是资本市场信息披露的重要组成部分。当资本市场认为 ESG 信息披露变得"中看又中用"时,则合法又合规才能有效控制 ESG 信息披露的法律风险。

同时,新《公司法》扩大了职工代表参与公司治理的范围,包括董事会和审计委员会,这意味着职工的利益和声音可以通过社会责任报告得到更好的反映和传达,也加强了中小股东的权益保护。社会责任报告的发布能够让中小股东更全面地了解公司的经营状况和社会责任履行情况,从而做出更明智的投资决策。

(二)明确了法定代表人的担任范围,有助于厘清职责

此外,新《公司法》明确了法定代表人的担任范围,第十条规定,公司的法定代表人按照公司章程的规定,由代表公司执行公司事务的董事或者经理担任,这有助于明确法定代表人的法律地位和职责范围。将公司的法定代表人限定为执行公司事务的董事或经理,有助于厘清职责,避免职责不清和权力过于集中,从而提高公司治理的透明度和效率。法定代表人职责的明确也有助于提升公司治理水平,促进公司决策的科学性和合理性,保障公司的稳健运营,这些改动都能确保法定代表人有效推动 ESG 实践。同时,借鉴英国、美国的单层制公司架构,也有助于简化公司治理结构,提高决策效率,从而更好地实施 ESG 的相关策略。通过要求企业公布社会责任报告,增强了企业的透明度,这使得企业在 ESG 实践方面的表现更容易受到公众和监管机构的监督。

(三)体现了公司责任也是法律责任的趋势

虽然新《公司法》第二十条表现为一种宣示性、倡导性、激励性条款,但其已充分体现我国通过成文法的方式落实公司社会责任的一种努力。新《公司法》第二十条明确规定,公司在经营活动中应充分考虑职工、消费者等利益相关者的利益,以及生态环境保护等社会公共利益,并承担社会责任。同时,国家鼓励公司参与社会公益活动并公布社会责任报告。新《公司法》第十一条指出,法定代表人以公司名义从事的民事活动,其法律后果由公司承受。如果法定代表人因执行职务造成他人损害,公司需承担民事责任,但公司在承担责任后,可依法向有过错的法定代表人追偿。新《公司法》第一百八十九条明确规定了董事作为清算义务人的责任,如果其未及时履行清算义务,将对公司承担赔偿责任。通过这些修订,新《公司法》强化了公司及其管理层的法律责任,推动公司在追求经济效益的同时,更加重视社会责任和法律义务的履行。

第三节 监管部门对 ESG 的推动

中国监管体系对 ESG 的推动是中国在全球可持续发展背景下的一项重要战略举措,其主要涉及的部门有财政部、证监会、国资委、金管局等。随着全球对气候变化、社会责任和公司治理的关注日益增加,中国政府和监管机构积极响应国际趋势,通过制定和实施一系列政策和措施,推动企业和社会各界在 ESG 方面的实践和改进。中国的 ESG 监管体系建设不仅有助于提升国内企业的国际竞争力,还能促进经济结构的绿色转型和高质量发展。通过加强环境法规、推动社会责任投资、完善公司治理结构,中国监管体系在 ESG 领域的努

力旨在构建一个更加可持续和包容的经济环境。

一、财政部

财政部在推动中国 ESG 监管体系发展中发挥着至关重要的作用,其通过制定指导性政策和标准,引领企业提升环境、社会和治理方面的表现。其工作不仅促进了市场对可持续发展理念的深入理解和实践,还加强了国际合作与交流,确保中国 ESG 监管体系与全球标准接轨,同时体现了中国特色。财政部的努力有助于提高企业的信息透明度,增强投资者的信心,推动整个社会经济向更加绿色、负责任的方向发展。

2024 年 5 月 27 日,中国财政部发布了《企业可持续披露准则——基本准则(征求意见稿)》,这标志着中国统一的可持续披露准则体系建设的开始。基本准则征求意见稿明确了中国可持续披露准则体系,对企业可持续信息披露提出了一般要求,适用于在中国境内设立的按规定开展可持续信息披露的企业。可持续披露基本准则是我国在企业可持续信息披露方面迈出的坚实步伐,将进一步统一我国企业可持续信息的披露标准,发挥可持续信息在投资决策和经济发展中的支持作用,引导企业践行可持续发展理念,实现高质量发展的目标(见图 2-3)。

基本准则对企业可持续信息披露提出一般要求

具体准则对企业环境、社会和治理方面的可持续主题信息披露提出具体要求

应用指南对基本准则和具体准则进行解释和细化,对有关行业应用本准则和具体准则提供指引,以及对重点难点问题进行操作性规定

资料来源:财政部。

图 2-3 可持续披露准则体系

2024 年 12 月,在前期公开征求意见的基础上,财政部、外交部、国家发展改革委、工业和信息化部、生态环境部、商务部、中国人民银行、国务院国资委、金融监管总局九部委联合发布了《企业可持续披露准则——基本准则(试行)》(以下简称"基本准则")。基本准则目前以企业自愿实施为主,后续将明确具体的实施范围和要求。这一准则的实施将对企业、投资者和监管机构产生深远影响。企业需要提升数据管理和披露能力,优化可持续发展战略;投资者将获得更全面的 ESG 信息,支持可持续投资决策;监管机构则能借助统一标准加强市场监管和风险防范。

基本准则共六章 31 条,主要内容包括:第一章为总则,明确了制定目的、准则体系、可持续信息和价值链的概念、报告主体、关联信息、信息系统及内部控制要求;第二章为披露目标与原则,规定了可持续信息披露目标、信息使用者及重要性原则、评估方法等;第三章为信息质量要求,提出可持续信息应满足可靠性、相关性、可比性、可验证性、可理解性和及时性六项质量要求;第四章为披露要素,要求企业披露治理、战略、风险和机遇管理、指标和目标四个核心要素及其具体内容;第五章为其他披露要求,涵盖报告期间、可比信息、合规声明、判断和不确定性、差错更正及报告披露位置等;第六章为附则,规定了准则的解释权归属。

基本准则是国家统一可持续披露准则体系的重要组成部分。基本准则作为核心框架,规定了企业可持续信息披露的基本概念、原则、方法、目标和共性要求,统领具体准则和应用指南的制定。中国财政部此次发布企业可持续披露准则具有重大意义,不仅象征着中国将 ESG 实践提到了更为重要的位置,也体现着中国对于积极对接世界 ESG 发展国际标准的努力。中国财政部基本准则的提出将意味着企业需要进一步提升对于 ESG 实践的重视程度,同时也意味着企业的 ESG 实践需要在逐渐走向与国际接轨的进程中葆有中国特色,做到本土化与国际化相兼容将是未来企业 ESG 实践的主要趋势。

二、证监会与证券交易所

中国证监会与证券交易所对 ESG 的推动是中国资本市场可持续发展战略的重要组成部分。随着全球对 ESG 因素的重视日益增加,中国证监会和证券交易所积极响应,通过制定相关政策、规则和指导意见,引导和鼓励上市公司加强 ESG 信息披露,提升治理水平,以及履行社会责任。这些举措不仅有助于提升中国企业的国际形象和竞争力,也为投资者提供了更多关于企业可持续性的信息,促进了资本市场的健康发展和长期稳定。2023 年以来,证监会和证券交易所针对 ESG 的主要政策与措施如下:

(一)指导上市公司可持续发展披露指引

2023 年,中国上市公司可持续发展相关信息披露的实践不断积累,超过 2 100 家上市公司披露可持续发展相关报告,数量再创新高。同年,证监会方面表示正在指导沪深证券交易所研究起草上市公司可持续发展披露指引。

(二)港交所强制气候披露

中国香港交易所于 2023 年 4 月 14 日刊发咨询文件,就修订其 ESG 汇报框架(主要载于《主板上市规则》附录 C2 或《GEM 上市规则》附录 C2),强制规定上市发行人在其 ESG 报告中根据当时的 IFRS S2 建议征询市场意见进行披露。首批要求于 2025 年 1 月 1 日生效,适用于部分上市公司,其他公司则从 2026 年开始实施。文件强调了披露框架的四大核心要素:治理、战略、风险管理以及指标和目标,旨在提升企业在气候相关风险和机遇方面的透明度。此外,港交所还提供了过渡性安排和指导材料,以帮助企业逐步适应新要求。这一举措旨在推动中国香港资本市场与国际标准接轨,增强企业在气候变化领域的披露能力和责任意识。

(三)深交所发布《深市上市公司可持续发展信息披露白皮书》

2023 年 12 月 29 日,深交所发布《深市上市公司可持续发展信息披露白皮书》,它立足我国环境保护政策和深市上市公司环境信息披露制度,通过分享深市上市公司环境信息披露优秀案例,推动上市公司强化环境信息披露意识,践行绿色发展理念,旨在进一步凝聚共识、汇聚力量,助力推动可持续发展。

(四)三大交易所发布《上市公司可持续发展报告指引》

2024 年 4 月,经中国证监会的统一部署和指导,在前期公开征求意见的基础上,上海证券交易所、深圳证券交易所和北京证券交易所正式发布了《上市公司可持续发展报告指引》,并规定自 2024 年 5 月 1 日起实施。指引要求上证 180 指数、科创 50 指数、深证 100 指数、创业板指数样本公司及境内外同时上市的公司最晚于 2026 年首次披露 2025 年度可持续发展报告,同时鼓励其他上市公司自愿披露。三大交易所发布的指引分别为《上海证券交易所上市公司自律监管指引第 14 号——可持续发展报告(试行)》《深圳证券交易所上市公司自律监管指引第 17 号——可持续发展报告(试行)》和《北京证券交易所上市公司持续监管指引第 11 号——可持续发展报告(试行)》,除执行范围和制定依据中引用的上市规则略有差异外,具体内容基本一致。

总体来看,一系列上市公司可持续发展报告指引的正式发布,标志着我国境内资本市场本土化可持续报告指引的诞生,将促进提升上市公司可持续信息披露的全面性、完整性、可比性和准确性,对上市公司践行可持续发展具有重要的指导意义。首先,现阶段指引采用了分批实施、逐步引入的方式,对于披露内容也分为强制、鼓励和引导披露、自愿披露等不同层次。这要求企业未来根据指引执行情况,探索扩大可持续发展信息披露主体范围,逐步提高披露的 ESG 数据质量、披露及时性、自动化和相关性。其次,企业将需要通过公布包含影响重要性和财务重要性的 ESG 评估满足财务报告使用者和其他利益相关方的可持续信息需求。

三、国资委

国资委对 ESG 的推动是中国国有企业改革和可持续发展战略的关键环节。作为中国国有企业的主要监管机构,国资委积极引导和推动国有企业加强 ESG 方面的实践,以提升企业的社会责任感和国际竞争力。通过制定相关政策、指导意见和考核机制,国资委鼓励国有企业优化治理结构,加强环境保护,以及在社会贡献方面发挥引领作用,从而推动国有企业向更加绿色、透明和负责任的方向发展。2023 年以来,国资委推动 ESG 的政策与措施主要如下:

(一)积极推动国有上市公司 ESG 建设

早在 2022 年 5 月,国资委就发布了《提高央企控股上市公司质量工作方案》,其中提出了央企建立健全 ESG 体系的要求,并设定到 2023 年实现全覆盖的目标。随后,国资委办公厅于 2023 年 7 月发布《关于转发〈央企控股上市公司 ESG 专项报告编制研究〉的通知》,规范央企控股上市公司 ESG 信息披露,提升专项报告编制质量。2024 年 6 月,国资委制定印发的《关于新时代中央企业高标准履行社会责任的指导意见》提出,推动控股上市公司围绕 ESG 议题高标准落实环境管理要求、积极履行社会责任、健全完善公司治理,加强高水平 ESG 信息披露,不断提高 ESG 治理能力和绩效水平,增强在资本市场的价值认同。

(二)积极推动绿色低碳经济转型

为了加速绿色低碳转型,证监会和国资委于 2023 年 12 月 8 日联合发布了《关于支持中央企业发行绿色债券的通知》。该通知旨在推动降碳、减污、扩绿、增长,带动民营经济的绿色低碳发展,促进经济社会的全面绿色转型。

(三)启动编修可持续发展报告指南

2024 年 3 月,在中国企业改革与发展研究会主导下,《中国企业可持续发展报告指南 CASS-ESG 6.0》正式启动编修工作,旨在辅导中国企业编制符合监管要求的高质量可持续发展报告。2024 年 6 月 3 日,《中国企业可持续发展报告指南(CASS-ESG 6.0)之一般框架》发布,其严格参照了沪深北三大交易所《上市公司可持续发展报告指引》原文及其结构顺序。

四、其他监管机构

除了财政部、证监会和证券交易所、国资委之外,中国的其他监管机构也都对 ESG 发展起到了重要推动作用。2023 年以来,这些监管机构通过各自的政策和措施,共同构建了一个支持 ESG 发展的监管框架,促进了企业和社会各界在环境、社会和治理方面的实践和改进。

(一)央行等部门发文明确 ESG 纳入信评

2024 年 4 月,央行联合国家发展改革委、工信部、财政部、生态环境部、金融监管总局和证监会七部门联合发布《关于进一步强化金融支持绿色低碳发展的指导意见》。该指导意见要求金融机构开展碳核算、环境信息披露,尤其要求制定统一的绿色金融标准体系。央行方面提及要"逐步扩大适合我国碳市场发展的交易主体范围",或意味着金融机构参与碳市场交易、碳期货等产品将近。

(二)国家金融监督管理总局印发《关于推动绿色保险高质量发展的指导意见》

2024 年 4 月,国家金融监督管理总局发布消息,为推动绿色发展的决策部署,充分发挥保险在促进经济社会发展全面绿色转型中的重要作用,积极稳妥助力碳达峰碳中和,国家金融监督管理总局印发《关于推动绿色保险高质量发展的指导意见》。该文件确立两个阶段:到 2027 年,绿色保险政策支持体系比较完善,服务体系初步建立,风险减量服务与管理机制得到优化,产品服务创新能力得到增强,形成一批具有重要示范意义的绿色保险服务模式,绿色保险风险保障增速和保险资金绿色投资增速高于行业整体增速,在促进经济社会绿色转型中的作用得到增强。到 2030 年,绿色保险发展取得重要进展,服务体系基本健全,成为助力经济社会全面绿色转型的重要金融手段,绿色保险风险保障水平和保险资金绿色投资规模明显提升,社会各界对绿色保险的满意度、认可度明显提升,绿色保险发展市场的影响力显著增强。

综合来看,通过各部门协同发力,中国主要在披露准则统一、信评和保险中的 ESG 元素增加、碳市场交易等方面对企业产生影响。而在国家层面统一披露准则,使得 ESG 披露准则在全国范围内具有通用性,且与 S1 在信息质量特征、披露要素和相关披露要求上总体保持衔接,有利于我国可持续披露准则与国际可持续准则实现趋同。这既基于我国实际,有利于后续准则的制定和实施,也有利于我国可持续披露准则与国际准则实现趋同和互操作性,降低中国企业积极参与全球经贸投资活动和产业链的额外成本,提高国际竞争力。

第四节　市场机构对 ESG 的推动

随着全球对 ESG 标准的重视,基金等金融机构也越来越倾向于将 ESG 因素纳入投资决策,促进企业提升透明度和改善可持续性表现。而 ESG 投资产品的多样化和创新也为资本市场带来新的增长点,最终推动了整个市场的可持续发展。

一、投资基金

2023 年,中国投资基金在 ESG 领域呈现积极发展态势。在政策推动下,ESG 主题基金数量和规模持续增长,各大基金公司完善了 ESG 评价体系,加强了国际合作。清洁能源等领域成为投资重点,信息披露透明度提高,同时加大了 ESG 人才培养力度。这些动向反映了中国投资界对可持续发展理念的日益重视,为 ESG 投资在中国市场的进一步发展奠定了基础。中国 ESG 基金市场从 2017 年的少数基金公司参与,迅速发展到 2023 年的 140 余家机构签署 PRI,公募基金数量和规模显著增加。此外,随着 ESG 投资体系的本土化探索,中国资管机构开始构建适合本土市场的 ESG 评价系统和投资策略,积极推动企业的可持续发展转型。展望未来,ESG 投资基金预计将继续成为推动经济向可持续和负责任方向发展的关键力量。

2023 年 7 月,北京绿色金融与可持续发展研究院和中国责任投资论坛携手相关机构共同发起"中国气候联合参与平台"(China Climate Engagement Initiative,CCEI),成员单位以机构投资者为主,包含博时、大成、易方达、南方、嘉实等 30 家基金管理机构,代表超过 70万亿元人民币的资产管理规模。然而,在 ESG 理念备受机构投资者认可的背景下,ESG 投资基金的发展未能持续前几年的发展势头。

首先,2023 年中国 ESG 基金数量虽有所增加但规模缩水。全球 ESG 主题投资基金的数量在 2020 年左右开始了一轮井喷式增长。然而,在 2023 年年底遭遇资金净流出,中国的 ESG 基金规模也出现显著下降,从 2022 年的 4 989 亿元人民币下降到 2023 年的 4 383 亿元人民币,整体下降 12%。其次,中国 ESG 基金的发行速度也放缓。2023 年前三季度,中国新发 ESG 公募基金数量减少到 47 只,其中纯 ESG 主题基金只有 8 只,为三年来发行数量最低,基金规模同比也下降了 13%。针对这些事实,华夏基金联合社会价值投资联盟发布《2023 中国 ESG 投资发展创新白皮书》,提出中国 ESG 投资实践已进入"深水区",需要与传统基本面投资更紧密地结合,并建立适用于本土市场的 ESG 基本面研究框架。

二、其他金融机构

不仅是投资基金,中国的其他金融机构也在 ESG 领域实施着创新实践。多家上市银行相继披露了 2023 年 ESG 报告或社会责任、可持续发展报告。越来越多的银行把 ESG、社会责任、可持续发展理念放在重要位置,并融入具体的经营战略。《银行业 ESG 发展报告(2023)》显示,我国上市银行 ESG 发展已进入优秀阶段,银行业近三年整体的 ESG 信息披露率达到了 100%,遥遥领先于其他行业。银行业 ESG 风险机遇管理能力总体较强,能够较好地控制 ESG 风险敞口,创新开展 ESG 理财等业务,抓住新发展机遇。

(一)兴业银行加强建设 ESG 治理结构和管理体系

兴业银行作为国内 ESG 领域先行者,正持续加强 ESG 治理架构和管理体系建设,探索实现银行经济效益、社会与环境效益的共赢发展,走出了一条兼顾国际标准和中国特色的 ESG 实践之路。兴业银行在 2023 年可持续发展报告中表示,2023 年牢牢把握高质量发展这个首要任务,从公司治理层面积极探索 ESG 本土化实施路径,将 ESG 管理全面融入公司战略、重大决策、日常经营,积极参与国际交流与合作,成为国内首批国际可持续准则理事会(ISSB)"国际可持续披露准则先学伙伴",为可持续发展提供更强引领保障。

(二)中信银行推进"气候友好型银行"建设

中信银行则稳步推进"气候友好型银行"建设,成为"中国气候投融资联盟"成员,将气候风险纳入全面风险管理体系,践行低碳运营理念。此外,中信银行扎实推进节能减排,加强碳足迹识别及管理,启动首家碳中和网点建设,培养全员减碳意识,倡导无纸化办公和绿色出行,推动全行低碳运营进一步走深走实。

(三)招商银行开展"碳排查"

另外,招商银行发布的 ESG 报告显示,2023 年起,招商银行围绕治理架构、节能目标、减碳路径、体系认证等多方面开展工作。招商银行面向全行超过 1 900 家机构全面开展碳盘查,摸清碳家底。2023 年,招商银行共有三家网点获得所在地碳交易所颁发的"碳中和证书"。同时,总行自有办公物业通过国际环境管理体系、能源管理体系等权威体系认证。

总体而言,2023 年中国的 ESG 主题投资基金虽受到全球大环境影响而发展受阻,但银行业在 ESG 方面的发展取得了显著进展,不仅在产品创新、信息披露、风险管理等方面有所突破,还在国际合作、企业文化建设和科技创新等方面展现出积极姿态。这些努力有助于推动中国金融机构的可持续发展,并为全球 ESG 实践贡献中国经验。

三、ESG 评级机构

2023 年,中国 ESG 评级机构在推动企业可持续发展和提升 ESG 信息透明度方面发挥了重要作用。中诚信国际在这一年对其 ESG 评级方法进行了重大更新,引入了更多量化指标和行业特定的 ESG 因素,特别是在评估制造业企业的环境表现时,强调了能源消耗和废物处理等关键指标。同时,其联合信用评级发布了一份新的 ESG 数据披露指南,鼓励企业提供更详细和透明的 ESG 信息,包括对气候相关财务信息披露工作组(TCFD)建议的支持。

在气候风险评估方面,大公国际推出了一项新的服务,帮助企业识别和评估与气候变化相关的潜在风险。例如,大公国际为一家大型能源公司提供了气候风险评估报告,指出了其在碳排放和可再生能源转型方面的挑战和机遇。此外,东方金诚发布了一份关于社会责任投资(SRI)趋势的研究报告,强调了社会因素在 ESG 评级中的重要性,分析了多家在劳工标准和社区关系方面表现优秀的企业。

为了提高 ESG 评级的可比性和一致性,中债资信与国际 ESG 评级机构进行了多次合作,共同推动全球 ESG 标准的统一。上海新世纪利用大数据和人工智能技术,开发了一套新的 ESG 评级系统,该系统能够自动收集和分析大量 ESG 数据,提高评级的效率和准确性。联合资信则加强了与监管机构的沟通,确保其评级方法和披露要求符合最新的国际标准。

中诚信国际举办了多场 ESG 研讨会,向市场参与者介绍 ESG 评级的重要性和应用,吸引了众多投资者和企业的参与。这些动态表明,中国 ESG 评级机构在 2023 年通过不断改进评级方法、加强数据披露要求、提供气候风险评估服务、关注社会责任投资趋势、推动全球合作与标准统一、应用先进技术、确保监管合规以及进行市场教育与推广,积极推动了 ESG 的发展。

第五节　本章小结

2023 年以来,无论是法律层面、还是监管和市场层面,中国的 ESG 都在稳步而有序地向大众化和标准化发展。然而,需要注意的是,在中国 ESG 发展取得显著进展的同时,当下的 ESG 领域也存在一些问题,其中最显著的是在 ESG 评价标准的统一性方面依旧存在较多的争议与分歧。

首先,一些评价标准采用单一财务实质性视角,与部分利益相关者认为应该采用双重实质性视角,增加实体对环境的广泛影响报告这两种观点存在分歧。评级机构方可能认为引入双重实质性会使得标准复杂化,然而单纯关注财务实质性,确实可能导致企业无法全面识别与其可持续性运营相关的实质性议题。

其次,在部分标准使用的双重实质性原则下,双重实质性中涉及对企业运营对社会和环境的影响以及对企业经济表现潜在影响两方面实质性议题的判断,这涉及大量主观评估和对未来的预测,相关的评价标准具有很大的不确定性。

在 ESG 评价标准的统一性问题之外,另一个值得注意的现象是评级机构对实质性议题的关注。实质性议题的确定是完成 ESG 报告的基础。其在评级机构制定 ESG 标准和评价企业 ESG 表现中都扮演着极为重要的角色。同时,实质性议题的确立和明确有助于更好地理解可持续发展理论的具体含义,从而更切实有效地在实践中落实可持续发展理论。

目前,对于 ESG 的实质性议题热烈讨论主要集中在国际准则中的 ESG 实质性议题、企业实践中的 ESG 实质性议题以及评级中的 ESG 实质性议题。本书将在后续的章节中对三个领域的 ESG 实质性议题讨论进行深入和详尽的分析,同时,本书也将在后续章节对代表性行业、企业在实质性议题上的应用实践进行探讨。

第三章 中国 ESG 问题国内外学术研究最新趋势

本章提要 近年来,ESG 作为反映企业可持续发展水平的全新商业规范与投资趋势,对社会各界产生了深远的影响,也成了学术研究的重要前沿领域。本章基于 ESG 体系构建的流程框架,从 ESG 概念与分歧、ESG 信息披露与实质性议题、企业 ESG 绩效的影响因素与后果三个方面对有关中国 ESG 相关研究进行系统的梳理。同时,本章结合文献计量方法对国内外 3 216 篇关于中国 ESG 的文献进行了分析,发现中国 ESG 领域正处于蓬勃发展阶段,发文量呈迅速增长趋势。而基于布拉德福定律的分析表明目前中国 ESG 话题的研究已形成了明显的核心效应,但国际优秀期刊对此的接受度仍有待进一步提高。此外,关键词共现和被引网络分析发现 ESG 研究呈现学科多元化的交叉属性,且中英文文献的研究广度与深度各有差异。本章系统回顾并总结了目前中国 ESG 研究的进展以及未来需要关注的问题与研究方向,以期为中国 ESG 领域研究提供有价值的参考。

第一节 引 言

自 2004 年首次由联合国全球契约组织提出后,ESG 这一全新的可持续发展理念便在全球范围内迅速兴起,其倡导组织在计划设定、战略决策和生产运营等过程中,在财务要素等传统约束的基础上,充分考虑环境、社会责任和公司治理等因素。截至 2024 年 4 月,全球签署联合国负责任投资原则组织(UN PRI)的机构已超过 5 700 余家,管理资金的规模也达到了 120 万亿美元,占全球专业资产规模的 50% 以上。与此同时,ESG 在国内资本市场的发展也同样火热。根据 Wind 数据显示,截至 2024 年 6 月,我国现存的 ESG 公募基金共有540 只,净值总规模超过 5 000 亿元,其中环境保护类产品占比达到 40.5%。此外,根据上海财经大学富国 ESG 研究院《中国 ESG 发展报告·2023》的数据,2022 年上市公司的 ESG 信息披露率已经超过了 30%。在政策和监管的持续推动下,中国上市公司 ESG 信息披露要求也进一步提高,并往强制属性的趋势发展。①

　　然而,ESG 研究与实践在社会各界广泛关注下持续升温的同时,该领域也充斥着争议与批评。ESG 支持者的观点在于,加强 ESG 建设是企业与投资者、政府等利益相关方之间互动的风险管理重点,可持续发展竞争战略的塑造不仅体现了经济外部性理论的内涵,也蕴含了社会责任理论的精髓(李小荣和徐腾冲,2022)。其不仅能够提高市场信息的透明度,影响企业的发展决策规划(Galbreath,2013;方先明和胡丁,2023),还有助于培育企业良好的市场声誉,提高企业经营效率(谢红军和吕雪,2022;Houston and Shan,2022)。ESG 反对者则主要基于价值理性、工具理性和交往理性三个维度质疑 ESG 的合理性(肖红军,2024)。首先,价值理性认为 ESG 与企业秉持股东利益最大化的初衷、信义义务原则等严重背离(Ramanna,2020;Pollman,2022),因此 ESG 被视为阻碍企业、资本市场和社会发展的"政治迷雾资本"(Cort,2023;Padfield,2023)。其次,工具理性则从"ESG 是否有用"的问题质疑 ESG 存在的意义,因为实践中既没有实现可持续发展的目标,也没有推动组织和利益相关方的价值增益(Pucker and King,2022;Rau and Yu,2024)。最后,交往理性的观点主要基于 ESG 信息披露低效与 ESG 评级分歧等现象,批评了 ESG 涉及的多主体互动缺乏交往理性(Brandon et al.,2021;Ramanathan and Isaksson,2023)。由此可见,ESG 作为可持续发展的新兴领域,虽然相关研究已经取得了一定的重要进展,但仍然存在较大的分歧和研究空间,亟需从理论与实践层面进一步深化,以回应愈演愈烈的 ESG 争议。

　　鉴于此,本章首先结合中国现实背景与理论发展,并遵循国内外 ESG 体系的基本流程,系统回归并梳理了国内外有关中国 ESG 问题的研究进展。其次,本章利用文献计量分析方法以及可视化软件对国内外 3 216 篇相关文献进行了统计分析,通过展示中国 ESG 研究文献的发文情况、关键词共现网络、被引网络等信息,进一步剖析现有文献的研究进展与未来可能的研究趋势。最后,本章对上述文献中一些颇有研究价值的学术问题进行了反思与总结。本章可能的理论贡献与研究价值主要体现为:第一,本章立足于中国 ESG 研究话题,结合国内外核心文献,较为全面地归纳和分析了中国 ESG 发展的研究问题与学术热点,并就 ESG 研究框架的广度与深度、未来具体研究方向提出了新的思路,这有助于拓宽中国 ESG 领域的理论研究。第二,本章基于文献计量的方法,系统分析了有关中国 ESG 发展问题的国内外研究进展,首次揭示了当前中国 ESG 主题的研究特点与主题偏好,能够促进相关研究者对中国 ESG 发展的正确认识,有助于推动中国 ESG 理论研究的良性发展。第三,本章对中国 ESG 问题的研究评述与分析也同样具有实务价值。基于中国背景的文献情境,有助于国内企业管理者更准确地把握 ESG 的经济与社会效益,从而提升 ESG 责任投资的积极影响。

---

　　① 2024 年以来,在证监会指导下,三大证券交易所发布《上市公司可持续发展报告指引》,上海和北京分别发布《加快提升本市涉外企业环境、社会和治理(ESG)能力三年行动方案》和《北京市促进环境社会治理(ESG)体系高质量发展实施方案》等。

第二节 国内外 ESG 研究进展

ESG 不仅是对经济活动主体在环境、社会和公司治理等方面的可持续发展理念和投资价值的综合评价标准、框架和体系，也是主体决策的重要考虑因素、行为目标与义务要求（肖红军，2024）。在企业层面，ESG 与其所制定和实施的长期发展战略密切相关，并得到了学术与实务部门的广泛关注与高度重视。鉴于此，本部分将结合中国现实背景与理论发展，并遵循国内外 ESG 体系的基本流程，从 ESG 概念与分歧、ESG 信息披露与实质性议题、企业 ESG 绩效的影响因素与后果三个方面对有关中国 ESG 问题的相关研究文献进行梳理。

一、ESG 概念与分歧

在目前 ESG 发展风潮持续火热的背景下，随着社会各界多方的广泛讨论与关注，对 ESG 概念内涵的认识偏颇、误用甚至滥用的现象在相关研究中也屡见不鲜，因此有必要认真审视和界定 ESG 概念。首先，在概念内涵方面，肖红军（2024）将 ESG 的定义界定为评价观和行为观两大维度下单一主体与双重主体视角的四类定义。评价观主要认为 ESG 是利益相关方用于评估企业在环境、社会与治理等方面的标准与策略，更是企业可持续发展绩效的新型前沿评价方法论（Baker et al.，2021；Chen et al.，2023；史永东和王淏森，2023）。而行为观则强调经济活动主体的责任投资原则或投资理念，其被视为企业等主体为增进社会福利和相关投资者利益的活动与商业模式转变（Gillan et al.，2021；Edmans，2023；聂辉华等，2022）。因此，ESG 可被定义为组织主体将环境、社会和治理因素纳入组织运营与决策活动管理中，以期最大限度实现自身可持续发展优势的愿景、战略和绩效表现（肖红军等，2024）。如果对此缺乏清晰的理解，则很有可能将企业社会责任（Corporate Social Responsibility，CSR）、ESG 和绿色可持续发展等概念混淆，这种现象在学术研究中尤为突出。从本质上来看，CSR 与 ESG 的联系都是强调对企业非财务信息披露与投入所产生的社会正外部性进行量化，但 CSR 仅是 ESG 评分的重要来源之一，两者依然具有较大的差别。CSR 概念起源于企业社会责任理论，具象化于利益相关者理论，是企业出于外部监管要求和市场压力，被动将社会和环境治理与企业生产运营以及与其他利益相关方整合的利益互动过程（权小锋等，2015；刘柏和卢家锐，2018），其更强调短期"利他"的正外部性社会回馈。ESG 则源于可持续发展理论，是企业主动将环境、社会和治理等因素纳入短期商业利润和长期发展战略的"共赢"平衡决策，并创造竞争优势和长期价值的过程，其体现的是长期导向与部分短期导向利益相关者的利益冲突（Pedersen et al.，2021；唐棣和金星晔，2023）。由此可见，两者在概念、指标测算和影响因素方面都具有显著差异。

在理解 ESG 概念的本质后，则需要进一步明晰活动主体践行 ESG 的动力机制、内容以及实践方式,而这些指导着专业机构对 ESG 评级体系的构建。不同机构对该过程的处理差异被认为是产生分歧的重要原因(孙俊秀等,2024),主要包括测量差异、权重差异和范围差异(Berg et al. ,2022),由此而引发了企业 ESG 不确定性风险(Avramov et al. ,2022)。具体来看,Liang and Renneboog(2017)的研究指出 ESG 评级标准、相关议题设置的侧重点以及评级方法论等的差异是导致 ESG 评级出现分歧的关键原因。而 Berg et al. (2022)通过比较 6 家国际专业评级机构的 ESG 数据,发现企业 ESG 评级结果分歧的原因可以归纳为各机构在不同议题维度下的指标范围或数量、计算方式和权重比例等方面的差异。进一步地,Christensen et al. (2022)和 Kimbrough et al. (2022)则从企业信息披露的视角,指出了企业 ESG 相关报告的信息披露质量、文本内容的差异与 ESG 评级分歧息息相关;也有部分研究从评级机构的视角,认为评级机构的信息透明度欠缺才是导致分歧的原因(Abhayawansa and Tyagi,2021;马文杰和余伯健,2023)。相应地,孙俊秀等(2024)对国内 8 家主流 ESG 评级机构的数据进行评估发现,它们之间的成对平均相关系数平均值不足 0.4,对 ESG 评价的收敛有效性较低,并发现上述差异在中国上市公司的 ESG 评级结果中也同样存在。

二、ESG 信息披露与实质性议题

现有文献主要关注了利益相关者和 ESG 报告编制准则对企业 ESG 信息披露的影响。利益相关方对企业 ESG 报告和实践的诉求会促使企业提高 ESG 相关信息的披露质量(Chen and Xie,2022;唐棣和金星晔,2023;王茂斌等,2024),这在跨国经营的企业中更为明显,因为国际利益相关者的要求可能更严格(Parsa et al. ,2018)。Marquis et al. (2017)结合中国远洋运输集团的案例也证实了该观点。然而,企业所披露的 ESG 相关信息必须具有价值相关性和可用性,这关系着企业竞争优势的塑造。Sun et al. (2022)的研究发现与其他 ESG 报告相比,符合 GRI 标准的 ESG 报告虽然可读性和简洁性普遍较低,却包含更多能满足不同利益相关者需求的特质信息。而 Yang et al. (2021)的研究则发现即使中国企业明确了实质的可持续发展议题,并采用 GRI 标准来定义 ESG 报告的信息披露边界,但其在国外市场的竞争优势依然较弱。这表明企业仅遵守 GRI 标准依然难以应对各国的监管要求并得到国际投资者的支持。

在 ESG 信息披露的经济后果方面,既有研究主要集中在其对企业生产经营与市场绩效的正面影响。从生产经营的角度来看,不少研究已经证实了 ESG 相关信息的强制性披露能够改善企业环境绩效,比如有害物质和废气排放减少等(Chen et al. ,2018;Downar et al. ,2021),从而降低企业在环境方面由负面事件所引发的舆情风险(Krueger et al. ,2021)。与此同时,ESG 信息披露能够显著降低企业融资成本,改善企业财务状况(邱牧远和殷红,2019;王翌秋和谢萌,2022),从而提高企业的经营绩效(Yang et al. ,2021;史永东和王淏淼,2023)。在此过程中,媒体关注(Chen and Xie,2022;翟胜宝等,2022)和机构投资者的监督治理(蔡贵龙和张亚楠,2023;唐棣和金星晔,2023)则发挥了重要作用。从资本市场绩效的角度来看,大部分研究都证明了 ESG 信息披露能够为利益相关者提供重要的非财务信息,降低信息不对称程度,从而降低企业在资本市场上的特质性风险(He et al.,2022)。然而,现实中很多企业和投资者并没有"真心"将 ESG 践行至生产运营与投资决策中,形成了所谓的 ESG 脱钩、可持续发展目标清洗、"漂绿"等非真实的 ESG 行为(Pucker and King,2022;肖红军,2024)。虽然大量研究探究了外国企业和机构投资者的伪 ESG 现象,但对于中国企业和机构投资者 ESG 信息披露背后可能的"洗涤"和策略性行为的研究文献仍然较为欠缺(Heras-Saizarbitoria et al.,2022;肖红军,2024;Rau and Yu,2024)。

此外,ESG 信息披露中一项较为重要的内容是所谓实质性议题(亦被称为重要性议题),这也是本书要重点讨论的内容。但是受限于成本原则,企业很难对各方的所有关注议题都全面考量,因而重要性原则的应用便提出企业应当充分披露相关重要可持续性议题的信息(Michaud and Magaram,2006;肖红军,2024)。现有研究主要讨论了实质性缺乏和偏差对企业和利益相关方的影响。Amel-Zadeh and Serafeim(2018)的研究指出如果企业对 ESG 实质性议题信息的披露或关注欠缺,将难以满足投资者和其他利益相关方的信息需求,从而对其投资决策产生影响。然而,即使企业认识到利益相关方对实质性议题的重视程度,但如果仅仅只是为了向市场传递企业积极管理利益相关方意见的信号而象征性地提供低效冗余信息(Michelon et al.,2015;Garcia-Torea et al.,2020),这也同样会削弱市场对 ESG 的信心。与此同时,企业自身对于实证性议题的甄别与评估能力也是重要影响因素,因为现实中很多企业由于缺乏有效引导而忽视了利益相关方的看法,仅依靠自己的理解来识别和处理可持续性影响议题(Ramanathan and Isaksson,2023),进而导致了实质性偏差。

随着实质性的发展,双重实质性的考量构成了实质性缺乏的另一种体现,即财务实质性与影响实质性。当企业过于强调单一的财务实质性时,这种偏差使得企业只披露那些会影响企业财务状况、盈利能力和企业价值的可持续性议题,而忽视那些既对环境和社会有价值,又对企业经营具有重要影响的相关议题(Schiehll and Kolahgar,2021;Delgado-Ceballos et al.,2023)。此外,评级机构在 ESG 评级体系的设计过程中对实质性议题的识别也是导致系统性偏差的另一重要原因。Simpson et al.(2021)通过分析明晟(MSCI)的评级体系,发现其 ESG 体系并不能有效反映企业在社会和环境的可持续性影响实质,而仅关注如何测算 ESG 企业风险与收益的潜在价值。因此,当过于强调财务实质性的 ESG 评级在金融市场估值的应用时,会形成一种不良的市场循环,即企业只关注那些与盈利能力相关的议题,忽略了其他实质性议题(Pucker and King,2022;Delgado-Ceballos et al.,2023),而这又会反过来影响国内 ESG 评级体系。

三、企业 ESG 绩效的影响因素与后果

首先,在企业 ESG 绩效的驱动因素方面。学者们主要从企业内部与外部双重视角分析

了 ESG 绩效的影响因素。一方面,外部因素主要包括政府监管政策、投资者关注、非政府组织(NGO)监督等。围绕政府环境监管制度的相关研究主要关注了"双碳"背景中国 ESG 建设的必要性,重点探讨了环境监管政策对中国企业(Wang et al.,2023;Shu and Tan,2023)与投资机构(唐棣和金星晔,2023;蔡贵龙和王亚楠,2023)ESG 绩效的影响。除了政府环境法规以外,投资者和非政府组织也是市场信息传递和风险监控的重要主体,其能够引导企业的 ESG 实践变化和可持续发展优势的塑造。现有研究表明,不论是专业化的机构投资者(唐棣和金星晔,2023)还是资本市场的广大中小投资者(汤旭东等,2024),都会倾向于奉行亲社会的 ESG 理念,从而借助直接干预或外部压力等参与企业治理,比如,机构投资者偏好(Brandon et al.,2022;唐棣和金星晔,2023)、机构与企业合谋策略(雷雷等,2023)、金融市场的转型风险(张大永等,2023;杨子晖等,2024)、银行信贷的 ESG 偏好(朱光顺和魏宁,2023)。在 NGO 与企业互动方面,Moosmayer et al.(2019)结合李宁公司的案例研究发现,消费者会借助 NGO 的宣传与第三方认证来判断企业的产品与服务质量,因此 NGO 与企业的互动信号有助于提高与产品相关的可持续性,从而提高企业 ESG 绩效。另一方面,内部因素主要集中在股权结构和公司治理方面。大量研究指出,与民营企业相比,国有企业在推动 ESG 实践中具有更大的积极性,因为国有企业往往需要承担较多的非经济性社会目标(Liang and Langbein,2021;马文杰和余伯健,2023),其 ESG 争议事件也会被公众和媒体放大,如陆家嘴的"毒地"事件。而在公司治理方面,学者们主要从控股股东质押行为(Huang et al.,2022)、董事会结构与董事背景(Eliwa et al.,2023)展开了探讨。

其次,在企业 ESG 绩效的经济后果方面,现有研究主要探讨了 ESG 实践对企业生产经营、投融资行为、资本市场表现的影响。从企业生产经营的角度来看,生产力和创新是企业发展的核心动力。ESG 可以通过提高企业盈利能力、提升企业全要素生产率、增强企业正面声誉形象三种机制降低企业经营风险并提高企业综合价值(王琳璘等,2022;汪建新,2023),并且三大维度(E、S 和 G)存在明显的差异化效益。方先明和胡丁(2023)认为企业 ESG 表现可以降低企业与利益相关方间的信息不对称程度,有助于企业获取外部资源的支持,提升风险承担能力,从而促进企业创新。Li et al.(2023)和肖红军等(2024)则分别从同群效应和供应链溢出的视角,发现 ESG 有助于企业绿色创新的"提质增效",并对供应链企业可持续发展产生溢出效应。从企业投融资行为的角度来看,ESG 绩效主要通过缓解融资约束和提高融资效率来影响企业的投融资行为。大量文献从财务绩效的角度进行了分析,主要发现是 ESG 评级作为一种信息反馈机制,其不仅能够规范不良管理行为(He et al.,2022),还能够促进企业在融资成本、债务代理成本和融资约束方面的财务绩效提升(Chen and Xie,2023;毛其淋和王玥清,2023)。就企业投资而言,ESG 绩效可以影响企业多方面的投资活动。方先明和胡丁(2023)表明 ESG 可以增加企业创新人力资本的投资效率。谢红军和吕雪(2022)则认为 ESG 优势有助于企业获得海外竞争优势,降低融资成本,从而提高企业对外直接投资效率。高杰英等(2021)的研究也发现 ESG 能够改善企业整体投资效率,特别是缓解过度投资与减少投资不足的问题。

从 ESG 与股票流动性或股价表现来看,Wang et al.(2023)的研究发现,ESG 绩效可以通过降低企业风险和获得利益相关者的支持来提高企业股票的流动性。与这类主张 ESG 能够稳定中国企业股票收益与波动率的研究(史永东和王淏森,2023;叶莹莹和王小林,2024)不同的是,也有学者从长期发展视角出发,发现企业股票收益与其 ESG 评级呈现负相关关系,而 CSR 则显著促进了公司股票收益的提高(Feng et al.,2022)。此外,企业良好的 ESG 表现不仅是其获取债券信用评级与收益的积极信号,也会对投资组合价值以及 ESG 基金维稳产生较大的影响。Lian et al.(2023)的分析表明 ESG 绩效越高的上市公司,其债券信用利差越低,其中关键渠道是企业参与 ESG 活动提高了企业信息的透明度,特别是环境信息和绿色企业形象(杨博文等,2023),从而降低了债权人的风险感知。部分研究也分析了 ESG 的社会溢出效果,如从民生就业的视角来看,企业 ESG 优势能够通过增加就业创造和减少就业破坏,实现就业技能结构优化和就业规模净增长(毛其淋和王玥清,2023),最终促进共同富裕(聂辉华等,2022)。

最后,在 ESG 投资的相关研究中,学者们主要从投资者的角度分析了 ESG 投资理念是否能够产生预期收益。史永东和王淏森(2023)基于中证 ESG 指数,利用偏最小二乘法创新性地构建了新的 ESG 指标,发现中国上市公司的 ESG 投资存在风险溢价的现象。将 ESG 因素纳入投资组合模型不仅能够实现对风险、收益和绿色可持续的有效权衡(Li et al.,2022),还有助于间接推动企业绿色转型(徐凤敏等,2023)。Broadstock et al.(2021)则进一步发现该效应在重大危机(如新冠疫情等)发生后更为明显。与此相反的是,Zhang et al.(2022)则指出高水平和低水平的 ESG 投资组合都能获得更高的异常收益,因为较高的 ESG 绩效与较差的未来盈利能力相关,这会损害公司价值。Wang et al.(2022)也同样发现 ESG 筛选剔除了具有良好风险收益特征的股票,损害了投资组合价值,导致额外收益、夏普比率和累积财富较低。Zhang et al.(2023)指出高 ESG 评级基金的投资组合集中可能会放大基金下行风险。由此可见,将 ESG 纳入投资模型的实际效益依然存在争议。而 ESG 评级是投资者评估公司投资和金融产品可持续性的重要工具,评级结果的分歧与偏差会在很大程度上影响投资模型的有效性(Li et al.,2022;史永东和王淏森,2023)。

第三节 数据来源与研究方法

一、数据来源

本节开始,我们通过文献计量学的方法,对国内外中国 ESG 问题的研究文献进行量化分析。本部分的文献来源包括国内与国外两部分以中国 ESG 问题为研究焦点的文献,对文献的抓取时间点截至 2024 年 5 月 31 日。对于中文 ESG 文献,本章以中国知网(CNKI)数据库为数据来源。具体检索步骤如下:首先,在中国知网上将期刊来源类别限定为北大核心和 CSSCI 期刊。然后,构建文献检索式"TS=(ESG OR'环境、社会和治理')"进行精准检索并爬取。最后,通过人工方式阅读所获取文献的标题、关键词和摘要等内容,剔除部分与 ESG 无关的文献并进行去重处理,得到 2015 年 1 月至 2024 年 5 月的中文 ESG 文献996 篇。

对于英文 ESG 文献也同样遵循了上述检索逻辑。以 Web of Sciences 数据库为数据来源,具体而言:首先,在 Web of Sciences 数据库上将期刊来源类别限定为核心文集与 SSCI 索引期刊。然后,构建文献检索式"TS=(ESG OR Environment * Social * Govern *)AND(China *)",将文献类型界定为"论文""综述论文"和"在线发表"三类,提取语种为"English"的文献。最后,通过人工方式阅读所获取文献的标题、关键词和摘要等内容,剔除部分与 ESG 无关的文献并进行去重处理,得到 2003 年 1 月至 2024 年 5 月的英文 ESG 文献 2 220 篇。

二、研究方法

在可持续发展压力日趋严峻的现实约束下,ESG 理念正处于蓬勃发展的新时期,学术界与业界的持续关注在推动中国 ESG 体系建设过程中发挥着加速器作用。然而,"ESG"是一个较为宽广的可持续发展课题,涵盖了不同的利益相关方(如投资者、企业和政府部门等)以及多维度的数据指标。因此,为了较为完整且全面地揭示国内外学者对于中国 ESG 发展问题的研究工作进展,本章基于文献计量与科学图谱的方法对中国 ESG 相关研究文献进行分析,参考张维等(2022)的研究,构建如图 3—1 的文献检索与分析框架。

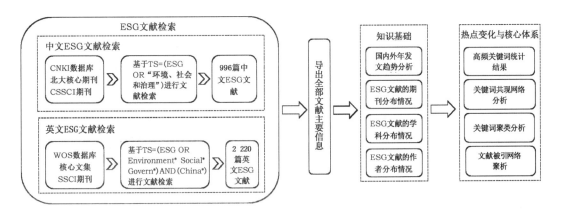

图 3—1 文献检索与分析框架

首先,我们利用 Python 软件收集了国内外与中国 ESG 话题相关的 3 216 篇文献的主要信息(如标题、摘要和关键词等)。[①] 在此基础上,本章进行了基本的描述性统计分析,包括国内外的中国 ESG 话题文献的发文量趋势、期刊发文量统计和学科分布等,这些结果能够直观反映出国内外学者对中国 ESG 发展的整体关注情况。其次,ESG 期刊的发文分布结构与作者分布情况也是反映中国 ESG 研究演进脉络与发展趋势是否科学合理的重要方面。因此,本章还结合了布拉德福定律和洛特卡定律来分析上述两个方面。最后,关键词是研究论文的主题凝练,深入分析 ESG 文献之间的关键词变化与共现情况能够较为直接地观察到中国 ESG 研究的学术热点变迁与理论融合。故本章基于中英文 ESG 文献的关键词进行了关键词共现网络分析、聚类分析以及引用网络分析。

第四节　ESG 研究文献统计分析

一、发文量统计

一般而言,研究论文发表数量不仅是揭示领域科研成果产出情况的关键指标,也反映了学术界在特定时期内对该研究领域关注度的变化趋势。鉴于此,本章基于 3 216 篇国内外与中国 ESG 问题相关的文献,对逐年文章的发表数量进行了分析,结果如图 3-2 和图 3-3 所示。图 3-2 报告了以 ESG 为主题的中文文献逐年发表情况,可以看到中文 ESG 研究始于 2015 年,起步较晚且在 2015 年至 2018 年间只有零星的相关文献发表。一方面,这与继 2015 年商道融绿作为国内首家专业机构开展 ESG 评级后,多个机构也开始探索为上市公司提供 ESG 评级服务的现实相吻合。另一方面,这也可能受到国内资本市场与学术界对于 ESG 这一新兴可持续发展概念的理论引入与实践相对滞后的影响。之后,ESG 文献的发表数量呈现出逐年增长的趋势,并在 2021 年后呈现爆发性增长态势,2023 年的 ESG 研究发表数量达到 411 篇。值得注意的是,虽然本章对于 2024 年文献的收集只截止到 2024 年 5 月 31 日,但相关文章的发表数量已经达到 326 篇,已然是 2023 年 ESG 文献发表总量的近 80%。因此,可以预期国内 ESG 研究的发表数量将在 2024 年达到新的顶峰,并保持较高的增长速度。

图 3-3 展示了聚焦中国 ESG 问题的英文文献的逐年发表情况。结果显示,有关中国 ESG 研究的英文文献发表数量经历了两个发展阶段。第一阶段为萌芽阶段:2007—2018 年,前几年的相关文献非常少,且基本均是在探讨全球 ESG 发展背景下,涉及中国样本的相关研究;而自 2014 年后文献数量开始缓慢增长,但基本维持在 20~40 篇,这也与前文国内 ESG 研究的发展趋势相吻合。第二阶段是快速增长阶段:2019 年至今,根据图 3-3 可以看出,自 2019 年开始,涉及中国 ESG 问题的研究文献基本呈现每年翻倍的爆发性增长态势,

---

① 需要说明的是,本章对于英文文献的研究对象以及后文所提及的"ESG 英文论文"等均为涉及中国 ESG 问题的相关论文,因此后文统一不再赘述。

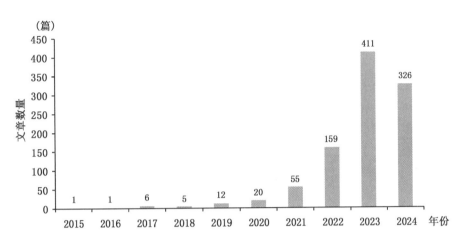

图 3－2　中文期刊逐年文章发表数量

2023 年达到 707 篇。同样值得注意的是,2024 年前 5 个月的英文 ESG 文献发表数量已经达到 544 篇,是 2023 年文献发表总量的 77%。这种发展趋势表明,近年来随着 ESG 可持续发展理念的持续渗透,国际社会对中国 ESG 发展的关注也在不断加强,并取得了丰硕的研究成果,而这在一定程度上对国内 ESG 研究的发展产生了重要影响。

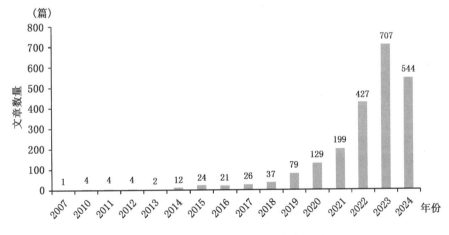

图 3－3　英文期刊逐年文章发表数量

二、期刊统计

文献所发表的期刊能够在一定程度上较为直观地反映出不同学科或者类型期刊对于相关研究话题的接受度。因此,本部分进一步统计了前文 3 216 篇中英文文献的来源。首先,本章统计了各期刊对中国 ESG 研究的文献发表数量,然后分别展示了国内外期刊发表数量排名前十的期刊分布情况,结果如图 3－4 和图 3－5 所示。根据图 3－4 汇报的中文期刊的发文量情况,可以看出发表 ESG 主题文献最多的期刊是《财会月刊》,其合计发表了 94 篇 ESG 领域的相关文献,占比约为 9.44％。排在第二位的则是聚焦金融相关研究的核心期刊《中国金融》,排名第三至第五位的期刊均为会计学类别的期刊,紧随其后的也主要是财会、金融领域的期刊。比较遗憾的是,在前 10 名的国内期刊中,除了《财经研究》以 13 篇的 ESG 文献排名第 10 位,没有出现通常意义上的社会科学领域权威期刊的身影。不过,在本章的检索结果中,这些权威期刊也发表了 ESG 主题相关研究的文章,如《会计研究》《经济研究》《系统工程理论与实践》《数量经济技术经济研究》《世界经济》和《金融研究》等多学科类别的权威期刊就分别发表了 11 篇、9 篇、9 篇、8 篇、4 篇和 4 篇相关文章。由此可见,国内经济、金融和会计领域的核心期刊均开始关注中国 ESG 发展问题,综合来看会计学的期刊对 ESG 相关研究的接受度更高。

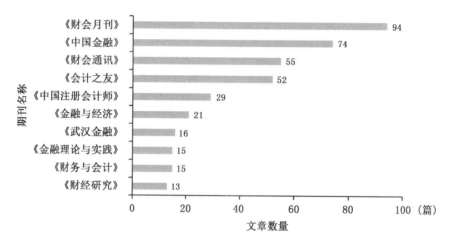

图 3-4　中文代表性核心期刊发文量

反观国外,图 3-5 展示了英文期刊对中国 ESG 研究的期刊分布情况。可以看出,发表与中国 ESG 研究相关的文章数量排名第一的是《可持续发展》(*Sustainability*),其共计发表了 403 篇文章,占比为 18.15％。金融领域的期刊《金融研究快报》(*Finance Research Letters*)则紧随其后,共计发表了 184 篇相关文章。企业社会责任领域的商科期刊《企业社会责任与环境管理》(*Corporate Social Responsibility and Environmental Management*)和《商业战略与环境》(*Business Strategy and the Environment*)两本期刊则分别刊发了 129 篇和 93 篇文献,分列第三和四位。排名第五至第十的期刊也主要分布在金融学、会计学与环境经济领域,其都发表了不少涉及中国 ESG 发展的相关研究。然而,根据我们的文献检索结果,在前 20 名中,鲜少有通常意义上的权威期刊发表中国 ESG 问题的文章。比如会计学国际知名期刊《会计研究杂志》(*Journal of Accounting Research*)和《算盘》(*ABACUS*),金融学领域权威期刊《金融评论》(*Review of Finance*)、《金融杂志》(*Journal of Finance*)、《公司金融期刊》(*Journal of Corporate Finance*)等,环境经济领域知名期刊《能源经济学》

（*Energy Economics*）等均有少量涉及中国 ESG 问题的研究。总的来说，国际优秀期刊对中国 ESG 发展主题的文献处于初步认识阶段，接受度有待进一步提高。

图 3-5　英文代表性核心期刊发文量

进一步地，本章参考 Bradford(1947)和张维等(2022)的研究思路，结合布拉德福定律来验证中国 ESG 发展领域文献的期刊是否形成核心效应。该定律能够揭示文献的分布规律，具体是指将某学科的相关期刊按照特定主题文献的数量排序，并以保证不同类型期刊的论文数量大致相近的标准，将全部期刊划分为核心期刊、相关期刊以及非相关期刊。如果它们的数量关系满足 $1:n:n^2$，则认为该学科的期刊具有核心效应，即少数核心期刊发表了该学科的大部分文章。基于上述定律，表 3-1 汇报了中文 ESG 文献的期刊分布，可以得到三类期刊的数量之比为 $6:42:180$，据此可测算出 n 大约为 5.5。同样地，表 3-2 展示了英文相关文献的期刊分布情况，三类期刊的数量为 $3:29:343$，由此可推算出 n 为 10.5 左右。这表明在中英文与 ESG 相关的研究中，核心效应较为突出（n 值较大），但是目前仍然缺乏专业的权威期刊。

表 3-1　　　　　　　　　　　中文 ESG 文献期刊分布

分类	发文数	期刊数	累计期刊数	三类期刊发文总数	累计
核心期刊	94	1	1	94	94
	74	1	2	74	168
	55	1	3	55	223
	52	1	4	52	275
	29	1	5	29	304
	21	1	6	21	325

续表

分类	发文数	期刊数	累计期刊数	三类期刊发文总数	累计
相关期刊	16	1	7	16	341
	15	2	9	30	371
	13	1	10	13	384
	12	5	15	60	444
	11	2	17	22	466
	10	3	20	30	496
	9	5	25	45	541
	8	2	27	16	557
	7	4	31	28	585
	6	5	36	30	615
	5	13	49	65	680
非相关期刊	4	23	72	92	772
	3	23	95	69	841
	2	21	116	42	883
	1	113	229	113	996

表 3—2　　　　　　　　　　　英文 ESG 文献期刊分布

	发文数	期刊数	累计期刊数	三类期刊发文总数	累计
核心期刊	403	1	1	403	403
	184	1	2	184	587
	129	1	3	129	716
相关期刊	93	1	4	93	809
	58	1	5	58	867
	47	1	6	47	914
	34	1	7	34	948
	31	2	9	62	1 010
	29	1	10	29	1 039
	28	1	11	28	1 067
	25	2	13	50	1 117
	24	1	14	24	1 141
	23	1	15	23	1 164

	发文数	期刊数	累计期刊数	三类期刊发文总数	累计
相关期刊	22	3	18	66	1 230
	21	1	19	21	1 251
	20	2	21	40	1 291
	18	2	23	36	1 327
	17	1	24	17	1 344
	16	2	26	32	1 376
	15	1	27	15	1 391
	14	2	29	28	1 419
	13	1	30	13	1 432
	12	3	33	36	1 468
非相关期刊	11	5	38	55	1 523
	10	2	40	20	1 543
	9	2	42	18	1 561
	8	3	45	24	1 585
	7	8	53	56	1 641
	6	6	59	36	1 677
	5	14	73	70	1 747
	4	13	86	52	1 799
	3	26	112	78	1 877
	2	73	185	146	2 023
	1	197	382	197	2 220

此外，本章结合布拉德福定律计算的中英文 ESG 文献的 n 值，估算出三大类型期刊的理论期刊数与理论发文数，并与当前的实际发表情况进行对比，结果如表 3－3 所示。根据 Panel A 列示的中文期刊发文情况，可以发现中文核心期刊数与发文数的实际值较为符合理论值，但相关期刊的实际期刊数与发文数则多于理论值，非相关期刊的真实指标则低于理论值，这表明国内 ESG 文献相关期刊的发展较为迅速，而非相关期刊在 ESG 领域的研究则有待进一步开展。同样地，Panel B 展示了英文期刊的发文情况，可以看出英文文献中的核心期刊和非相关期刊的实际发文指标均大于理论值，而相关期刊的相关指标则小于理论值，这意味着在国际上，有关中国 ESG 话题的研究已经较为丰富，并形成了明显的核心效应。

表 3－3　　　　　　　　　　基于布拉德福定律的期刊发文分析

Panel A：基于布拉德福定律的中文期刊发文统计分析							
	期刊数	发文数	平均发文数	理论期刊数	理论发文数	样本期刊数—理论期刊数	样本发文数—理论发文数
核心期刊	6	325	54	6	324	0	1
相关期刊	43	355	8	33	264	10	91
非相关期刊	180	316	2	190	380	－10	－64
Panel B：基于布拉德福定律的英文期刊发文统计分析							
	期刊数	发文数	平均发文数	理论期刊数	理论发文数	样本期刊数—理论期刊数	样本发文数—理论发文数
核心期刊	3	716	202	3	606	0	110
相关期刊	29	752	26	32	832	－3	－80
非相关期刊	349	752	2	346	692	3	60

三、学科统计

ESG 作为一种综合性的商业投资实践与可持续发展理论，涵盖了许多不同的领域，包括环境科学、社会学、经济学、金融学、法律和管理学等。因此，为了进一步揭示目前中国 ESG 研究的学科分布情况，本章基于中国知网和 Web of Science 对论文所属学科的划分原则与标准，对 3 216 篇中英文文献的所属学科进行标签与分类，图 3－6 和图 3－7 分别展示了中英文 ESG 文章的主要学科分布情况。在中文文献中（见图 3－6），金融、证券、环境科学与资源利用、投资、企业经济等学科领域 ESG 论文的发表数量较多，均超过了 500 篇。此外，ESG 主题在经济理论及经济思想史、工业经济、信息经济与邮政经济、经济体制改革和会计等学科的中文论文中也得到了较多关注。而在英文文献中（见图 3－7），Business、Finance、Green & Sustainable Science & Technology 两大学科领域发表的 ESG 文章数量较多，均超过 400 篇。紧随其后的则是 Environmental Sciences、Economics、Management 等学科，论文发表数量也超过 100 篇，而 Environmental Studies、Ethics、Development Studies、Regional & Urban Planning、Law 等不同领域均对中国 ESG 研究表现出较大的兴趣。总体而言，上述分析均印证了目前国内外对于中国 ESG 研究的关注度正在不断提高，且 ESG 除了在经管、金融和会计等传统社科领域备受青睐之外，还呈现学科多元化的交叉属性。

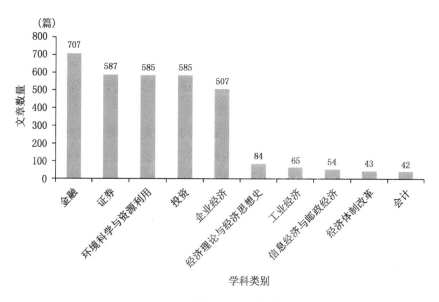

图 3－6 ESG 中文论文学科分布

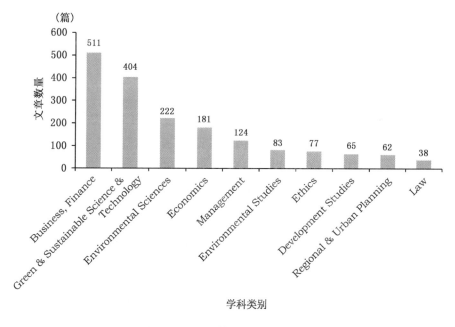

图 3－7 ESG 英文论文学科分布

四、作者统计

对于一个细分研究领域而言,分析研究人员的分布情况是梳理并反映该领域发展历程以及未来趋势的重要工作。鉴于此,本章对前文国内外 ESG 文献的发文作者分布情况进行了统计。[①] 根据表 3—4 的结果可以发现,对中国 ESG 问题感兴趣的作者分布较为分散。在 Panel A 列示的中文文献统计结果中,有 1 981 名研究者发表了 ESG 主题的相关文章,发文数量排名第一和第二的学者分别达到了 15 篇和 8 篇,占比超过了 0.9%,而紧随其后的两位学者则均发表了 6 篇文章,6 名研究人员都发表了 5 篇论文,之后超过 1 900 名学者均至少发表过 1 篇 ESG 文章,该占比高达 86.7%。同样地,从 Panel B 列示的英文文献统计结果可以看出,英文文献也呈现较为分散的分布趋势,发文数量排名靠前的三位学者分别发表了 10 篇、9 篇和 8 篇 ESG 文章,而至少发表了 1 篇涉及中国 ESG 领域论文的研究者占比与中文文献较为接近,占比为 87.5%。

表 3—4　　　　　　　　　　　ESG 相关文献作者分布情况

发文数	作者数	发文×作者数	发文×作者数累计	发文×作者数累计占比(%)	作者数累计	作者数占比(%)	作者数累计占比(%)
Panel A:中文文献作者分布							
15	1	15	15	0.631 3	1	0.050 5	0.050 5
8	1	8	23	0.968 0	2	0.050 5	0.101 0
6	2	12	35	1.473 1	4	0.101 0	0.201 9
5	6	30	65	2.735 7	10	0.302 9	0.504 8
4	21	84	149	6.271 0	31	1.060 1	1.564 9
3	45	135	284	11.952 9	76	2.271 6	3.836 4
2	187	374	658	27.693 6	263	9.439 7	13.276 1
1	1 718	1 718	2 376	100	1 981	86.723 9	100
Panel B:英文文献作者分布							
发文数	作者数	发文×作者数	发文×作者数累计	发文×作者数累计占比(%)	作者数累计	作者数占比(%)	作者数累计占比(%)
10	1	10	10	0.289 4	1	0.034 6	0.034 6
9	1	9	19	0.549 8	2	0.034 6	0.069 2
8	1	8	27	0.781 3	3	0.034 6	0.103 8
7	4	28	55	1.591 4	7	0.138 4	0.242 2
6	6	36	91	2.633 1	13	0.207 6	0.449 8
5	6	30	121	3.501 2	19	0.207 6	0.657 4
4	23	92	213	6.163 2	42	0.795 8	1.453 3
3	77	231	444	12.847 2	119	2.664 4	4.117 6
2	241	482	926	26.794 0	360	8.339 1	12.456 8
1	2 530	2 530	3 456	100	2 890	87.543 3	100

---

① 本部分对于作者的统计不区分作者的署名顺序与身份,即只要参与当篇论文的写作并署名则计入其发表统计名录。

五、网络分析

(一)关键词分析

关键词和摘要不仅承载着反映论文核心要点的重要功能,也有助于读者迅速捕捉该领域目前的研究热点与重点。因此,本部分将研究对象转为上述国内外 ESG 文献的关键词与摘要,首先利用 Python 软件对这些文献关键词和摘要进行文本分析,然后对关键词进行共现网络分析与聚类分析。图 3-8 和图 3-9 分别汇报了国内外文献基于关键词与摘要所反映的 ESG 研究热点的词云图。可以看出,在国内 ESG 文献中(见图 3-8),ESG 信息披露、绿色金融、企业价值、企业融资和创新行为、投资等方面更加受到研究者的关注;而在国外 ESG 文献中(见图 3-9),学者们在责任投资、企业社会责任、环境绩效、公司财务绩效以及资本市场等方面进行了广泛的探讨。总的来说,相较于国外 ESG 文献较为分散地讨论中国 ESG 发展的多维度问题而言,国内 ESG 在理论层面尚处于初步探索阶段,因而较多地围绕 ESG 信息披露体系框架以及企业 ESG 绩效的驱动因素与影响后果等问题展开系列研究。

图 3-8　ESG 中文论文关键词与摘要词云图

图 3-9　ESG 英文论文关键词与摘要词云图

　　进一步地,本章将研究视角转向关键词共现网络分析与聚类分析。具体而言,本章利用 Python 软件进行关键词共现分析与聚类分析,这有助于我们直观且及时地了解目前国内外 ESG 领域的研究主题与研究热点的分布、主体之间的关联性。[①] 图 3—10 展示了国内 ESG 文献的关键词共现图谱,可以看出该图谱共有 352 条连线,58 个节点,节点度为 12.14,共现网络密度为 0.494 0。在研究话题上,国内研究主要关注了 ESG 及其信息披露如何改善"资本市场效率""提高企业价值""推动绿色可持续发展"等话题。而从主题聚类分布来看,国内 ESG 文献主要可以分为 6 个标签的聚类主题:♯0 可持续发展、♯1ESG 信息披露、♯2 绿色创新、♯3 企业绩效、♯4 公司治理、♯5ESG 评级。图 3—11 则揭示了国外与中国相关的 ESG 文献的关键词共现图谱,可以看出该图谱共有 690 条连线,94 个节点,节点度为 14.68,共现网络密度为 0.157 9。在研究话题上,国内研究主要关注了 ESG 及其信息披露如何改善"资本市场效率""提高企业价值""推动绿色可持续发展"等话题。而从主题聚类分布来看,国外 ESG 文献主要可以分为 9 个标签的聚类主题:♯0 利益相关方参与、♯1ESG 评级与信息披露、♯2 绿色金融、♯3 责任投资、♯4 公司治理、♯5 外部风险、♯6 投资者关注、♯7 可持续发展、♯8 绿色创新。总的来说,国外 ESG 文献的聚类标签、节点与连线更多,在研究范围上展现出更为多元化的分布。而值得注意的是,在研究深度方面则是国内 ESG 研究更为聚焦,因为共现网络密度更高。

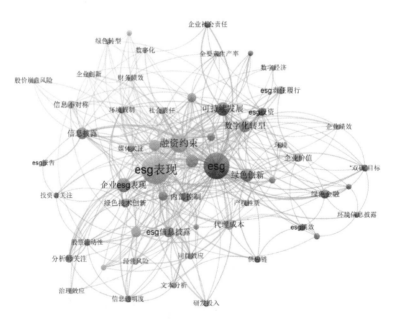

图 3—10　中文 ESG 文献关键词共现

---

　　① 需要说明的是,为了更加清晰地展示文献关键词共现网络图,本章将关键词对的共现阈值设定为 5。

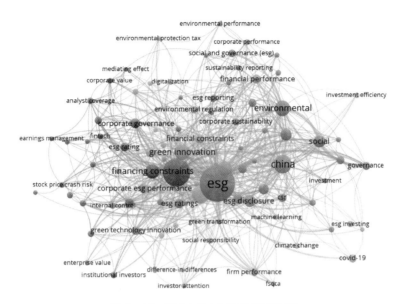

图 3-11　英文 ESG 文献关键词共现

（二）被引分析

为了更好地揭示目前中国 ESG 研究中获得广泛学术关注的核心期刊与核心文献,本部分利用 VOSviewer 软件绘制了英文 ESG 文献的互引网络图。[①] 图 3-12 展示了英文期刊之间的引用情况。可以看到被引次数较多的依然是前文分析中发文数量靠前的期刊,其中 *Sustainability*、*Finance Research Letters* 被引期刊数量均超过了 1 000,紧随其后的则主要是部分环境科学、金融学、商科等领域的期刊,值得注意的是在会计学权威期刊 *Review of Accounting Studies* 上刊发的关于中国 ESG 问题的研究也得到了较多的关注(引用期刊数量为 14)。图 3-13 汇报了英文 ESG 文献之间的引用情况。可以发现,图中边数最多的节点是 Broadstock(2021)发表在金融学期刊 *Finance Research Letters* 上的文章,该论文被引总次数高达 473,其主要利用中国沪深 300 成分股的数据集,研究发现高 ESG 投资组合的表现通常优于低 ESG 投资组合,并证明了 ESG 能够在危机期间降低金融风险。边数排名第二的是 Garcia(2017)发表的文章,该文章的被引总次数为 339,其通过使用汤森路透 Eikon(TM)数据库以及金砖五国 365 家上市公司的数据,发现即使在控制公司规模和国家的情况下,敏感行业的公司也表现出优异的环境绩效。值得注意的是,2021 年发表在金融学权威期刊 *Journal of Financial Economics* 上的 Avramov et al.(2021)关于 ESG 评级不确定性的文章引起了较强的学术反响,其引用量达到 177。虽然该文并未直接涉及中国有关数据,但其提出的 ESG 评级不确定性测度以及对可持续投资的影响,成为大量中国 ESG 研究参考的重要文献来源。总的来说,从上述关于核心期刊与文献的引用情况来看,国际社

---

① 鉴于中国知网缺乏相应的期刊间互引信息,故本部分的研究重点为英文 ESG 文献。

会开始关注到中国 ESG 发展问题并进行了较多的探索,且文献主要发表在 2018 年以后,但是社会科学领域的相关顶级期刊仍然较少。

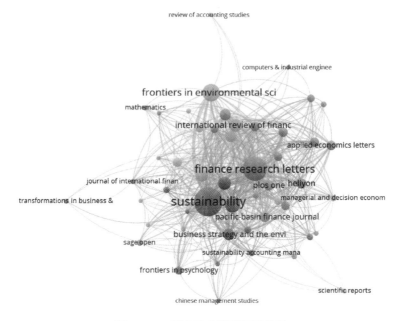

图 3—12　英文论文期刊互引共现

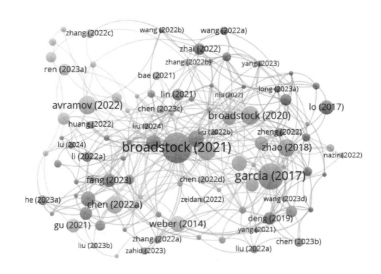

图 3—13　英文文献被引网络

此外,为了对比中英文 ESG 文献的研究侧重点,本部分也对中国知网上被引数量排名前十的文章进行了整理,结果如表 3—5 所示。可以发现,中文 ESG 论文被引最多的文献是 2019 年发表在《数量经济技术经济研究》上题为《生态文明建设背景下企业 ESG 表现与融资成本》的文章,其引用量为 942 次,下载数量高达 60 756 次,可见该文产生了非常广泛的学术影响力。这篇论文结合彭博(Bloomberg)的 ESG 信息披露数据以及企业在环境、社会责任、公司治理方面的相关指标,发现企业在 E 和 G 方面的良好表现有助于降低其融资成本,而在此过程中信息披露质量发挥了重要作用。该文章是国内较早从实证层面细致分析 ESG 经济后果并发表在国内权威期刊上的文献。而被引数量排名第二的文章是《ESG 促进企业绩效的机制研究——基于企业创新的视角》,其于 2021 年发表在《科学学与科学技术管理》期刊上,被引数量和下载数量分别高达 655 次和 58 030 次。该论文将和讯网 CSR 数据中的环境责任与社会责任评分、公司治理方面的相关指标进行主成分分析并合成 ESG 指标,在此基础上发现企业 ESG 表现能够显著促进企业创新,从而提高企业绩效。这篇文章也是 ESG 对企业竞争战略以及企业价值影响的较早探索。此外,值得注意的是,国内金融学与经济学顶级期刊分别在 2021 年和 2022 年发表了各自的首篇 ESG 相关论文,并陆续刊发了相关话题的文章。而这两篇文章也均引发了广泛的学术关注,下载数量和引用数量都非常高。

表 3—5　　　　　　　　　　**中文 ESG 相关文献被引情况**

文章标题	期刊名称	发表年份	被引数量（次）	下载数量（次）
《生态文明建设背景下企业 ESG 表现与融资成本》	《数量经济技术经济研究》	2019	942	60 756
《ESG 促进企业绩效的机制研究——基于企业创新的视角》	《科学学与科学技术管理》	2021	655	58 030
《ESG 表现能改善企业投资效率吗?》	《证券市场导报》	2021	596	41 594
《ESG 表现对企业价值的影响机制研究》	《证券市场导报》	2022	567	48 481
《上市公司 ESG 责任表现与机构投资者持股偏好——来自中国 A 股上市公司的经验证据》	《科学决策》	2020	465	24 075
《ESG 表现对企业价值的影响机制研究——来自我国 A 股上市公司的经验证据》	《软科学》	2022	433	37 304
《金融"环境、社会和治理"(ESG)体系构建研究》	《金融监管研究》	2019	370	24 983
《中国绿色金融政策、融资成本与企业绿色转型——基于央行担保品政策视角》	《金融研究》	2021	342	42 200
《负责任的国际投资:ESG 与中国 OFDI》	《经济研究》	2022	306	39 826

第五节　本章小结

20 年以来 ESG 研究与实践在全球范围内得到迅速发展,并且近几年在中国等新兴经济体也进一步将 ESG 理念推向新的高潮。ESG 改变了以往利益相关方仅强调利润与回报的分配机制,而转向关注企业长期价值的可持续发展商业思维,有助于推动中国资本市场的健康良性发展。首先,本章基于 ESG 体系构建的流程框架,从 ESG 概念与分歧、ESG 信息披露与实质性议题、企业 ESG 绩效的影响因素与后果三个方面对有关中国 ESG 问题的相关研究文献进行了系统的梳理。其次,本章结合文献计量分析方法对国内外 3 216 篇涉及中国 ESG 问题的文献进行了分析,得出以下主要结论:第一,有关中国 ESG 问题的中英文研究呈现出逐年递增的发展趋势。第二,基于布拉德福定律的分析表明目前中国 ESG 话题的研究已经较为丰富,并形成了明显的核心效应,但国际优秀期刊对中国 ESG 发展主题的文献处于初步认识阶段,接受度有待进一步提高。第三,ESG 研究除了在经管、金融和会计等传统社科领域备受青睐之外,还呈现出学科多元化的交叉属性,作者分布也较为分散。第四,关键词共现和被引网络分析发现国内外 ESG 研究热点基本较为接近,但相较于中文文献,英文文献的研究范围更广。

经过前文对相关文献的梳理以及计量分析后,发现虽然目前国内外关于中国 ESG 问题的相关研究正在不断丰富且深入,并有效拓展了现代公司治理理论的广度与深度,但仍有一些不足以及未来需进一步深化的部分:

第一,ESG 概念与内涵界定的研究仍存在较大分歧,未来需要对 ESG 总结出更具共识、更加准确科学的界定。理论与现实中 ESG 能否契合企业可持续发展目的并为投资者创造价值一直饱受争议(肖红军,2024),对于 ESG 的含义、期望以及影响也缺乏最低限度的共识(Larcker et al.,2022)。因此,未来研究需要为 ESG 存在与发展塑造坚实的理论基础,形成正式的 ESG 概念以回答该领域的核心问题。

第二,ESG 信息披露的研究有待深化,未来应结合国外文献与中国国情,对实质性议题等相关领域展开进一步研究以指导实务部门。现有研究大多关注 ESG 信息披露的影响后果,但对于中国企业 ESG 信息披露的内容框架、动机和影响因素等的分析仍较为欠缺,从而制约了披露的有效性与披露质量,特别是对于企业实质性议题披露的研究在国内文献中基本处于空白状态。今后研究可以从 ESG 报告内容以及呈现方式、结合同类企业特征确定实质性议题方向、市场环境、政策制度、中国企业文化等方面,深入考察 ESG 信息披露的影响因素。近两年各级政府部门陆续出台了关于加强可持续发展信息披露的规定,这些政策制度将如何完善、政策效果如何、是否对企业 ESG 信息披露产生影响等,是值得进一步检验的研究问题。

第三,企业 ESG 实践的细分领域分析较少,导致研究的广度与深度有待提高,未来应该结合多学科,进一步探索细分研究方向。现有研究大多只笼统地关注企业整体 ESG 表现的影响因素与经济后果(李小荣和徐腾冲,2022),或者更为强调环境治理的作用。ESG 作为一个综合性非常强的评价体系,其分维度下的诸多研究子话题仍未得到较多的重视,比如党政关系、生物多样性和气候风险等。因此,未来可推进跨学科研究,更多关注 ESG 中真正能为经济社会创造价值的内容。此外,现有文献的分析对象大多聚焦第三方评级机构的评级信息或者企业可持续发展等文字信息(孙俊秀等,2024)。在大数据时代,未来应该多结合机器学习、大语言模型等人工智能技术与方法,开拓非结构化数据并研发 ESG 量化因子等,为构建与完善中国 ESG 体系做出理论贡献。

第四章 可持续发展理论视域下的实质性议题

本章提要 本章以可持续发展理论为背景,探讨了可持续发展理论的实践困境和最新突破。首先,本章介绍了可持续发展理论的提出背景和核心内涵,指出可持续发展理论的目标在于实现经济可持续、社会可持续和环境可持续。其次,作为承担环境和社会责任的主体,可持续发展理论对企业的影响历经从外部要求到内化升级的深刻转变,企业主动落实可持续发展战略将有助于其降低环境和社会风险、解决管理层短视问题等。在深入剖析可持续发展理论的实践困境的基础上,本章论述了 CSR 报告和 ESG 体系如何有助于践行可持续发展理念,其中,后者的重要突破在于强调公司治理、健全框架设计和遵从投资者导向。最后,本章指出现行 ESG 体系仍存在诸多问题,而强调和关注实质性议题是完善 ESG 体系和实现可持续发展目标的最新突破。

第一节 引 言

实质性议题是与企业经营活动和核心业务高度相关,且能够对企业价值创造产生重大影响的 ESG 议题。关注实质性议题对企业 ESG 实践具有重要意义,能够指导企业战略制定、提高信息披露质量、优化评级结果和引导投资决策,从而实现可持续发展的终极目标。

探究其理论背景和实践目标要追溯至可持续发展理论。一方面,可持续发展理论对实质性议题的发展提供了深刻的理论基础和逻辑框架。在覆盖范围方面,随着可持续发展理论的不断演进,实质性议题的范围和内容也随之拓展和深化,从最初关注的环境维度,进一步拓展至社会、公司治理等多个维度。在框架设计方面,可持续发展理论中经济、社会和环境三大支柱的设定为识别实质性议题提供了重要的理论框架。在原则指引方面,实质性议题的评估延续了可持续发展理论的基本原则,如持续性原则、共同性原则和公平性原则等。

另一方面,实质性议题是可持续发展理论的实践路径。首先,于企业自身而言,识别实质性议题能够帮助企业理解自身的可持续发展挑战和机遇,换取相应的商业机会;披露实质性议题能够提高企业的信息透明度,获取利益相关者对企业的信任和投资机会。其次,对落实可持续发展理论而言,现行可持续发展目标难以在实践中指引企业践行可持续发展之路,而实质性议题能够将可持续发展理论的原则和目标转化为具体的、可操作的议题,如能源使用、员工保障、碳排放等。此外,可持续发展目标的覆盖范围较广,难以在单一企业主体中得以实现,其业务关联能力较弱,难以指导企业经营决策做出实质性改变。践行实质性议题能够显著提升企业聚焦和落实可持续发展目标的能力,推动企业将有限资源投入与自身经营业务高度相关的议题上,从而在承担外部环境和社会责任的同时保障经济效益,实现可持续发展理论的三大目标。

综上所述,探讨实质性议题的理论支柱和实践逻辑的落脚点在于可持续发展理论。实质性议题是 ESG 理论研究和实践工作的前沿领域,也是可持续发展理论在实践中的具体体现和最新突破,其研究对丰富和健全 ESG 体系框架、落实可持续发展的终极目标具有重要意义。

第二节　可持续发展理论的缘起

本章主要介绍了可持续发展理论提出的背景及其对企业微观主体的影响。工业革命以来,人类社会在取得经济发展的同时,其不加节制的资源使用和污染排放行为对生态系统造成了难以挽回的影响。近几十年来公害事件频发传递了自然界警示人类污染行为的信息,人类社会逐渐意识到"战胜自然"的严重错误,并做出了"人与自然和谐共生"的历史选择。在此背景下,可持续发展理论应运而生。可持续发展理论提出后,其主旨内容的涉及范围不断扩大,对企业微观主体的影响不断加深,甚至从一项社会可持续发展理念内化升级为企业可持续发展战略。

一、自然的警示

生存和发展始终是人类社会的两大基本主题。而自工业革命以来,科技水平的飞跃进展和社会生产力的极大提高为人类社会创造了前所未有的财富,也意味着人类的基本生存问题得以解决,此后人类的主要问题则转变为自身的延续和发展。遗憾的是,近两百年来,人类在忙于解决当前生存问题的同时忽视了长期生存环境和可持续发展的重要性,从而带来了一系列前所未有的生存和发展问题,如环境污染、资源耗竭、人口爆炸等(涂正革,2008;陈诗一和陈登科,2018)。

就环境污染问题而言,自然界已然给出警示(李兆前和齐建国,2004)。1930 年 12 月,在逆温层和大雾的共同作用下,比利时马斯河谷工业区内 13 家工厂排放的烟雾弥漫在河谷上方无法消散,有害气体在大气层中的堆积诱发了当地数千名民众的呼吸道疾病,临床症状表现为胸疼、咳嗽、呕吐、呼吸困难等,甚至在一个星期内导致 60 多人死亡。同样的烟雾污染事件还发生在其他众多国家,其污染来源并非只局限于工业排放,还有可能来自汽车尾气排放、农业颗粒粉尘、燃料燃烧等。比如在 20 世纪 40 年代初期的每年 4—5 月,美国洛杉矶均会发生严重的光化学烟雾事件,其成因主要来自大量的汽车尾气排放。据统计,当时洛杉矶全市共有250多万辆汽车,平均每天消耗汽油1 600万升,其排放的尾气中包含了大量的碳氢化合物、氮氧化物、一氧化碳等,在日光作用下形成了以臭氧为主的光化学烟雾,短短两日内造成数百名老人死亡。中国乃至世界的环境污染现象不仅出现在大气领域,其范围还包括水体污染、土壤污染、固体废弃物污染、噪声污染等。自1954年起,日本就出现了著名的"水俣病",患病群体包括人、猫等多种生物,症状表现为手脚抽搐变形、精神失常、形态弯弓高叫,甚至死亡。"水俣病"病因不明,历经近十年的分析才被确认为是由工厂排放废水中的汞引起的:汞被水生生物食用转化为甲基汞,随后通过"鱼虾—动物—人类"的生态链条影响至人类,导致脑萎缩、小脑失衡等多种危害。1972年日本环境厅公布,"水俣病"导致下游283人汞中毒,其中死亡60人。

以上案例只是全球环境污染现状及其严重后果的冰山一角,但依然揭示了环境恶化将使得人类社会付出惨重代价。更为严重的是,当今时代中国乃至世界面临的发展问题除环境污染外,还包括资源稀缺且不可再生、土壤流失与荒漠化、气候变化与极端天气、生态系统与生物多样性等,以上种种方面都说明了当代人类在生态环境方面面临着巨大挑战。

二、人类社会的觉醒

在世界范围内频发的公害事件唤起了世界人民对环境保护的重视,也引发了民众对人与自然关系的重新思考。人们逐渐意识到,自近代以来由于科技、经济迅速发展建立的"人类主宰自然"的观点是错误的,这种只强调"发展",而忽视"可持续"的理念将为未来爆发环境和社会问题埋下隐患。

1962年,美国海洋生物学家蕾切尔·卡逊出版《寂静的春天》,指出有机农药的泛滥使用将严重威胁人类生存,引起了西方社会的强烈反响,这反映出社会公众层面再一次认识到环境问题的重要性。1972年,世界首届环境会议(即联合国人类环境会议)在斯德哥尔摩举行,会议通过了《人类环境宣言》,反映出当时各个国家已经充分认识到环境污染问题的严重性,114个国家代表首次将环境问题提到国际议事日程,并声明愿意为改善环境而共同努力。同一时期,环境问题也成了学术界所关注的重点领域,罗马俱乐部于1972年所出版的报告《增长的极限》是20世纪最有影响力的著作之一。该报告基于系统动力学模型,对人类未来发展进行多情景模拟,其最终结论认为当前生态系统反馈循环已经滞后,若维持现有的资源消耗和人口增长速度,人类社会将在百年或更短时间内达到极限。1980年,受联合国环境规划署委托,国际资源和自然保护联合会编纂的《世界自然资源保护大纲》正式发表,该大纲首次提出了"可持续发展"的概念和目标。

对可持续发展概念的形成和发展起到重要推动作用的是1987年世界环境与发展委员会发布的报告《我们共同的未来》(也称为《布伦特兰报告》)。报告指出"可持续发展"是"既能满足当代人的需要,又不对后代人满足需要的能力构成损害的发展",并系统论述了可持续发展的原则和要求,以及与可持续发展相互关联的 8 个目标和策略,从而为可持续发展的思想奠定了基础。报告指出"可持续发展"包括经济可持续、环境可持续、社会可持续三个方面,并要求三者协调发展。

可持续发展是人类对工业文明进程进行反思的结果,是人类为了克服全球性污染问题和广泛性生态系统失衡做出的重新选择,彰显出人类从"战胜自然"到"与自然和谐共生"的思想进步。

三、企业层面的应用

从根本上讲,人类在发展过程中忽视生态环境,使资源消耗或污染排放的速度超过自然系统循环再生的速度,是造成全球性污染问题的主要原因(诸大建,2000)。而快速工业发展的微观主体落脚于企业,企业在生产、排放和运输等多项流程中均可能对环境造成负外部性,是环境污染来源的首要主体(孟庆春等,2020)。因此,环境保护意识的觉醒和可持续发展理念的兴起将对企业主体产生至关重要的影响,其治理成效亦与企业行为息息相关。

可持续发展理论对企业主体的影响不断深化,层层递进,主要表现为可持续发展理论涉及的范围不断扩大,从环境领域进一步拓宽至社会、经济等多个维度。此外,其可持续发展在对企业主体产生重要影响的同时,进一步得到了企业的认可与应用,因此,可持续发展理论从一种"社会可持续发展理念"对企业提出外部强制要求,逐渐内化升级为能够起到引领和指引作用的"企业可持续发展战略"。

(一)外部要求:社会可持续发展理念

可持续发展理论设立初期,其对企业产生影响的主要渠道为外部驱动,表现为国家政策、监管机构和各类组织的相关要求。此外,其涵盖范围随着可持续发展理论的不断拓展而随之增加,具体地说,可持续发展理论最初起源于环境污染问题,后拓展至整个生态系统,要求在包括气候危机、土地退化、海洋污染等整个环境领域实现可持续发展,进一步拓展至社会和经济层面,如在优化人口增速、消灭贫穷、提高人类居住与社会服务条件等方面实现社会可持续性,在粮食供应与农业安全、能源稀缺与开发等方面实现经济可持续性。简言之,可持续发展理论的涵盖内容从环境拓展至社会、经济等众多领域,并通过外部压力对企业行为产生影响。

从国际组织来看,联合国环境大会(UNEA)是世界上最高级别的环境决策机构,会议每两年召开一次,为全球环境政策设定优先事项,并制定国际环境法。联合国所有会员国于 2015 年一致通过的《2030 年可持续发展议程》(也称《2030 年议程》)成为指导国际和国家发展行动的整体框架,其规定的 17 项可持续发展目标(Sustainable Development Goals,SDGs)反映了经济、社会和文化的大部分核心内容,如无贫困、零饥饿、良好健康与福祉、优质教育、清洁饮水和卫生设施、体面工作和经济增长、可持续城市和社区等(王一婷等,

2023)。且 17 项可持续发展目标也成了绝大多数上市公司披露社会责任报告的重要依据。此外，众多国际组织对可持续发展的信息披露、评级结果和鉴证服务的要求不断严格，如在G20、G7、IOSCO 等国际组织的支持下，国际可持续发展准则理事会（简称"ISSB"）于 2023年 6 月 26 日发布《国际财务报告可持续披露准则第 1 号——可持续相关财务信息披露一般要求》（简称"IFRS S1"）和《国际财务报告可持续披露准则第 2 号——气候相关披露》（简称"IFRS S2"）两项准则，对企业信息披露和鉴证提出更高要求。

在可持续发展理念下，不同国家均制定了多项政策以规范企业行为，实现企业成本内部化（范庆泉等，2016）。在环境保护方面，我国出台了 30 余部环境保护法律，明确了环境违法行为的门槛和刑事制裁范围，完善的法律体系得以建立（王金南等，2019）。我国还通过设立《中华人民共和国环境保护税法》、碳排放权交易政策、绿色金融政策等市场化政策规范和优化企业污染排放和社会资金流向。在社会责任方面，我国劳动保护、产品质量标准和消费者权益保护等方面的多项法律对企业正常经营活动的多个方面进行了具体规定，包括生产要素投入、生产流程监管和售后服务渠道。我国还设立了多项激励型社会责任政策，如雇佣残疾人税收优惠、精准扶贫或乡村振兴相关补贴、慈善免税等政策，以激励企业承担社会责任，为社会做出更多贡献。

无论是命令管制型政策还是市场激励型政策，均是企业应对外部政策要求做出的反应，换句话说，仅在可持续发展相关政策要求下承担社会责任的企业，并未意识到可持续发展理论对企业自身而言的重要意义，企业亦不会主动应用这一理论，改善自身的决策经营行为。此阶段可持续发展理论对企业的重要影响只停留在外部驱动阶段，表现为社会可持续发展理念发挥作用。

(二)内化升级：企业可持续发展战略

随着可持续发展理论的快速发展，其在对企业行为产生重要影响的同时，也对企业决策战略产生深刻指导意义。在此过程中，企业逐渐认识到，企业自身长期可持续发展的诉求与全球生态系统可持续性不谋而合，因此，将宏观层面的社会可持续发展理念内化升级为微观企业主体的可持续发展战略，有助于将可持续发展融入企业经营决策理念，实现企业长期稳定发展，从而为企业所有权人带来长期收益（McWilliams & Siege,2001；李志斌等,2020）。

企业采纳可持续发展战略的主要优势有两点：其一，随着利益相关者理论的不断拓展，企业利益相关者由内至外不断拓展，包括股东、员工、消费者、政府机构和社会公众等，可持续发展战略有助于企业满足更多外部利益相关者的要求（温素彬，2010）。利益相关者理论下，企业面临的环境污染和社会责任风险日益突出，逐渐成为影响公司的重要经营风险之一；而企业将可持续发展战略作为重要决策原则能够帮助企业降低环境和社会风险（冯丽艳等,2016），以规避由此导致的巨额罚款、声誉受损，甚至是股价跌停风险。其二，现代股份制公司的产生，使企业所有权和经营权分离成为可能，委托代理成本支出，管理层相较于股东而言更容易出现短视问题,以损害公司整体利益为代价攫取私人收益,为改善短期财报绩效而损害企业的长期可持续性。因此,将可持续发展战略作为企业经营决策的重要理念,将能够指引企业有效权衡短期利益与长期发展,解决企业内部管理层的短视问题。

综上所述,可持续发展理论内化升级为企业可持续发展战略,在时间维度上将有助于企业权衡短期利益与长期发展,解决管理层短视问题;在空间维度上,将有助于企业满足更多利益相关者的诉求,以规避企业风险和改善企业声誉。

第三节　可持续发展理论的内涵

本节主要介绍可持续发展理论的基本内涵、重要进程和实践困境。其中,可持续发展的主要内容包括五项原则和三大支柱。该理论要求人类社会在保护环境、社会公平和财务可行三者共存的情况下实现可持续发展。在此基础上,可持续发展理论不断深化拓展,其发展进程主要表现为涵盖范围扩张、金融措施应用、发展目标细化和核心领域突破四个方面。本节将总结可持续发展理论作为思想指引的重大缺陷,及其在实践应用层面的困境,主要表现为框架设计缺乏重要机制环节、理论传导链条过长、聚焦能力与关联程度弱和缺乏细致可行的实施路径。

一、可持续发展理论的主要内容

1987 年世界环境与发展委员会发布的报告《我们共同的未来》指出,可持续发展是能满足当代人的需要,又不对后代人满足其需要的能力构成危害的发展。本节从可持续发展的基本内涵出发,详细介绍其基本原则和三大主要支柱。

(一)可持续发展的基本原则

可持续发展理论包括五项基本原则,分别为公平性原则、持续性原则、共同性原则、和谐性原则和协调性原则。其中,公平性原则包括当代人之间的公平和代际公平,前者要求当代人对自然资源和经济产品有同等的分享权力,体现在空间维度;后者要求当代人的发展不能影响后代人的发展,体现在时间维度。这要求当代人在考虑自身发展和消费需求的同时,也对未来各代人的发展承担起基本历史责任。

持续性原则要求人类参照生态系统循环再生的条件和限制,调整生产节奏和资源需求,使得人类社会经济活动的资源消耗和污染排放速度低于自然生态系统的消耗和再生速度,以实现人类社会长期持续性的生存和发展。

共同性原则是可持续发展理论的前提,即人类社会只有一个共同的地球与一种共同的未来。这意味着可持续发展的实现要打破国家、种族和行业的界限,在全球范围内对环境、资源和其他社会问题进行衡量与协调,这就要求各国之间与各行业之间采取广泛合作与统一行动态度。

和谐性原则是可持续发展理论想要达到的理想境界,指人与人之间、人与自然之间的和谐关系。这就要求每个人在考虑和安排自身行为的同时,考虑其对他人、后代人及生态环境的影响,从而建立起人与人、人与自然之间互惠共生的和谐关系。

协调性原则是可持续发展理论落实的难点。可持续发展理论指出,实现可持续发展的重要基础是生态环境,必要条件是经济发展,基本要求是人口稳定,核心动力是科技进步,终极目标是社会发展。因此,可持续发展理论讲究环境、社会和经济等多方面的协调发展,是可持续发展的题中之义。

(二)可持续发展的三大支柱

《我们共同的未来》报告中指出,可持续发展的三大支柱是社会、环境和经济,且只有在保护环境、社会公平和财务可行三者共存且同等重要的情况下才能实现可持续发展(李强,2011)。下面将详细介绍三大支柱的具体内容及其与 ESG 的关系。

在环境支柱方面,可持续发展的环境支柱包括对土地、海洋、森林、自然资源等生态现状和问题挑战的规则、立法和其他工具,如通过环境管理和限制消耗等措施加以改善。其中,环境管理指直接种植或禁伐树木等措施,限制消耗指降低二氧化碳排放,鼓励可再生能源、废物回收等措施。目前中国乃至全球最为严峻的四大环境问题挑战包括:土地退化、气候危机、海洋污染、保护生物多样性。

在社会支柱方面,促进社会问题的倡议、政府政策、计划和立法被称为社会支柱,包括消除贫困、维护社会正义与世界和平、促进多样性、改善基本公共服务、保护文化与宗教等各个方面。与其他两项支柱相比,人们对社会支柱的理解和拓展最少,但社会因素将通过影响人类行为,进而对环境和经济维度产生进一步影响。因此,重视可持续发展的社会支柱将起到"四两拨千斤"的效果。

在经济支柱方面,可持续发展的经济支柱对企业生存和国家发展而言至关重要,企业和国家只有在经济可行的基础上才有余力实现整体可持续发展。直观地讲,企业"利润"和国家"GDP 增长"就可被视为可持续发展的经济支柱,是主体领导者所关注的核心内容。实现经济可持续性要求人类以更长远的眼光看待经济活动并合理利用现有技术。

人类经济发展的实践经验指出,追求利润与经济增长有时将以增加自然系统压力和破坏社会和谐稳定为代价,而资源耗尽与社会混乱将阻断长期经济扩张的可能性,这意味着实现经济可持续必须保证环境、社会等其他维度的可持续性,即三大支柱间相互融合与牵制。此外,可持续发展三大支柱的重要意义在于帮助人们理解和应用可持续发展战略,并可以此为参考构建新的模型与框架,评估业务、产品、服务等其他维度的可持续性,或将有助于降低组织的运营成本。

就可持续发展三大支柱与 ESG 的关系而言,可持续发展三大支柱是 ESG 体系的重要基础和参考。首先,可持续发展三大支柱对 ESG 框架具有重要启示。ESG 框架将评估企业可持续发展的风险和机遇的信息作为 ESG 报告的主要内容,足以反映可持续发展理论对

ESG 框架的深远影响,尤其是在环境和社会维度(黄世忠,2021)。其次,ESG 评估和考虑了可持续发展的所有支柱,其涵盖范围包括但不限于可持续发展理论。具体地说,ESG 报告框架中的公司治理要求将环境和社会因素纳入治理体系,以避免管理层过度关注经济议题而忽视环境和社会议题,因此 ESG 报告不仅包括环境、社会和经济三大支柱,还对企业内部公司治理提出更高要求。不可否认的是,ESG 与企业经济价值之间的关联性较可持续发展理论而言更为薄弱,但仍强调了环境、社会等外部事项对企业内部经营绩效的潜在影响,从而体现出对经济可持续性的关注。

二、可持续发展理论的进一步发展

自《我们共同的未来》对可持续发展概念进行界定后,可持续发展理论不断深化拓展,其发展进程主要体现为以下四大方面:可持续发展理论的涵盖范围扩张、金融措施应用、发展目标深入细化、核心领域的重要突破。

(一)涵盖范围扩张

1992 年,联合国环境与发展大会(又称"地球峰会")在巴西里约热内卢举行。该会议通过了《里约环境与发展宣言》和《21 世纪议程》,这两项文件是可持续发展理念付诸行动的开端,并将实现可持续发展确立为人类共同追求的目标。其中,《21 世纪议程》提出了应用广泛的可持续发展"四维度模型"①。该模型首次强调了实现可持续发展的关键是"组织机制"②,说明"组织机制"已成为实现可持续发展的重要渠道和关键节点,此时的可持续发展理念范围扩充至"治理"维度,已初具 ESG 意识。

2000 年,联合国千年首脑会议在纽约举行,189 个联合国会员国签署的《千年宣言》提出了 8 项千年发展目标(Millennium Development Goals,MDGs)。宣言主题为:减贫、维持和平和环境保护,其核心目标是把解决最贫穷人口的发展问题提高至全球政治议题高度,到 2015 年将世界遭受极端贫困和饥饿人口的比例减半。从《千言宣言》的核心主题可以看出,联合国千年首脑会议格外强调可持续发展对"社会"维度的关注,而非仅限于环境保护领域。以上两个例子均说明了可持续发展理论的涵盖范围不断扩张:从环境领域逐步拓展至社会和公司治理等其他维度。

(二)可持续发展目标深入细化

2015 年 9 月 25 日,联合国可持续发展峰会在纽约召开,该会议通过了一项目标远大的可持续发展新议程——《改变我们的世界:2030 年可持续发展议程》(以下简称《2030 议程》),具体包括 1 项宣言、17 个可持续发展目标(SDGs)和 169 个具体子目标。其中,17 个可持续发展目标(SDGs)的具体内容如图 4—1 所示。《2030 议程》旨在 2000—2015 年千年

---

① "四维度模型"的具体四个维度分别为:环境、社会、经济和组织治理。
② "组织机制"一词在后续概念发展中,已明确用"组织治理"或"组织文化"代替。

发展目标(MDGs)到期之后继续指导 2015—2030 年的全球发展工作,致力于以一种平衡的方式处理和融合可持续发展所有方面及它们之间的关联性,转向可持续发展道路。

资料来源:《2030 年可持续发展议程》制定的 17 项 SDGs,具体可见网址:https://sdgs.un.org/goals。

图 4—1　2030 年 17 个可持续发展目标(SDGs)

从千年发展目标(MDGs)的 8 个总目标、21 个子目标和 60 个具体指标,到可持续发展目标(SDGs)的 17 个总目标、169 个子目标和 231 个具体目标,可持续发展理论的目标框架不断细化,且对不同目标的具体内涵、基本现状和实施路径等做出了更为清晰和直观的判断(张军泽等,2019)。

(三)核心领域的重要突破

在可持续发展理论不断深化的同时,某些可持续发展的核心领域也取得了突破性进展。其中,气候变化作为一项全球性的生态环境危机,其严峻形势得到了各国政府和国际组织的特殊关注。以气候变化议题为例,2015 年 12 月 12 日,在第 21 届联合国气候变化大会上,世界 196 个国家一致达成了《巴黎协定》,旨在应对气候变化,推动全球经济向低碳发展转型,将 21 世纪全球气温升幅限制在 2℃以内。《巴黎协定》关注可持续发展目标中气候变化这一重要议题,为推动全球减排工作提供了目标路线和协议承诺(Schleussner et al., 2016;莫建雷等,2018),说明各国政府乃至国际组织会就某些尤为重要的可持续发展议题展开特殊讨论,并取得突破性进展。

(四)金融措施应用

2015 年,联合国第三次金融发展国际会议在埃塞俄比亚举行,193 个联合国会员国就《亚的斯亚贝巴行动议程》达成一致,其中包括一系列旨在彻底改革全球金融实践并为应对经济、社会和环境挑战而创造投资的大胆措施。该行动议程呼吁发达国家落实承诺,在

2020 年前通过广泛渠道联合调集 1 000 亿美元,以满足发展中国家在适应和减缓气候变化方面的需求。该行动议程首次强调可以通过金融措施(如融资、技术、科技、创新、贸易和能力建设等)落实可持续发展理念。

三、可持续发展理论落地的主要挑战

事实上,尽管可持续发展理论的基本内涵不断丰富和完善,其当前发展进程仍主要停留在理论阶段,无法为实现环境、社会和经济可持续发展提供具有价值和可操作性的实践指导。纵观可持续发展理论的主要内容与最新进展,其实践路径上的主要困境有以下四个方面。

(一)框架设计不够完善,缺乏重要的机制环节

可持续发展理论尚未构建完整的"理论指引—信息披露—评级结果—投资实践"全过程机制,目前仍主要停留在"理论指引"阶段。这种局限于思想和理论目标的现状,使得可持续发展主要发挥广泛的原则指引作用,后续更多的评级、投资实践工作只能由社会责任报告,甚至是 ESG 体系才能实现。因此,可持续发展的框架设计不够完善,必须添置欠缺的机制环节才能构建完整的闭环路径得以实践运行。

(二)适用对象更为宏观,传导链条过长

从可持续发展理论创设以来,其重要发展进程的推动者和执行者均为各国政府和国际组织等宏观政策制定者,并通过政策规制和制度设计间接影响企业生产经营行为。换句话说,可持续发展理论对微观企业主体的影响链条从宏观至微观、从上层领导到下层执行、由外部压力驱动内部改变,而不是直接渗透至企业本身。此外,经济增长和环境污染的主要来源是微观企业,同时市场中的企业还决定了社会初次分配的结果,也就是说,经济、环境、社会这三个可持续发展的重要方面都与企业行为息息相关,其实践成效更是需要通过企业主体发挥作用,并得以呈现。因此,可持续发展理论的实践路径在一定程度上取决于其对微观企业影响的强弱,而可持续发展理论的传导链条过长弱化了其对企业行为的影响,最终在企业终端表现为实践可操作性较差。

可持续发展理论难以从企业微观个体角度发挥作用的本质原因在于,可持续发展理论在实践层面的制度设计不足,如缺乏关于企业可持续发展信息披露、评级体系框架、实践指引等相关的规范要求,导致企业难以在实践应用中有所依据,从而无法有效指引投资者快速且正确地做出投资决策。因此对企业主体而言,可持续发展理论主要发挥了理论指导作用,而缺乏实践指引能力。可持续发展理论要想在企业实践应用中发挥作用,就必须完善自身制度建设,建立起直接作用于企业主体的体系框架,如信息披露、评级结果、鉴证要求等,从而实现理论向实践转型。

(三)目标聚焦能力与关联程度弱

可持续发展理论的实践困境还在于其目标聚焦能力与关联程度弱。从可持续发展理

论目标的聚焦能力出发,可持续发展目标(SDGs)共涉及 17 个总目标、169 个子目标和 231 个具体目标,且从千年发展目标(MDGs)到可持续发展目标的进展路径来看,可持续发展理论目标的框架表现出不断细化的趋势。事实上,可持续发展目标太多且内容愈发细致,企业在参照可持续发展目标从事经营决策时难以保证实现所有目标。

具体地说,企业实现可持续发展目标意味着将当期有限资源从发展短期经营绩效转移至长期可持续发展项目,且要在众多可持续发展项目中分配;其中任何一项平衡对企业高层管理者来说都是非常困难的。同时,这也说明了企业实现可持续发展目标将以自身资源利用效率降低、对财务表现产生负面影响为代价。整体而言,可持续发展理论目标过多且内容愈发细致提高了企业实现可持续发展目标的要求和成本,从而降低了企业实践可持续发展理论的意愿和能力。

从可持续发展理论目标与企业实际经营业务的关联程度出发,企业业务经营范畴几乎不可能与 17 项可持续发展目标(SDGs)完全重合,甚至可能仅与其中的少数几项勉强相关。以新能源汽车行业为例,与该行业较为相关的可持续发展目标主要有廉价和清洁能源、体面工作和经济增长、负责任的消费和生产、气候行动等,而其他的可持续发展目标如消除贫穷、优质教育、清洁饮水和卫生设施、缩小差距等则与该行业的生产活动并无直接联系。而以农夫山泉、茅台等酒水行业为例,与其相关的可持续发展目标可能包括清洁饮水和卫生设施、可持续城市和社区、水下生物等。从中可以说明以下两点:其一,可持续发展目标的覆盖范围远远超过了一家正常企业的经营活动范围,企业业务范畴除了与之紧密相关的可持续发展目标外,与其他目标的相关程度较弱,企业只能通过捐款捐赠或社会援助的方式实现,而无法通过自身经营方式的实质性改变实现长期可持续发展目标。其二,不同行业乃至企业本身相关的可持续发展目标各不相同,这意味着当要求一家企业实现所有可持续发展目标不切实际时,要求每家企业确认并实现与自身实际业务相关的可持续发展目标,将成为备选策略。这强调了实质性议题的重要意义,企业应当将与自身经营活动紧密相关的可持续发展目标确认为实质性议题,并通过改变实质性生产经营方式实现可持续发展目标(Cerbone & Maroun,2020;孙蕊等,2024)。

(四)缺乏细致可行的实施路径

整体而言,可持续发展理论考虑通过环境、社会和经济三大因素的相互作用来促进负责任和道德商业实践,为企业提供了目标和方向,而被确认为 17 项可持续发展目标的各项具体指标却无法为实际工作提供有效指引(Soergel et al.,2021)。因此,政策制定者、市场投资者和企业执行主体应当为可持续发展理论提供可以衡量的标准或准则,如外部信息披露要求和评级结果对比、内部公司治理的改善和实质性议题的确认。这就要求在可持续发展理论的基础上建立具有可实践性的体系框架,如社会责任报告和 ESG 框架体系,从而为可持续发展规划对应的执行策略,落实可持续发展的思想。

第四节   可持续发展理论的实践探索

在可持续发展理念提出后,众多可持续发展理论的先行者和建设者已经开始探索可持续发展的实践之路,CSR 报告、ESG 体系框架等具备可持续发展性质的报告体系接踵而来,也意味着可持续发展理论正式踏足实践领域。可以说,可持续发展理论的第一次实践尝试为社会责任报告,其盛行至今并在取得重大成效的同时,现有问题也逐一显露。相较而言,ESG 体系框架能够更好地解决社会责任报告的现存问题,从而有效践行可持续发展理论,是在社会责任报告基础上的第二次重要尝试。

一、第一次尝试:企业社会责任报告

CSR 报告对企业的社会责任进行了详细且明确的界定,由此衍生的制度形式,即企业社会责任报告制度,已经被全球各国市场所接受(Li & Belal,2018;Parsa et al.,2020)。早在 2012 年,我国就有 1 496 家企业发布了社会责任报告,时至今日,企业社会责任报告(CSR)已经成为我国上市公司非财务信息披露的重要载体,是企业与利益相关方沟通的重要桥梁。其主要现状、成效和现有问题如下。

(一)现状与成效

从社会责任报告数量来看,目前企业主要通过社会责任报告披露非财务信息,这意味着企业对发布社会责任报告的接受和认可程度较高。《金蜜蜂中国企业社会责任报告研究(2022)》概述了 2022 年中国企业社会责任报告的基本情况与发展趋势,数据显示,截至 2022 年 10 月 31 日,金蜜蜂中国社会责任报告数据库共收录社会责任报告 2 701 份,其中以"环境、社会及管治报告"命名的报告有 869 份,占比为 37.78%,其增长幅度稳定,原因在于 2016 年联交所 ESG 指引生效的推动作用和各利益相关者愈发重视企业议题;以"社会责任报告"命名的报告有 1 227 份,占比 53.35%,虽较 2021 年减少 10.77%,但表明社会责任报告仍为现阶段承载和披露可持续发展信息的主要媒介。

从社会责任报告的质量来看,由中国企业社会责任报告评级专家委员会指导、责任云研究院课题组编写的《中国企业社会责任报告评级(2022)》指出,自 2010 年起至今,中国企业社会责任报告评级结果随国内外企业社会责任的发展不断迭代升级。该研究从过程性、实质性、完整性、平衡性、可比性、可读性、创新性七大维度对企业社会责任报告编制过程和披露质量进行评估,发现企业报告的过程性、完整性、实质性和平衡性水平相对较高,但报告创新性水平仍有待提升。

从企业所有制来看,国企和央企的报告质量引领我国企业社会责任报告的发展,而民营企业的社会责任报告发展势头迅猛,质量水平不断提升。此外,中国企业的社会责任报告愈发表现出"中国特色",众多企业在披露社会责任报告的实质性议题篇章中,都

将"乡村振兴""共同富裕""国家战略响应"等具有中国特色的话题作为企业发展的重要领域。

(二)现有问题

随着披露社会责任报告的企业数量增多,社会责任报告在应用过程中也逐渐显露出不足与缺陷。首先,社会责任报告以模糊的定性描述为主,缺乏准确的定量数据,导致信息披露的质量较差(顾雷雷等,2020)。具体地说,社会责任报告追求通过"讲故事"的方式陈述企业承担的社会责任,这在一定程度上将报告限制于以定性描述为主的披露风格,同时给予企业足够的自由裁量空间以选择性披露,因此报告使用者仅能从社会责任报告中获取模糊且定性的、有偏且对企业有利的非财务信息。简言之,社会责任报告的可信度有待考证。

其次,社会责任报告主要通过外部压力倒逼企业承担社会责任,与企业存在价值相悖。在中国,企业社会责任的实践行动最初主要是为了满足政府的期待,政府推动企业社会责任以实现经济高质量发展和改善社会效益,企业则在政府政策引导下,通过捐款和慈善等方式承担社会责任。在此背景下,企业自身并未充分意识到承担社会责任的重要意义,以及社会责任与自身长期发展的密切联系。过度强调外部责任将模糊企业边界、淡化企业价值导向,最终体现为企业产出效率的降低和对外部责任的抗拒。

最后,企业生产经营活动并未做出实质性改变,使得可持续发展理论的应用停留在形式主义阶段。其原因在于社会责任报告形式的数据质量要求不高,且企业自身并未认识到主动承担外部责任的重要价值。企业承担社会责任的主要方式为将剩余利润用于慈善、捐款等活动,通过内部治理实现社会公平等实质性举措,而非通过改善生产设备实现保护环境。

二、第二次尝试:ESG 框架

在社会责任报告的实践经验基础上,ESG 体系框架应运而生。ESG 是一种综合衡量企业在环境、社会和公司治理三个维度绩效表现的价值理念、评价工具和投资策略。ESG 强调公司治理并构建了完善的机制设计框架,或将解决社会责任报告的现有问题,更有效地践行可持续发展理论的思想。表 4—1 简单总结了 CSR 报告与 ESG 报告的异同点。

表 4—1 CSR 报告与 ESG 报告的异同点

	维度	企业社会责任报告(CSR)	环境、社会和公司治理报告(ESG)
共同点	目标导向	可持续发展	可持续发展
	实践主体	微观企业主体	微观企业主体

续表

	维度	企业社会责任报告(CSR)	环境、社会和公司治理报告(ESG)
不同点	核心理念	尽责行善:企业在经营获利之后,用金钱、物资或其他可衡量价值的形式主动回馈社会,对社会做出正面贡献	义利并举:评估企业在经营过程的各个环节在 E、S、G 方面所面临的风险和机遇,是衡量企业可持续发展能力和潜力的评价指标
	概念提出	1924 年,英国学者谢尔顿在《管理的哲学》中首次正式提及企业社会责任	2005 年,联合国契约组织发布《在乎者赢》(Who Cares Wins),首次提出 ESG 概念
	维度	环境、社会	环境、社会、公司治理
	使用者导向	利益相关者导向	投资者导向
	披露标准	缺乏统一标准,定性信息为主	从报告框架到披露准则,要求定量数据

资料来源:参考李诗和黄世忠(2022),由课题组整理。

(一)从 CSR 报告到 ESG 框架的转变

从根本上讲,CSR 报告与 ESG 框架的主要区别在于以下两点:其一是 ESG 框架强调内部公司治理的重要机制,通过改善内部公司治理以实现外部环境和社会可持续发展(黄世忠,2021),CSR 报告则主要通过外部压力倒逼企业践行可持续发展。以企业实现环境保护为例,若企业通过引进环保设备,优化生产流程以提高能源使用效率和减少污染排放,那么企业就做到了通过改善内部治理以实现环境保护的目标;若该企业将自身盈利之余捐赠给环境保护组织,或投入种树、净水等公益慈善活动,那么企业并未将环境保护的理念融入自身业务经营活动,而只是在外部压力驱动下做些力所能及的社会事务。换句话说,在 CSR 报告下,可持续发展只是企业的一道"选做题",只有当企业发展至一定阶段或拥有足够超额利润时,其才有余力顾及社会公益;而脱胎于可持续发展概念的 ESG 是一道"必做题",甚至其要求企业将可持续发展因素融入自身生产流程和经营决策(诸大建,2023;郑少华和王慧,2024),由此产生的决策结果既符合企业经济效益,又有助于实现企业可持续发展。

其二是 ESG 框架相较于 CSR 报告建立起更完整的规范和监督体系,其内容涵盖 ESG 信息披露、评估评级和投资实践三个方面,实现了从"理念推广"到"标准规范"到"引领投资",最后反哺"理念推广"的良性循环框架,而 CSR 报告主要仍停留在信息披露阶段。事实上,实践证明了只有当 ESG 体系框架环环相扣,彼此之间形成联动效应时,可持续发展理念才能表现出最佳的实践成果。具体地说,CSR 报告只停留于信息披露阶段,而并未形成有效的评级和监督,这就导致 CSR 报告的真实性和可靠性无从考证,企业主体可以选择性披露非财务信息,利益相关者将质疑 CSR 报告的现实意义;而 ESG 信息披露要接受第三方鉴证(李诗和黄世忠,2022),众多评级机构也将利用信息披露数据评估企业 ESG 绩效,其最终结果不仅有助于投资主体进行投资决策,还将有助于指引更多利益相关方的 ESG 实践应用。

以上两点是 CSR 报告与 ESG 体系的主要思想和顶层设计差异。除此之外,ESG 体系对量化要求更高,由此引申的影响力估值也是该领域目前较前沿的研究方向;且 ESG 体系更强调应用工具分析,包括实质重要性分析、利益相关者整合分析等,以帮助企业获得更好的认知,实现更好的发展。

(二)ESG 框架的核心突破

基于上述对 CSR 报告与 ESG 框架的分析,可以得出 ESG 框架在践行可持续发展理论方面的重要突破。第一,在思想层面,ESG 框架基于企业边界理论,强调通过公司治理将可持续发展概念内化为企业自身价值体现(杨有德等,2023),其核心突破在于推动企业自内而外地认识和践行可持续发展思想的重要内涵,从而建立起"内稳外拓"的可持续发展模式,以有效实现外部环境保护和社会公平。第二,从推动者出发,ESG 框架催生于外部市场投资者对企业长期发展的需求,亦服务于投资者选择具有可持续发展能力的潜在高质量企业,这意味着 ESG 框架本身具有双重实质性内涵,既要满足财务实质性以符合投资者导向,又要实现影响实质性以避免外部因素制约企业发展。因此,ESG 框架的核心突破在于能够真正践行可持续发展理论中的经济、社会和环境三大支柱,而 CSR 报告通过外部压力驱动企业将剩余利润投资于环境和社会的可持续发展,这意味着可持续发展理论三大支柱难以实现内置平衡与和谐发展。

ESG 框架实现上述两点核心突破的重要渠道在于:其一,强调企业内部治理,将企业外部环境和社会影响纳入内部决策规则;其二,遵从投资者导向,充分发挥外部资本市场的资源配置作用和社会监督效力,从微观角度重视企业的财务实质性,从宏观角度有助于实现整个社会的经济可持续发展;其三,明确实质性议题,将可持续发展目标与自身经营活动相结合,剔除与企业主营业务无关的可持续发展目标,保留关联度高且真实有效的可持续发展目标,并将企业有限资源投入此类实质性议题,从根本上平衡外部环境、社会可持续发展与内部财务可持续发展之间的矛盾与冲突。

综上所述,图 4—2 展示了 CSR 报告与 ESG 框架分别如何实现可持续发展理论的三大目标,以及其通过何种方式弥补可持续发展理论在实践层面的重要缺陷。

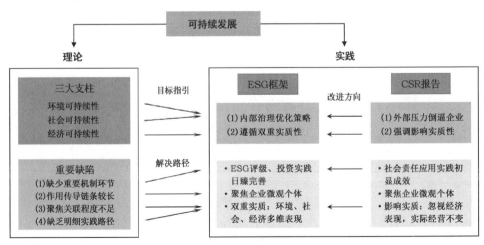

资料来源:课题组整理。

图 4—2　可持续发展的理论指引与实践路径框架

(三)ESG 发展现状与成效

ESG 框架从多个方面解决了 CSR 报告的现存问题,如从理论层面推动了可持续发展理论三大支柱的平衡发展,从制度层面架构了从"信息披露""评级结果"到"实践指引"完整的框架体系,其在实践应用层面也卓有成效。近年来,自愿进行 ESG 信息披露的上市公司数量不断增加,披露内容的透明度和质量也在不断提升。《中国上市公司 ESG 行动报告(2022—2023)》的数据指出,截至 2023 年 6 月底,中国 A 股上市公司中有 1 738 家独立披露了泛 ESG 报告(包括 ESG 报告和 CSR 报告),总体占比为 33.28%,同比增长 22.14%。异质性比较说明,国有企业的 ESG 报告率显著领先,民营企业等其他类型企业仍需进一步提升 ESG 信息披露的透明度;金融业、采矿业和房地产业的披露情况较好,而制造业、租赁和商务服务业的披露率较差。

在评级结果方面,截至 2022 年 10 月,参与 MSCI 评级的中国 A 股上市公司中,无企业达到 AAA 级水平,且达到 AA 级的企业仅有 5 家,占比为 0.80%;参与 FTSE 评级的 843 家中国 A 股上市公司的平均 ESG 得分仅为 1.36(满分为 5),反映出整体 ESG 得分偏低。一个重要原因在于,许多企业在 ESG 报告中尽管陈列了众多社会事务,但都与主营业务的关联度较低,而与主营业务高度相关的议题并未得到充分重视,说明中国企业的 ESG 报告目前在实质性议题方面做得不够充分,再多的陈列也只是无用功。

在投资实践方面,截至 2022 年,国内 ESG 公募基金共有 971 只,总规模合计约为 5 182 亿元,仅占全市场公募基金规模的 2%;国内市场 ESG 股票指数共计 249 只,其中 2022 年新发行的 ESG 主题股票指数有 64 只,创单年发行数量新高;国内市场发行 ESG 主题理财产品的数量逐年增加,截至 2022 年年底共计 219 只,这反映出 ESG 理念逐渐受到国内资管机构的认可。

第五节　ESG 中可持续发展的落脚点:实质性议题

整体而言,中国 ESG 建设和发展仍处于初级阶段,目前仍呈现出诸多问题。想要通过 ESG 体系实现可持续发展的终极目标仍具有一步之遥,而实质性议题的确认和执行正是最后一环的"关键之匙"。就 ESG 体系而言,关注实质性议题能够有效帮助当前 ESG 困境寻求破解之法:下文将从 ESG 信息披露、评级结果和投资实践三个方面剖析 ESG 实践的现存问题,并阐述实质性议题如何有助于解决问题。

第一,在信息披露方面,我国企业的信息披露比例仍然偏低,且信息披露质量不高,现阶段仍以模糊且定性的社会责任报告居多。此外,企业在 ESG 信息披露中常出现以下问题:(1)言行不一,企业内部 ESG 实践与外部 ESG 披露解耦,其内在经营方式并未发生实质性改变;(2)避重就轻,回避与企业业务高度相关的议题,过度注水无关紧要的问题。这是因为现有 ESG 体系尚未落实实质性议题工作,从而为企业选择性披露留有空间。而关注

ESG 实质性议题，一方面要求企业根据自身经营业务确定与之高度相关且实际可行的 ESG 议题，从而将有限资源聚焦在实质性议题上，从企业决策和战略角度指引企业做出有助于实现可持续发展和承担社会责任的实质性改变；另一方面规范了企业的 ESG 信息披露范围，明确指出企业应当披露对企业生存发展至关重要的、有助于市场投资者进行长期判断的实质性议题，而非仅披露企业良好的 ESG 表现。在信息披露流程中强化实质性议题的意识能够有效限制企业的选择性披露和策略性披露行为。

第二，在评级结果方面，目前各大评级机构的 ESG 评级指标体系、信息采集渠道和权重设置方法缺乏统一标准，这使得不同评级机构对同一家企业的 ESG 评级结果存在差异，引发利益相关者使用企业 ESG 绩效结果的争议和质疑。其中，信息采集渠道受限于企业信息披露质量，权重设置方法理应存在一种最为科学的方式，而主观性最强的差异来源为某行业，甚至是某一企业的实质性议题尚不明确，这直接导致不同评级机构对同一家公司的 ESG 评级指标范围不一致，进而带来不同的 ESG 评级结果。因此，明确和规范具体行业的实质性议题能够有效降低各大 ESG 评级机构评估结果的差异性，提高 ESG 评级结果的可信度和规范性；能够使得评级结果更好地反映企业是否真正通过内部治理和战略决策从事实质 ESG 行为，提高 ESG 评级结果的科学性和准确性；还能够迫使企业在信息披露环节重视实质性议题，提高 ESG 报告的质量，否则其将获得较差的评级结果，失去获得市场投资者青睐的机会。

第三，在投资实践方面，"泡沫"和"漂绿"是我国 ESG 市场的常见问题。随着投资者推动 ESG 体系发展和利益相关者对 ESG 愈发重视，ESG 投资产品在定价上存在泡沫化倾向，且众多企业遵从信息披露公开规定却无实质行动的"漂绿"行为，最终对金融市场产生误导。其重要原因在于，目前 ESG 投资市场并未意识到 ESG 实质性议题的重要意义。只有当投资者关注 ESG 投资产品的实质性时，才能真正揭露 ESG 产品是否存在"漂绿"现象，能否实现环境、社会和经济可持续发展，从而甄别和规避风险较大的错误投资。

此外，强调实质性议题能够助力 ESG 体系框架实现可持续发展的终极目标，其具体路径如下：（1）实质性议题有助于聚焦和精炼企业所需要关注的可持续发展目标，通常来说，企业在有限资源下难以同时应对 17 项可持续发展目标，且大多数目标可能与企业自身经营业务关联度不强。而实质性议题仅要求企业重点关注与自身经营活动和核心业务相关的 ESG 议题，能够有效解决上述问题。（2）所有 ESG 议题作为非财务报告的内容主要是为了向外部利益相关者展示企业承担环境和社会责任的表现及其成果，是实现环境可持续和社会可持续的重要手段。而实质性议题要求企业将承担外部责任融入内部治理和经营决策，如发现和规避外部环境和社会政策变化对企业核心业务的冲击，通过生产经营活动方式变化获取环境和社会问题中的商业机会等，其核心共同点在于服务企业经济效益。因此，实质性议题不仅能够实现环境和社会目标，还能够实现经济目标，从而有助于落实可持续发展理论的三大支柱。

综上所述,确定实质性议题是完成 ESG 报告的基础,亦是评价企业 ESG 表现的核心内容,更是践行可持续发展理论的题中之义。因此,关注和研究实质性议题是 ESG 体系的重要前沿方向,对解决当前 ESG 实践的现存问题和实现可持续发展的终极目标具有指导意义。

第六节   本章小结

本章深入探讨了可持续发展理论视域下的实质性议题,分析了可持续发展理论的缘起、本质内涵、践行困境以及最新的实践探索。通过比较 CSR 报告和 ESG 框架的尝试与突破,本章揭示了实质性议题在 ESG 实践中的重要性,并指出了其在解决 ESG 体系现存问题以及实现可持续发展目标中的关键作用。

在可持续发展理论的提出背景和本质内涵方面,可持续发展理论源于人类对工业革命以来环境破坏和社会问题的反思,其核心目标在于实现经济、社会和环境的协调发展。该理论包含五项基本原则:公平性原则、持续性原则、共同性原则、和谐性原则和协调性原则,以及环境、社会和经济可持续发展三大支柱。

尽管可持续发展理论具有重要的理论和实践意义,但其落地实践仍面临诸多挑战:其一是框架设计不够完善,缺乏完整的"理论指引—信息披露—评级结果—投资实践"全过程机制,难以有效指导企业实践;其二是适用对象更为宏观,从而对微观企业主体的影响较弱,实践可操作性较差;其三是目标聚焦能力与关联程度弱,主要原因在于可持续发展目标过多且内容细致;其四是缺乏细致可行的实施路径,理论目标难以转化为具体的、可操作的议题,缺乏可衡量的标准和准则。

为解决可持续发展理论的实践困境,CSR 报告和 ESG 框架应运而生,成为践行可持续发展理念的重要工具。其中,CSR 报告作为第一次实践尝试,在提高企业信息透明度和社会责任意识方面取得了一定成效,但以定性描述为主、信息披露质量较差、与企业价值相悖等问题限制了其进一步发展。ESG 框架作为第二次重要尝试,在 CSR 报告的基础上取得了重要突破,主要体现在以下三个方面:首先是强调企业内部治理,将可持续发展概念内化为企业自身价值体现,推动企业自内而外地认识和践行可持续发展思想。其次是遵从投资者导向,以充分发挥外部资本市场的资源配置作用和社会监督效力。最后是明确实质性议题,将可持续发展目标与企业自身经营活动相结合,剔除与企业主营业务无关的可持续发展目标,保留关联度高且真实有效的可持续发展目标,从根本上平衡了外部环境、社会可持续发展与内部财务可持续发展之间的矛盾与冲突。

实质性议题是与企业经营活动和核心业务高度相关,且能够对企业价值创造产生重大影响的 ESG 议题。关注实质性议题对企业 ESG 实践具有重要意义,能够指导企业战略制定、提高信息披露质量、优化评级结果和引导投资决策,从而实现可持续发展的终极目标。

第五章　国际准则中的实质性议题

本章提要　本章深入探讨了国际准则中的 ESG 实质性议题,并分析了其在现代企业可持续发展策略中的关键作用。开篇介绍了 ESG 实质性议题的内涵与基本原则,随后简要概述了国际主流的 ESG 信息披露准则,包括 GRI、SASB、TCFD、ISSB、ESRS 和 SEC 气候披露规则。接下来详细分析了上述国际准则在确定 ESG 实质性议题时的原则和流程,并从 E、S、G 三个维度和行业视角对这些准则的内容进行了比较分析。这些比较揭示了国际准则在推动企业可持续发展方面的共识与差异。此外,本章还讨论了这些准则在实施过程中面临的挑战,如高成本和复杂性,以及围绕财务和影响实质性的争议。这些分析旨在为企业和监管机构在制定和执行涉及实质性议题的 ESG 政策时提供有效的指导和参考。

第一节　ESG 实质性议题的内涵与原则

一、实质性议题内涵

ESG 领域涵盖广泛的议题,从环境方面的气候变化、能源管理、废物和污染防治,到社会方面的职工健康与安全、产品质量安全、数据安全与隐私保护、供应链管理,再到公司治理方面的股权架构、股东利益保护、董事会独立性与多样性,以及风控措施(如反腐败、反贿赂),这些议题贯穿于企业的各项事务之中。然而,并非所有 ESG 议题对企业的可持续发展都同等重要。企业可能面临众多 ESG 议题,但只有那些足够重要的议题才能被视为"实质性议题"。

因此,所谓实质性议题(Material Issues),是指对企业财务绩效或各利益相关方产生重大影响的议题。[①] 这一概念被广泛应用于 ESG 信息披露和管理领域,用于帮助企业识别需要优先考虑的环境、社会和治理问题。在 ESG 领域中,不同组织可能使用不同术语,其有时

---

① GRI 关于实质性议题的定义为"Material topics are those that reflect the organization's significant economic, environmental, and social impacts or that substantively influence the assessments and decisions of stakeholders"。ISSB 将其定义为"Materiality refers to sustainability-related risks and opportunities that could reasonably be expected to influence investors' decisions"。EFRAG 在 ESRS 中的定义为"Materiality encompasses financial materiality and impact materiality. A topic is material if it is material from either a financial or impact perspective"。

也将实质性议题称为"重要性议题"。无论使用哪种术语,实质性议题的核心含义均指那些对企业及其利益相关方具有关键影响的问题。

二、实质性议题原则

确定实质性议题,首先应该遵循一套"实质性原则",又称"重要性原则",英文为"Materiality Principle",是指帮助企业识别和分析实质性议题的基本原则。[①] 实质性(Materiality)是信息质量的关键特征,是财务和非财务报告中纳入特定事项并确定其优先次序的标准。在可持续发展报告领域,基于不同的定义角度,确定实质性议题的原则分为单一实质性(Single Materiality)原则(例如财务实质性原则或影响实质性原则)和双重实质性(Double Materiality)原则。

(一)财务实质性原则

如果基于由外到内角度对可持续发展报告的实质性进行定义,只考虑环境和社会议题对企业价值的影响,这一原则被称为单一实质性或财务实质性(Financial Materiality)原则。可持续发展报告意境下的财务实质性,是特定经济部门或所有经济部门内与企业有关的一项可持续发展议题或信息所表现出的财务影响特征。当一个可持续议题会(或可能会)对企业的现金流、发展、业绩、地位、资金成本或融资渠道产生风险或机遇等重大影响时,这样的议题在财务上便是具有实质性的。这些风险或机遇可能源自过去的事件,也可能产生于未来的事件,并可能对以下两个方面产生影响:一方面,在既有的财务报告中已经得到确认,或因未来发生的事件而得到确认的资产和负债;另一方面,不符合财务会计对资产和负债的定义和/或相关确认标准,但有助于企业产生现金流,并更广泛地促进企业发展的价值创造因素。欧洲财务报告咨询小组(EFRAG)为欧盟《企业可持续发展报告指令》(CSRD)制定的《欧洲可持续发展报告标准草案:一般要求》(*Draft European Sustainability Reporting Standards*(*ESRS*)-*ESRS 1 General Requirements*)中,将财务影响的触发事件分为两类:第一类触发事件可能影响企业继续使用或获取生产过程所需资源的能力;第二类触发事件可能影响企业(以可接受条件)依靠生产过程所需商业关系的能力。

(二)影响实质性原则

影响实质性(Impact Materiality)是特定经济部门或所有经济部门内与企业有关的一项可持续发展议题或信息所表现出的对环境和社会的影响特征。当一个可持续议题会(或可能会)使企业短期、中期和长期内对社会或环境产生实质性影响时,无论这样的影响是实际的或是潜在的,是积极的或是消极的,这样一个议题在影响上都是具有实质性的。这种影响可能是由企业自身造成或促成的,也可能是通过企业的业务关系而造成,或与企业自

---

① 参考君合律师事务所 ESG 专题系列(十一):解构 ESG 之实质性议题的确定,原文见:https://www.junhe.com/legal-updates/1800。

身的运营、产品或服务直接相关。业务关系包括企业的上下游价值链,且不局限于直接的合同关系。综上而言,与企业经营活动、产品或服务或者与企业价值链相关的对环境和社会产生实际或潜在重大影响的可持续发展议题或信息,具有影响实质性。例如,公司在水资源管理方面的实践对当地社区用水安全的影响,即符合影响实质性原则的ESG议题。

(三)双重实质性原则

双重实质性原则结合了财务实质性和影响实质性,既考虑环境和社会议题对企业的影响,也考虑企业对环境和社会的影响。欧洲可持续发展报告标准(ESRS)定义双重实质性为:财务实质性和影响实质性的并集。因此,如果一个可持续性主题或信息从影响角度或财务角度或从这两个角度来看是重要的,那么它就符合双重实质性的标准(见图5—1)。[1] 符合双重实质性原则的议题,例如,企业的可再生能源使用。从财务实质性的角度来看,企业逐步增加可再生能源的使用可以降低对传统化石燃料的依赖,减少能源价格波动的风险。尽管前期可能存在基础设施投资,但从长期看,企业可以减少能源成本,同时减少碳排放相关的税费或罚款,这对财务绩效产生直接的正面影响。从影响实质性的角度来看,企业可增加再生能源的使用能够显著减少温室气体排放,对环境产生积极影响。此外,推动再生能源使用也有助于减轻对社区健康和自然生态系统的负面影响,提升企业在社会中的形象。因此,"企业的可再生能源使用对环境与财务绩效的影响"符合双重实质性原则,因为它同时对社会和环境产生重大影响,也与企业的财务绩效直接相关。

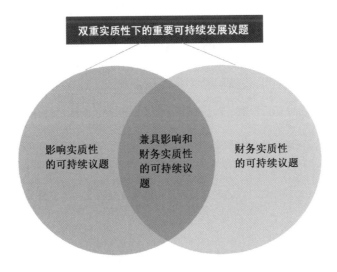

资料来源:作者整理。

图5—1　双重实质性下的可持续发展议题

---

[1]　EC. ESRS 1 General Requirements[EB/OL]. http://finance.europa.eu,2023—07—31.

(四)财务实质性与影响实质性的关系

在探讨可持续发展报告中的双重实质性时,理解影响实质性(企业活动对环境和社会的影响)与财务实质性(这些活动对企业财务表现的影响)之间的关系至关重要。这种关系表明,企业对外部环境的影响可能通过"反弹效应"反作用于自身的经济成果,同时,财务决策也能引导企业的环境和社会行为。EFRAG 在报告中描述了两种互动情形:首先,财务实质性驱动影响实质性,例如企业为应对气候变化调整商业模式,进而引发环境和社会影响;其次,影响实质性影响财务实质性,如企业过度利用自然资源可能损害其长期财务表现和市场定位。这些反弹效应可能随着时间推移而改变企业价值。

然而,影响实质性与财务实质性并非总是相互关联。某些企业对环境变化责任不大,却可能因外部财务影响(如气候变化挑战)而受损;反之,企业可能在产生显著外部影响的同时,未受到相应财务反弹,进而忽视环境或社会福祉以追求财务最大化。如图 5—2 所示,动态货币线(Dynamic Monetary Line)提供了理解两种实质性随时间发展及相互转化的框架。该概念展示了可持续发展议题如何从初期的环境或社会影响,逐步演变为对企业财务具有直接实质性的因素,帮助理解这些议题如何随着外部条件和内部决策的变化成为关键财务因素。

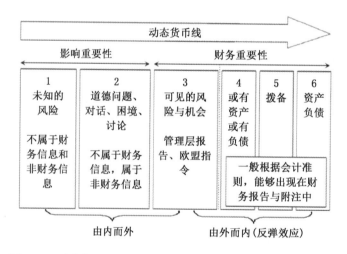

图 5—2　动态货币线:影响实质性与财务实质性之间的交互关系①

第二节　ESG 信息披露国际主流准则简介

本节主要对目前国际上主流的 ESG 信息披露准则或法规进行简要介绍,包括 GRI 标准、SASB 准则、TCFD 框架、ISSB 标准、ESRS 准则和 SEC 气候披露规则。

---

① 吕颖菲,刘浩.可持续发展报告中双重重要性的概念、转化和评估——兼与财务报告重要性的比较[J].财会月刊,2022(15):71—76.

一、GRI 标准

全球报告倡议组织（Global Reporting Initiative，GRI）成立于 1977 年，是一个国际非营利组织，旨在通过制定可持续发展报告指南，帮助企业识别并披露其商业活动对经济、环境和社会的影响，从而促进全球可持续发展。GRI 致力于为企业、政府和其他机构提供全球通用的可持续发展语言——GRI 标准，包含报告原则、关键议题和实施手册，为 ESG 可持续发展报告的编制提供参照标准。

自 2000 年发布首版 GRI 指南以来，GRI 标准经历了 G1、G2、G3、G3.1、G4 到 GRI Standards 2021 版本的更新迭代，最新的 GRI 标准体系包括通用标准、行业标准和 33 个议题标准（如图 5－3 所示）。通用标准适用于所有企业，涵盖治理结构、管理体系及利益相关者参与等内容；行业标准帮助组织确定所在行业的实质性议题以及每个议题下应报告的内容；而 33 份专项标准则针对经济、环境和社会的可持续发展议题提供详细规范，为企业在相关领域的可持续发展绩效提供核心和建议披露指标。通过这些标准，企业能够更系统地落实可持续发展报告的编制与发布实践。GRI 的报告框架被广泛采用，现其已在全球 100 多个国家和地区的上万个组织中使用，成为可持续发展报告领域的最佳实践范例。

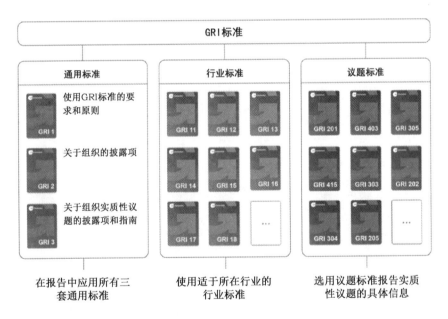

资料来源：GRI 官网。

图 5－3　GRI 标准体系结构

二、SASB 准则

可持续发展会计准则委员会基金会［Sustainability Accounting Standards Board

(SASB)Foundation],是一家成立于 2011 年的美国非营利组织,致力于制定和维护行业特定标准,指导公司向投资者和其他金融利益相关方披露财务重大可持续发展信息。SASB 于 2018 年发布了首套全球适用的可持续会计准则,并在 2021 年与综合报告框架(IIRC)合并成立价值报告基金会(VRF),随后其于 2022 年并入 IFRS 基金会,推动全球 ESG 信息披露标准的统一。

SASB 在传统行业分类系统的基础上推出了全新的行业分类方式:根据企业的业务类型、资源强度、可持续影响力和可持续创新潜力等对企业进行分类,其自创的可持续工业分类系统(Sustainable Industry Classification System,SICS)由此诞生。SICS 涵盖 11 个部门、77 个细分行业,SASB 准则为每个行业提供了一组特定标准,其中包括行业相关的可持续性问题和关键绩效指标(如表 5-1 所示)。SASB 准则具体包括六个核心元素:一般披露指导、行业描述、可持续性主题、可持续会计准则、技术协议和活动度量标准,企业可根据自身行业特点进行相应调整。

表 5-1　　　　　　　　　　　　　SASB 覆盖领域

领域(11 个)	行业(77 个)
日用消耗品	服装配饰与鞋类、小家电制造业、建筑产品与家具、电子商务、家庭与个人用品、多行业与专业零售商和分销商、玩具与运动用品
采掘矿产加工	煤炭业务、建筑材料、钢铁生产商、金属与矿业、油气勘探与生产、油气—中游、油气炼制与销售、油气服务
金融	资产管理与托管活动、商业银行、消费金融、保险、投资银行和经纪业、抵押贷款融资、证券与商品交易所
食品和饮料	农产品、酒精饮料、食品零售商与经销商、肉类家禽与奶类、非酒精饮料、加工食品、餐饮、烟草
医疗卫生	生物技术与医药、药物零售商、医疗服务提供、医疗分销商、管理式医疗、医疗设备及用品
基础设施	电力设施与发电机、工程与建筑服务、燃气设施与分销商、住宅建筑商、房地产、房地产服务
可再生资源和替代能源	生物燃料、林业管理、燃料电池与工业电池、纸浆与纸制品、太阳能技术与项目开发商、风能技术与项目开发商
资源转化	航空航天与国防、化学物质、容器与包装、电气与电子设备、工业机械与货物
服务	广告与营销、赌场与博彩、教育、酒店与住宿、休闲设施、媒体娱乐、专业与商业服务
技术与通信	电子制造服务与原始设计制造、硬件、互联网媒体与服务、半导体、软件与 IT 服务、电信服务
交通运输	空运与物流、航空公司、汽车零部件、汽车、汽车租赁、邮轮公司、海洋运输、铁路运输、公路运输

资料来源:SASB 官网。

三、TCFD 框架

2015 年《巴黎协定》通过后,各国加速向低碳经济转型,金融市场需对气候相关风险定价,以实现资本的有效配置。为响应这一需求,G20 的金融稳定理事会(FSB)于 2015 年 12 月成立了气候相关财务信息披露工作组(Task Force on Climate-Related Financial Disclosures,TCFD),旨在为投资者提供气候披露指南,帮助他们评估气候风险。TCFD 于 2017 年发布了《气候相关财务信息披露工作组的建议》,随后推出了一系列指南,如风险管理、情景分析及指标和目标等,进一步完善气候风险管理与信息披露的建议。至 2023 年,全球已有超过 4 850 家公司采纳了 TCFD 的框架。2024 年,TCFD 的职责将转由国际财务报告准则基金会(IFRS)接管,继续推动气候信息披露的全球一致性和透明度。

TCFD 框架包括 4 大核心主题:治理、战略、风险管理以及指标和目标(如图 5－4 所示),帮助公司评估和管理气候相关风险与机遇,确保信息披露的及时性和可比性。其中,"治理"要求披露董事会对气候风险的监督及管理层的职责;"战略"需披露公司面对气候相关风险和机遇的短期、中期和长期影响,以及在不同气候情景下的应对能力;"风险管理"要求披露公司识别、评估和管理气候风险的流程,并将其纳入全面风险管理体系;"指标和目标"则要求公司披露评估气候风险的指标、目标及实现净零排放的转型计划。

资料来源:TCFD 官网。

图 5－4　TCFD 四大主题

四、ISSB 标准

随着全球对气候变化和环境问题的关注增加,资本市场对企业在环境、社会和企业管治(ESG)信息的高质量披露需求日益迫切。然而,全球尚无统一的披露标准,这加大了投资者、监管机构和企业的成本和披露难度。为应对这一挑战,2021 年 11 月,国际财务报告准则基金会(IFRS 基金会)在 COP26 上宣布成立国际可持续发展准则理事会(ISSB),致力于制定全球统一的可持续发展信息披露标准,以满足资本市场的需求。[①]

2023 年 6 月,ISSB 发布了两项关键准则:《国际财务报告可持续披露准则第 1 号》(IF-RS S1)和《国际财务报告可持续披露准则第 2 号》(IFRS S2)。IFRS S1 侧重于规范企业对可持续相关风险和机遇的披露,帮助投资者了解这些因素对企业价值的影响。IFRS S2 则专注于气候相关披露,要求企业报告其面临的气候物理风险和转型风险,并提供温室气体排放等关键数据。

这两份准则文件 S1 和 S2 在结构上延续了技术准备工作组(TRWG)为国际可持续性标准委员会(ISSB)建议的架构体系,包含三类准则和四大支柱。三类准则分别为:(1)一般要求准则,规范主体对可持续风险和机遇信息的报告行为;(2)通用议题披露要求准则,适用于普遍相关的事项(如气候),确保各行业主体能在特定主题下提供与投资者和其他资本市场参与者紧密相关的信息;(3)行业披露要求准则,确定与行业企业价值相关的披露主题,并为每个主题制定基于量化的披露要求。[②] 此外,四大支柱"治理、战略、风险管理、指标与目标"构成了准则体系的核心支持结构,与 TCFD 框架高度一致,为可持续信息披露提供全面系统的指导。

五、ESRS 准则

欧盟为加强企业 ESG 信息披露工作,制定了欧洲可持续发展报告准则(ESRS),作为《企业可持续报告指令》(CSRD)的核心部分。ESRS 旨在提升报告的质量与一致性,确保所有大型及上市公司从 2024 年开始,对外披露符合标准的 ESG 信息。这一举措反映了欧盟在应对全球可持续发展挑战中的领导地位,尤其是在推动环保和可持续发展政策方面。

自 2021 年 4 月首次发布 CSRD 草案以来,ESRS 的立法历程经历了多次重要进展。2022 年,欧盟正式通过了 CSRD,并在同年发布了首套 ESRS 草案,于 2023 年 7 月由欧盟委员会正式采纳。ESRS 首批准则包括 2 个通用准则和 10 个主题准则(环境准则 5 个、社会准则 4 个、治理准则 1 个),如表 5—2 所示。ESRS 的框架借鉴了 TCFD 的四大支柱,并与国际可持续性标准委员会(ISSB)标准相符,其强调双重实质性原则,确保企业能够全面而透明地披露可持续性信息。

表 5—2 ESRS 首批准则

准则类别	准则编号	准则名称
通用准则	ESRS 1	《一般要求》(General Requirements)
	ESRS 2	《一般披露》(General Disclosures)

① 参考德勤报告《ISSB 发布首批国际可持续披露准则,可持续信息披露迈入新纪元》,原文链接见:https://www2.deloitte.com/cn/zh/pages/audit/articles/first-international-sustainability-standards.html。

② 参考兴业碳金融研究院《ISSB 准则正式发布——ESG 财务融合全面开启,优质资产逻辑静待重构》,原文链接见:https://www.cls.cn/detail/1390131。

续表

准则类别	准则编号	准则名称
环境准则	ESRS E1	《气候变化》(Climate Change)
	ESRS E2	《污染》(Pollution)
	ESRS E3	《水与海洋资源》(Water and Marine Resources)
	ESRS E4	《生物多样性与生态系统》(Biodiversity and Ecosystems)
	ESRS E5	《资源利用与循环经济》(Resource Use and Circular Economy)
社会准则	ESRS S1	《自己的劳动力》(Own Workforce)
	ESRS S2	《价值链中的工人》(Workers in the Value Chain)
	ESRS S3	《受影响的社区》(Affected Communities)
	ESRS S4	《消费者与终端用户》(Consumers and End-user)
治理准则	ESRS G1	《商业操守》(Business Conduct)

资料来源:ESRS官网。

目前,ESRS尚未覆盖特定行业或中小型企业的特定标准。这些更详细且适合各行业及中小企业的标准正在制定中,预计将在2026年作为ESRS第二套标准发布。

六、SEC气候披露规则

2024年3月6日,美国证券交易委员会(The Securities and Exchange Commission, SEC)正式批准《面向投资者的气候相关信息披露的提升和标准化》的最终规则,即气候披露规则。这一新规首次要求上市公司在年度报告和注册声明中披露气候风险信息,包括应对这些风险的计划、极端天气事件可能带来的财务影响,以及在特定情境下公司运营所产生的温室气体排放。

气候披露规则的发布经历了较长的过程。2022年3月,SEC首次提出气候信息披露提案,要求上市公司就气候相关风险的治理、对业务和财务的影响以及极端天气等问题进行披露。经过对近24 000份意见的征集与讨论,最终版本对披露要求进行了调整,取消了范围三的强制披露,并仅限于大型企业在有实质性影响时披露范围一和范围二的要求。

如表5-3所示,气候披露规则将适用于在美国上市的,包括大型加速申报人(LAFs)、加速申报人(AFs)、小型申报人(SRCs)、新兴成长型公司(EGCs)以及非加速申报人(NAFs)在内的企业。SEC为不同规模的申报人制定了渐进式的采纳时点,总体逻辑是由规模大的企业先行采用,小型报告公司、新兴成长型公司和非加速申报公司则免于范围一和范围二的温室气体排放披露要求,但仍需提供其他披露信息。披露信息无需追溯以前。

表 5—3   不同类型申报人被要求采用气候披露规则的时间表

申报人类型	披露要求		温室气体排放披露及其鉴证要求		
	财务报表披露、年报中所有其他披露(重大支出和影响以及温室气体排放除外)	年报中重大支出和影响的披露	范围一、二温室气体排放披露	有限保证	合理保证
大型加速申报人	2025	2026	2026	2029	2033
加速申报人	2026	2027	2028	2031	无需鉴证
小型申报人、新兴成长型公司及非加速申报人	2027	2028	无需披露	无需鉴证	无需鉴证

资料来源:SEC 官网,作者团队整理。

气候披露规则要求申报人披露的内容分为气候相关财务信息披露和非财务报告中的气候相关信息披露。在财务报告中,企业需披露因极端天气和其他自然条件引起的支出和损失,以及与气候相关的资本支出和费用,特别是当这些支出超过一定阈值时。非财务报告中,企业还需披露温室气体排放、治理结构、气候风险对战略和商业模式的影响以及气候目标等关键信息,以确保透明度和可持续投资决策的有效性。

第三节　国际准则中的实质性议题原则与确定流程

一、国际准则中的实质性议题原则

"实质性"是可持续发展信息披露领域的重要概念,应用"实质性"的目标是筛选出与使用者决策相关的重要信息。然而,在编制可持续发展报告的过程中,"实质性"这一核心概念的定义与应用,在全球范围内呈现出显著的差异与分歧。这些分歧不仅深刻反映了不同国际组织及机构间使命、目标的差异性,还与它们所服务的目标受众的特定需求紧密相关。

对于可持续发展报告中的实质性,目前存在两种主流理念:一种是 ISSB 坚持的单一财务重要性,另一种是 EFRAG 倡导的双重重要性。[①] 通过梳理各准则对实质性的定义,在表5—4 中我们对主流报告框架的实质性进行了界定。在讨论国际准则的实质性原则时,理解它们的准则细节的核心目标,可以更清晰地看到各标准框架对实质性问题的不同侧重点。

---

① 参考叶丰滢,黄世忠. 重要性的不同理念及其评估与判断[J/OL]. 财会月刊,2024(9):1—9.

表 5-4　　　　　　　　　　　　　　主流报告框架对实质性的界定

报告披露框架	实质性定义	实质性原则
全球报告倡议组织（GRI）	实质性议题被定义为那些反映报告组织在经济、环境和社会方面的重大议题，或对利益相关方的评估和决策产生实质影响的议题	影响实质性
可持续发展会计准则委员会（SASB）	如果披露被遗漏的信息被理性投资者视为存在较大可能性将重大改变所获取信息的整体构成，这种信息就是重要的。如果遗漏、错误表述或不能清楚表述的议题合理预期将会影响使用者基于对财务业绩和企业价值的短期、中期和长期评估所做出的投资或信贷决策，该议题在财务上就是重要的	财务实质性
气候相关财务信息披露工作组（TCFD）	—	财务实质性
国际财务报告可持续披露准则（ISDS）	漏报、错报或掩盖可持续相关财务信息是否影响通用目的财务报告主要使用者决策	财务实质性
欧洲可持续发展报告标准（ESRS）	"影响实质性"要求企业披露以下可持续相关事项：企业在短期、中期或长期内对人类或环境产生的实际或潜在、正面或负面重要影响；"财务实质性"要求企业披露（可能）对其短中期或长期发展（如现金流量、财务状况或财务业绩）产生重要财务影响的可持续相关事项	双重实质性
面向投资者的气候相关信息披露的提升和标准化（SEC）	描述任何可能在短期、中期和长期内显现且有合理可能性对公司产生重大影响的气候相关风险	财务实质性

资料来源：作者整理。

　　GRI 强调企业在环境、社会和经济领域对广泛利益相关方的影响，尤其是那些对外部社会产生重大影响的议题。GRI 的实质性原则以利益相关方为核心，要求企业识别哪些议题对其经营产生重要影响，同时对其周边的利益相关方，如员工、社区、供应链等带来显著的正面或负面影响。在编制报告时，GRI 准则要求企业定期与利益相关方沟通，确定优先级较高的议题，并在报告中详细披露这些议题。这使得 GRI 的实质性分析具有更强的社会责任导向，关注外部利益相关方的声音和需求。

　　SASB 的使命是制定对 ESG 具有财务重要性的议题并完善分行业的具体披露准则，便于公司与其投资者就决策有用信息进行沟通。因此，SASB 的实质性更侧重那些能够影响企业财务表现的可持续发展因素，并且它的行业分类非常明确，它依据不同行业制定具体的关键绩效指标，确保投资者可以依据这些信息做出财务决策。

　　TCFD 专注于气候变化对公司财务的重大影响。TCFD 的实质性原则以"未来风险"为核心，特别是气候变化带来的物理风险（如极端天气）和转型风险（如政策变动或技术革新）。TCFD 建议公司披露气候风险的治理架构、战略、风险管理流程以及具体的财务影响，从而帮助投资者理解气候变化对企业长期财务表现的潜在影响。

　　ISDS 聚焦于财务信息的披露，以保证财务透明度和资本市场的效率。其实质性原则强调信息对投资者决策的有用性,特别是那些能够影响企业未来现金流和财务状况的信息。

ESRS 由欧盟开发,结合了财务和非财务报告的要求。其采用双重实质性原则,既要评估企业对外部社会和环境的影响,也要考虑外部社会和环境对企业的影响。ESRS 要求企业从可持续发展风险和机会的角度,既关注传统的财务信息,也考量更广泛的社会和环境信息,确保公司能够全面评估其可持续发展的状况。

SEC 作为由美国证券交易委员会颁布的准则,重点关注财务信息的披露,目的是保护投资者并促进资本市场的透明度。在 ESG 领域,SEC 近年来开始要求公司披露与气候风险相关的关键信息,因为气候风险对公司带来的财务风险可能是巨大的,投资者需要获得有关气候风险的可靠信息来做出明智的投资决策。

虽然主流准则的实质性原则各有侧重,但在可持续发展的实践中,影响重要性和财务重要性并非完全独立,而是相互作用。准确识别、评估和披露影响重要性也有助于实现对财务重要性的溯源与应对追踪。

二、国际准则实质性议题的确定流程

国际准则在实质性议题披露上呈现多样性,主要分为三类。流程导向披露类(如 GRI、ESRS)要求企业通过结构化流程识别与业务相关的可持续议题,并提供行业标准,确保系统化处理。标准化披露类(如 SASB)由制定机构明确行业实质议题并提供统一披露方法,强调一致性与可比性,企业按标准选择披露。指导性披露类(如 ISSB)则提供一般原则,建议企业参考其他准则确定议题。本部分将梳理这些准则的实质性议题确定原则,并说明企业在应用时应遵循的流程。

(一)GRI 准则

根据 GRI 可持续发展报告统一标准,实质性议题是指体现报告组织重大经济、环境和社会的议题,或对利益相关方的评估和决策有实质影响的议题。GRI 标准侧重于"影响实质性",如果企业的经营活动将在短期、中期或长期内对环境和人类产生实际或潜在的重大影响,则与该影响相关的可持续发展事项从影响角度具有实质性。

(1)实质性议题披露流程与步骤。企业层面应如何确定产生重大影响的议题,GRI 在 GRI 3 中进行了详细说明,整个判断过程包括四个步骤(如图 5—5 所示)。

步骤 1:了解组织的环境。组织应概述其活动、业务关系、可持续发展环境及利益相关者,为识别其实际和潜在影响提供关键信息。这包括考虑控制或持有利益的各实体如子公司、联营企业等,以及分析组织的目标、商业模式、产品和服务类型及市场。同时,组织需评估与其业务直接相关的各方,识别相关地理位置和环境因素。此外,应明确所有利益相关者,包括雇员、客户、供应商、投资者等,并考虑那些可能间接受影响的群体。

步骤 2:识别实际和潜在影响。在这一步骤中,组织应识别其活动和业务关系可能带来

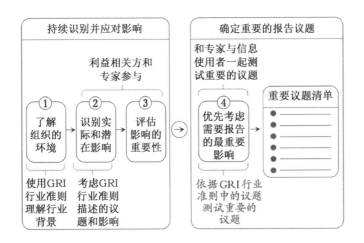

资料来源:GRI官网。

图5—5　GRI影响实质性的判断过程

的经济、环境和社会影响,包括对人权的实际和潜在影响。这应包括已发生的影响和未来可能出现的影响,同时区分出影响的性质——负面或正面、短期或长期。组织应利用多种信息源,包括内部数据和外部资源,如法律合规性评估、环境审计及来自公众媒体的信息等。

步骤3:评估影响的重要性。此步骤要求组织对所有已识别的影响进行重要性评估,确定哪些是必须优先处理的。这涉及与利益相关者的沟通和咨询,以及可能的定量和定性分析。评估的标准包括影响的规模、范围和不可逆性。这些标准帮助确定影响的严重性,例如对生态系统的破坏、对人群的影响广泛性或对人权的侵犯等。

步骤4:对报告的实质性议题进行优先排序。在这一步骤中,组织应首先按议题对影响进行分类并评估其重要性,以形成一个按优先级从高到低的列表。然后,确定一个阈值来选择需优先报告的重要议题,并可能通过可视化方式展示优先级排序和选定的分界点。此外,组织应根据GRI行业准则验证,确保所选议题的适应性,并与行业专家合作验证选择的适当性。这个过程最终会产生一个由组织的高层管理审批的重要议题清单。

(2)实质性议题的具体内容。议题标准包含一系列披露项,用于报告与特定议题有关影响的信息。GRI议题标准涵盖了广泛议题,企业应使用通用标准的GRI 3确定实质性议题清单,并据此采用相关的GRI议题标准,如表5—5所示。

表 5—5   **GRI 实质性议题具体内容**

经济相关的议题标准	环境相关的议题标准	社会相关的议题标准
经济绩效(GRI 201) 市场表现(GRI 202) 间接经济影响(GRI 203) 采购实践(GRI 204) 反腐败(GRI 205) 反竞争行为(GRI 206) 税务(GRI 207)	物料(GRI 301) 能源(GRI 302) 水资源和污水(GRI 303) 生物多样性(GRI 304) 排放(GRI 305) 废弃物(GRI 306) 污水和废弃物(GRI 306) 供应商环境评估(GRI 308)	雇用(GRI 401) 劳资关系(GRI 402) 职业健康与安全(GRI 403) 培训与教育(GRI 404) 多元化与平等机会(GRI 405) 反歧视(GRI 406) 结社自由与集体谈判(GRI 407) 童工(GRI 408) 强迫或强制劳动(GRI 409) 安保实践(GRI 410) 原住民权利(GRI 411) 当地社区(GRI 413) 公共政策(GRI 415) 客户健康与安全(GRI 416) 营销与标识(GRI 417) 客户隐私(GRI 418)

资料来源:GRI 官网。

(3)GRI 重要性概念的发展。① GRI 标准是全球使用最广泛的可持续发展报告框架,受到数千家组织的信赖,并深刻影响企业的 ESG 报告内容。同时,GRI 标准中的重要性矩阵在可持续发展报告中得到广泛应用。图 5—6 和图 5—7 展示了顺丰控股和丽珠医药两家上市公司的重要性议题矩阵。

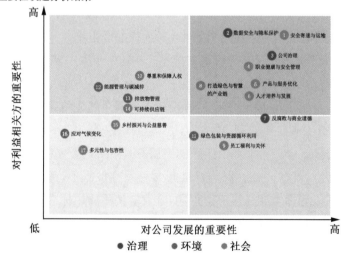

资料来源:顺丰控股 2023 年可持续发展报告。

图 5—6 顺丰控股 2023 年重要性议题矩阵

---

① 此处"重要性"与前文"实质性"皆为"Materiality"的译文,含义一致。

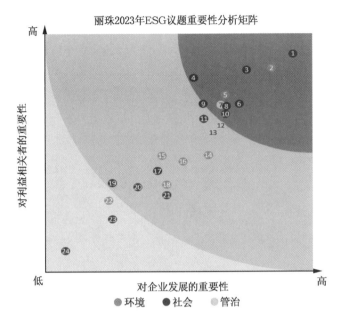

资料来源：丽珠医药 2023 年可持续发展报告。

图 5－7　丽珠医药 2023 年重要性议题矩阵

重要性矩阵是 GRI 标准中用于评估议题重要性的工具，是由 X 轴和 Y 轴组成的二维矩阵。目前常用的版本中，X 轴表示议题对企业的重要性或影响，涵盖对运营、财务绩效、战略目标及长期可持续发展的影响；Y 轴则表示议题对企业外部利益相关者的重要性或影响，包括对客户、员工、供应商、投资者、社区、政府及其他利益相关者的影响和关注程度。在这一框架下，位于矩阵右上方的议题被视为对企业内部和外部利益相关者均高度重要的优先议题，通常需要企业优先采取行动和投入资源。

然而，随着 GRI 标准的不断发展和更新，重要性矩阵的 X 轴和 Y 轴含义也发生了变化，导致对重要性的解释出现分歧，并对参考 GRI 标准的企业造成了一定的误导。图 5－8概述了 GRI 重要性概念的发展历程。

GRI 2006 首次提出了重要性评估的概念，在该版本中，X 轴表示议题对经济、环境和社会影响的重要性，Y 轴表示议题对利益相关方评估和决策的影响。然而，在 2011 年发布的 GRI 3.1 版本的"技术协议"章节中，X 轴的定义调整为"对组织的重要性"，Y 轴则改为"对利益相关方的重要性"。这一调整使 X 轴更侧重于议题对组织内部的影响。随后，2013 年发布的 GRI G4 版本将 X 轴重新定义为议题对经济、环境和社会影响的重要性，Y 轴则继续表示议题对利益相关方评估和决策的影响。三年后的 GRI 2016 进一步细化和标准化了组织的重要性评估，提供了明确的流程和步骤。尽管这些调整旨在规范重要性评估的过程，但在实际应用中许多企业对重要性矩阵的使用出现了偏差。最新的 GRI 2021 版本中，重要性评估矩阵被移除，转而由《GRI 3：重要性议题 2021》详细阐述重要性议题评估的步骤指

资料来源：一辙 ESG 公众号文章，作者整理。

图 5—8　GRI 重要性概念发展历程

导及一系列披露要求。

　　当前，已经有企业严格按照最新版重要性议题评估的要求开展工作。以中电控股 2023 可持续发展报告为例，该报告用 18 页的篇幅完整展示了企业的重要性评估周期、评估程序和详细评估结果（如图 5—9 所示）。

资料来源：中电控股 2023 可持续发展报告。

图 5—9　中电控股 2023 可持续发展报告——重要性评估程序

(二)ESRS

在 ESRS 标准中,双重实质性是一个具有实践性质的概念,需要进行有效评估,以确定合适的披露要求。评估的标准可以是定量的货币上的阈值,也可以是定性的标准,比如利益相关者的重要性或影响的严重程度。本小节梳理 ESRS 标准中的实质性议题的确定流程。

(1)实质性议题披露流程与步骤。如图 5-10 所示,ESRS 借鉴了 GRI 的关键实质性议题的识别经验,同样将其整个流程分为四个关键步骤,每个步骤都致力于评估和明确企业在可持续性议题上的影响、风险和机遇(IROs),以及如何向利益相关者报告这些信息。

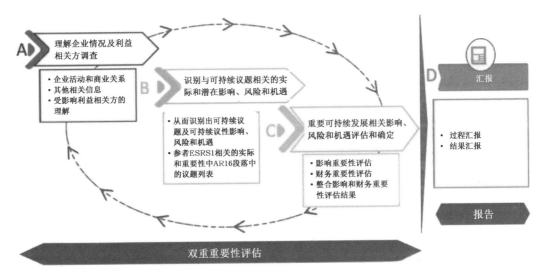

资料来源:ESRS官网。

图 5-10　ESRS 实质性评估流程①

步骤 A:理解企业背景。企业首先深入了解其业务活动、商业关系及其发生的背景环境,并识别关键利益相关者。这一步涉及分析企业的商业计划、战略、财务报表及向投资者提供的其他信息,并考虑业务活动、产品/服务的地理位置以及上下游的商业关系。

步骤 B:识别实际和潜在影响。在此步骤中,企业将识别其运营及上下游价值链中的实际和潜在影响、风险和机会。这一过程包括利用 ESRS 标准提供的可持续性问题清单,确保分析的全面性。同时,企业还应考虑特定实体的可持续性问题,这可能涉及内部的尽职调查、风险管理或投诉机制,以及外部资源,如同行分析和利益相关者的参与。

步骤 C:评估和确定实质性 IROs。企业应用定量或定性的标准来评估影响实质性和财务实质性。这包括分析影响的规模、范围和不可挽回性,以及可能的影响发生的可能性。此外,还需要通过与内部业务职能部门、员工及外部专家的对话,验证和确保实质性评估结

---

① EFRAG IG 1:Materiality Assessment Implementation Guidance.

果的完整性。

步骤 D:报告。完成评估后,企业根据 ESRS 的标准报告评估过程及其成果。这包括描述识别和评估实质性影响的过程,以及这些因素如何与企业战略和商业模型相互作用。报告还需明确如何确定这些信息的实质性,包括所用的阈值和标准。ESRS 标准建议,对于影响重要性和财务重要性可以根据表 5-6 所示的评估维度开展。

表 5-6　　　　　　　　　　　　　　ESRS 双重实质性披露维度

实质性维度	正面影响	负面影响
影响实质性	1. 实际影响:规模、范围 2. 潜在影响:规模、范围及可能性	严重性: 1. 规模 2. 范围 3. 不可补救性
财务实质性	1. 发生可能性 2. 基于合适阈值所得出的财务影响可能的程度	

资料来源:ESRS 官网。

(2)实质性议题具体内容。ESRS 准则结构按"主题—子主题—孙主题"逻辑组织,以评估可持续发展问题的重要性。表 5-7 展示了环境、社会和治理三个主题准则中包含的主题和子主题。

表 5-7　　　　　　　　　　　　　　　　ESRS 实质性议题

主题准则		主题	子主题
环境	ESRS E1	气候变化	气候变化适应;气候变化减缓;能源
	ESRS E2	污染	空气污染;水污染;土壤污染;活生物和食物污染;关注物质;高关注物质;微塑料
	ESRS E3	水与海洋资源	水;海洋资源
	ESRS E4	生物多样性与生态系统	生物多样性丧失的直接影响驱动因素;对物种状况的影响;对生态系统范围和条件的影响;对生态系统服务的影响和依赖
	ESRS E5	资源利用与循环经济	资源流入,包括资源利用;与产品和服务相关的资源流出;废弃物
社会	ESRS S1	自己的劳动力	工作条件;平等待遇和机会;其他与工作相关的权利
	ESRS S2	价值链中的工人	工作条件;平等待遇和机会;其他与工作相关的权利
	ESRS S3	受影响的社区	社区的经济、社会和文化权利;社区的民事与政治权利;原住民的权利
	ESRS S4	消费者与终端用户	消费者和终端用户与信息相关的影响;消费者和终端用户的人身安全;对消费者和终端用户的包容性
治理	ESRS G1	商业操守	企业文化;吹哨人保护;动物福祉;政治参与;供应商关系管理,包括付款惯例;腐败与贿赂

资料来源:ESRS 官网。

目前,ESRS 尚未覆盖特定行业或中小型企业的特定标准。这些更详细且适合各行业及中小企业的标准正在制定中,预计将在 2026 年作为 ESRS 第二套标准发布。

(三)SASB

相较于 GRI 标准提出的实质性议题矩阵的方法论,鉴于每个行业所涉及的实质性议题不同,SASB 直接界定了行业内的实质性议题,并提供了这些议题的标准化披露方法。企业需遵循这些标准自主选择并披露相关议题。

企业首先在 11 个行业分类描述的索引下,找到自身生产线在 77 个行业标准中的定位,如提取物和矿物加工分类下的石油和天然气勘探与生产,再在该行业对应的标准下找到自身应披露的议题。例如,对于金属与采矿业来说,其应披露温室气体排放(范围一)、空气质量影响等实质性议题;而对证券和商品交易所来说,则其只需披露产品设计和生命周期管理、商业伦理以及系统性风险管理 3 个相关议题。

总的来说,SASB 准则的可持续性主题分为 5 个范畴,可在这 5 个可持续性议题中进一步识别出 26 个相关的可持续性议题。表 5—8 列出了 SASB 准则包含的 26 个可持续性议题。

表 5—8　　　　　　　　　　SASB 准则的可持续性议题

环境	社会资本	人力资本	商业模式与创新	领导与治理
温室气体排放	人权及社区关系	劳工实践	产品设计和生命周期管理	商业道德
空气质量	客户隐私	员工健康与安全	商业模式抗压力(韧性)	竞争行为
能源管理	数据安全	员工积极性、多样性和包容性	供应链管理	法律和监管环境管理
水资源及废水管理	可得性及价格合理性		材料采购及效率	关键事故风险管理
废弃物及危险材料管理	产品质量及安全		气候变化的物理影响	系统性风险管理
生态影响	客户福利			
	销售实践及产品标签			

资料来源:SASB 官网。

(四)ISSB

ISSB 准则未具体规定企业做出重要性判断应遵循的程序,而是由一般要求准则制定应当遵循的各项原则。根据 IFRS S1 标准,在选择实质性议题时,企业应该考虑两方面因素:(1)相关议题内容对于企业现金流在短期、中期、长期尚存在的潜在影响;(2)相关议题对企业可能产生的结果,以及相关结果产生的可能性大小。

根据 ISSB 准则,企业应按照漏报、错报或掩盖某项信息是否合理预期将影响投资者向企业提供资源或影响管理层行动的决策而确定实质性。如果准则有规定但信息并不重要,企业无须披露该信息;如果准则未做规定但信息重要,企业应当提供该信息以公允列报可持续相关风险和机遇;企业不必确保披露的信息在所有方面完全准确,但应当确保作出估计应用的事实信息和假设不存在重大错误。

　　尽管 ISSB 未规定具体的实质性议题,仅提出了披露目标和应包含的内容,但仍建议企业在识别风险和机遇时参考 SASB 准则中的披露主题。具体而言,ISSB 建议企业考虑以下准则和材料:CDSB 框架应用指引;其他满足通用目的财务报告使用者信息需求的准则制定机构发布的文告;以及同行业或同地域企业识别的风险和机遇。

第四节　国际准则间实质性议题的内容对比

　　目前,不同国际准则在实质性议题的定义、范围、行业分类及气候披露方面存在显著差异,反映了各标准对实质性议题的不同理解。本节将从 ESG 三个维度(环境、社会、治理)、行业视角及气候变化披露等方面,深入对比分析这些国际准则。以 GRI、SASB 和 ESRS 为例,探讨主流准则在 ESG 领域关注的实质性议题及其独特侧重点,这些差异体现了各准则的目标使命和对实质性议题的不同解读。

一、E 维度实质性议题对比

　　在环境维度,GRI、SASB 和 ESRS 共同关注的实质性议题包括:温室气体排放、水资源管理、能源管理、空气质量、废弃物管理和生物多样性。这些共同关注的议题显示出对环境中最重要和基本的因素的重视,反映了全球对气候变化和自然资源保护的广泛关注(见图 5-11)。

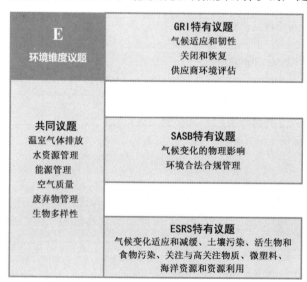

资料来源:作者整理。

图 5-11　环境维度实质性议题的内容对比

当然,不同标准也有自己关注的特有议题。例如,GRI 环境维度特有的议题包括气候适应与韧性、关闭与恢复以及供应商环境评估。SASB 特有的议题包括气候变化的物理影响和环境合规管理。ESRS 则关注气候变化的适应与减缓、土壤污染、活生物和食物污染、关注与高关注物质、微塑料、海洋资源和资源利用。通过对这些特有议题的分析,可以看出GRI 虽然侧重于影响重要性,强调持续性在供应链中的重要性,但也关注企业的适应能力和韧性;SASB 则聚焦于企业合规与风险管理;而 ESRS 则表现出对土壤和海洋资源的保护以及对污染物管理的重视,强调污染治理和资源的可持续利用反映了其对生态系统保护的高度关注。

二、S 维度实质性议题对比

在社会维度,GRI、SASB 和 ESRS 共同关注的实质性议题包括:当地社区、职业健康与安全、雇用、客户隐私、反歧视与平等。这些共同关注的议题反映了各准则对劳工权益、数据隐私保护以及社会公正的高度重视,体现了全球对社会责任与公平问题的广泛共识(见图 5—12)。

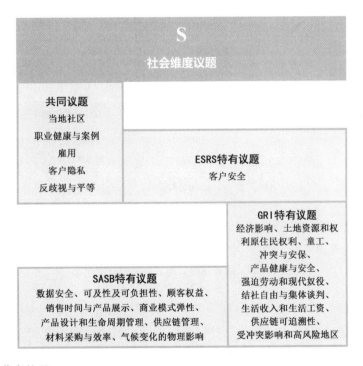

资料来源:作者整理。

图 5—12　社会维度实质性议题的内容对比

而在特有议题上,GRI 社会维度特有的议题包括经济影响、土地资源和权利原住民权利、童工、冲突与安保、产品健康与安全、强迫劳动和现代奴役、结社自由与集体谈判、生活收入和生活工资、供应链可追溯性、受冲突影响和高风险地区。SASB 特有的议题包括数据安全、可及性及可负担性、顾客权益、销售时间与产品展示、商业模式弹性、产品设计和生命周期管理、供应链管理、材料采购与效率、气候变化的物理影响。ESRS 则关注客户安全。

通过对这些特有议题的分析，我们可以看出 GRI 更注重全球供应链中弱势群体的权益保护和企业社会责任；SASB 则侧重于数据安全、商业模式弹性和消费者权益，体现了其在全球商业中的竞争与风险管理；ESRS 则主要关注客户安全，其特有议题在社会维度相对较少，但重点突出强调企业产品在使用过程中的安全性和责任。

三、G 维度实质性议题对比

在治理维度，GRI、SASB 和 ESRS 共同关注的实质性议题是商业道德。商业道德这一共同议题反映了各准则对企业合规经营、反腐败以及公平竞争的高度重视，体现了全球范围内对企业在治理结构中的透明度和诚信要求（见图 5-13）。

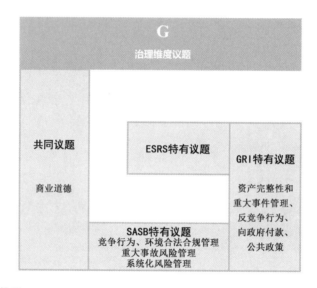

资料来源：作者整理。

图 5-13　治理维度实质性议题的内容对比

而在特有议题上，GRI 在治理维度中特有的议题包括资产完整性和重大事件管理、反竞争行为、向政府付款和公共政策。这些议题体现了 GRI 对企业资产管理及其应对突发事件的能力、反垄断行为以及企业与政府之间透明关系的关注，尤其强调企业在全球运营中的合规性和社会责任。SASB 特有的议题包括竞争行为、环境合法合规管理、重大事故风险管理和系统化风险管理。SASB 的这些议题侧重于企业在市场中的竞争行为合规、环境法的遵守情况以及对潜在风险的预见和管理，反映了其对企业持续稳定运营和风险控制的要求。

通过对这些特有议题的分析，我们可以看出 GRI 更注重企业在治理中的社会责任与公共政策透明性,强调企业的全球影响力与合规性;SASB 则侧重于竞争合规、环境合规以及系统化的风险管理,反映了其对企业在市场环境中的长期运营安全与合法性的关注。

第五节 国际准则间行业共同议题对比

当前,基于行业特性的披露指标体系的开发是国际主流信息披露框架的研究重点。然而,不同准则在行业分类上存在差异,导致同一行业内的实质性议题披露要求在国际标准下不尽相同。以具有代表性的 GRI 和 SASB 准则为例,两者在行业划分和披露要求上既有重叠,也有差异,反映了 GRI 和 SASB 在行业分类及实质性议题披露上的不同视角。表5—9 根据 GRI 行业标准中"本标准适用的行业"部分,列出了四个行业(农业、水产养殖和渔业,煤炭行业,石油和天然气行业及采矿业)与对应的 SASB 行业。本小节将通过具体案例,分析同一行业在不同准则下实质性议题的异同。

表 5—9 GRI 与 SASB 行业对标

GRI 行业	SASB 行业
农业、水产养殖和渔业	农产品
	肉类家禽与奶类
煤炭行业	煤炭业务
石油和天然气行业	油气勘探与生产
	油气中游
	油气炼制与销售
	油气服务
采矿业	金属与矿业

资料来源:作者整理。

一、农业、水产养殖和渔业

GRI 与 SASB 一致认为农业、水产养殖和渔业需要关注的实质性议题包括:(1)环境维度:即温室气体排放、水资源管理、土地使用和生态学影响和气候适应;(2)社会维度:即食品安全、动物健康和福利、职业健康与安全和供应链管理。只在 GRI 中有所体现的实质性议题包括:经济包容、结社自由与集体谈判、反歧视和平等机会等;仅在 SASB 中体现的只有能源管理和 GMO(转基因)管理,两个准则实质性议题的对比如图 5—14 所示。

表 5—10 根据 GRI 和 SASB 中农业、水产养殖和渔业的共同议题,整理了针对该议题需要披露的指标。环境维度以温室气体排放为例,在定量方面,GRI 要求更严格。GRI 需要企业披露范围一、二、三的温室气体排放情况,而 SASB 仅要求企业披露范围一排放总量。

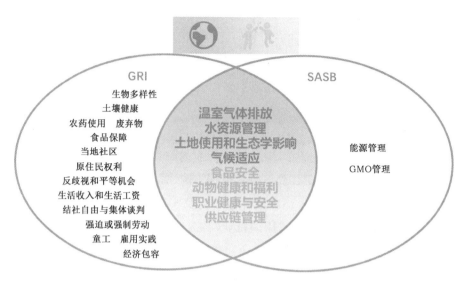

资料来源：作者整理。

图 5—14　农业、水产养殖和渔业 GRI 与 SASB 实质性议题对比

但 SASB 需要企业展示管理范围一排放的长期和短期计划和减排目标，且提出了具有行业特色的独特指标"可再生的机队燃料消耗百分比"，这体现了 SASB 基于行业制定标准的优势。社会维度以食品安全为例，GRI 仅给出了指导性的意见和违规事件数一个量化指标，而 SASB 则基于全球食品安全倡议设置了大量农产品量化指标，如审计不符合率、纠正措施率和通过认证的供应商的农产品的百分比。

表 5—10　　　　　　　　　　　　农业、水产养殖和渔业共同议题的指标梳理

GRI 具体指标	农业、水产养殖和渔业共同议题	SASB 具体指标
—直接(范围一)温室气体排放 —能源间接(范围二)温室气体排放 —其他间接(范围三)温室气体排放 —温室气体排放强度 —温室气体减排量 —臭氧消耗物质(ODS)的排放 —氮氧化物(NOx)、硫化物(SOx)和其他重大气体排放	温室气体排放	—全球范围一排放总量，排放限制规定的百分比 —讨论管理范围一排放的长期和短期战略或计划、减排目标，以及针对这些目标的绩效分析 —可再生的机队燃料消耗百分比(农产品行业)
—组织与水作为共有资源的相互影响 —管理与排水相关的影响 —取水 —排水 —耗水	水资源管理	—(1)总取水量(2)总耗水量；在高基线或极高基线地区的用水压力 —描述水管理风险，并讨论减轻这些风险的策略和实践 —与水质许可证、标准和法规相关的不符合事件的数量
—气候变化带来的财务影响以及其他风险和机遇	气候适应	—确定主要作物，并描述气候变化所带来的风险和机会(农产品行业)

续表

GRI 具体指标	农业、水产养殖和渔业共同议题	SASB 具体指标
—土地和自然资源权利(包括习惯、集体和非正式占有权)可能受组织业务影响的运营点 —说明发生侵犯土地和自然资源权利(包括习惯、集体和非正式占有权)之运营点的数量、面积(公顷)和地点,以及受影响的权利人群体 —在组织拥有、租赁或管理的土地上,被确定为零毁林或零转化的生产量的百分比 —在组织拥有、租赁或管理的土地上,自截止日期以来转化的自然生态系统的面积(公顷)、地点和类型 —由供应商或在采购地点转化的自然生态系统的面积(公顷)、地点和类型	土地使用和生态学影响	—动物垃圾和粪便产生的数量,根据营养管理计划进行管理的百分比 —符合保护计划标准的牧场和牧场的百分比 —圈养动物的蛋白质生产 (以上指标均来自肉类家禽与奶类行业)
—评估产品和服务类别的健康与安全影响 —涉及产品和服务的健康与安全影响的违规事件	食品安全	—全球食品安全倡议(GFSI)审计(1)不符合率和(2)主要和次要不符合项的相关纠正措施率 —来自经全球食品安全倡议(GFSI)认可的食品安全认证计划认证的供应商的农产品的百分比(农产品行业) —通过全球食品安全倡议(GFSI)食品安全认证计划认证的供应商设施的百分比(肉类家禽与奶类行业) —(1)已发出的召回次数和(2)被召回产品的总重量 —讨论禁止进口该实体产品的市场(肉类家禽与奶类行业)
—有当地社区参与、影响评估和发展计划的运营点 —对当地社区有实际或潜在重大负面影响的运营点 —报告确认的当地社区的申诉数量和类型	动物健康和福利	—未使用妊娠箱生产的猪肉百分比 —无笼养蛋壳鸡蛋销售百分比 —符合第三方动物福利标准的生产百分比 —按动物类型划分,获得(1)医学上重要的抗生素和(2)医学上不重要的抗生素的动物产量百分比 (以上指标均来自肉类家禽与奶类行业)

续表

GRI 具体指标	农业、水产养殖和渔业共同议题	SASB 具体指标
—说明采购的每种产品的可追溯性水平 —报告根据国际公认标准认证及追踪产品供应链路径的采购量的百分比 —说明使供应商获得国际公认标准认证及追踪产品供应链路径(以确保所有采购量都得到认证)的改进项目	供应链管理	—实施保护计划标准的供应商提供的牲畜百分比 —经验证符合动物福利标准的供应商和合同生产设施的百分比 —来自基线水压力高或极高地区的动物饲料的百分比 —与位于基线水压力高或极高地区的生产者签订的合同百分比 —关于管理气候变化导致的饲料来源和牲畜供应的机会和风险的战略的讨论 (以上指标均来自肉类家禽与奶类行业) —(1)经第三方环境或社会标准认证的农产品来源的百分比,(2)标准百分比 —供应商的社会和环境责任审计(1)不符合项和(2)针对主要不符合项和次要不符合项的相关纠正行动率 —讨论管理合同增长和商品采购所产生的环境和社会风险的战略 (以上 3 指标均来自农产品行业)
—职业健康安全管理体系 —危害识别、风险评估和事故调查 —职业健康服务 —职业健康安全事务:工作者的参与、意见征询和沟通 —工作者职业健康安全培训 —促进工作者健康 —预防和减缓与业务关系直接相关的职业健康安全影响 —职业健康安全管理体系覆盖的工作者 —工伤 —工作相关的健康问题	职业健康与安全	—(1)所有事故率,(2)死亡率,以及(3)直接雇员和合同雇员的险情发生率 —描述评估、监测和减轻急性和慢性呼吸系统健康状况的努力

资料来源:作者整理。

二、煤炭行业

GRI 与 SASB 一致认为煤炭行业需要关注的实质性议题包括:(1)环境维度,即温室气体排放、水资源管理、废弃物管理和生物多样性影响;(2)社会维度,原住民权利、当地社区、雇用和职业健康与安全。只在 GRI 中有所体现的实质性议题包括:关闭和恢复、经济影响、土地和资源权利、冲突与安全、向政府付款和公共政策等;仅在 SASB 中体现的有储备金估值和资本支出以及尾矿储存设施管理(如图 5—15 所示)。

表 5—11 根据 GRI 和 SASB 中煤炭行业的共同议题,整理了针对该议题需要披露的指标。社会维度以职业健康与安全议题为例,GRI 关注企业职业健康与安全体系的建设及安

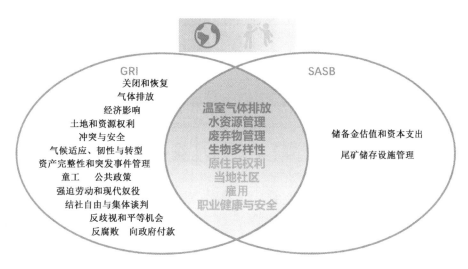

资料来源：作者整理。

图 5—15　煤炭行业 GRI 与 SASB 实质性议题对比

全培训等管理制度的完备性，而 SASB 则希望企业通过披露工伤等数据直观反映"职业健康
与安全"建设情况。

表 5—11　　　　　　　　　煤炭行业共同议题的指标梳理

GRI 具体指标	煤炭行业共同议题	SASB 具体指标
—组织内部的能源消耗量 —组织外部的能源消耗量 —能源强度 —直接（范围一）温室气体排放 —能源间接（范围二）温室气体排放 —其他间接（范围三）温室气体排放 —温室气体排放强度	温室气体排放	—全球范围—排放总量，排放限制规定的百分比 —讨论管理范围—排放的长期和短期战略或计划、减排目标，以及针对这些目标的绩效分析
—组织与水作为共有资源的相互影响 —管理与排水相关的影响 —取水 —排水 —耗水	水资源管理	—(1)总取水量(2)总耗水量；在高基线或极高基线地区的用水压力 —与水质许可证、标准和法规相关的不符合事件的数量
—废弃物的产生及废弃物相关重大影响 —废弃物相关重大影响的管理 —产生的废弃物 —从处置中转移的废弃物 —进入处置的废弃物	废弃物管理	—非矿物废弃物的总重量生成 —尾矿总重量 —所产生的废石的总重量 —危险废物的总重量生成 —危险废物回收利用的总重量 —与危险废物管理相关的重大事件的数量 —活动作业和非活动作业的废物管理政策和程序的说明

续表

GRI 具体指标	煤炭行业共同议题	SASB 具体指标
—组织在位于或邻近保护区和保护区外的生物多样性丰富区域拥有、租赁、管理的运营点 —活动、产品和服务对生物多样性的重大影响 —受保护或经修复的栖息地 —受运营影响的栖息地中已被列入世界自然保护联盟(IUCN)红色名录及国家保护名册的物种	生物多样性	—对活动现场的环境管理政策和实践的说明 —酸性岩石排水的矿区百分比:(1)预计出现,(2)积极缓解,(3)接受处理或补救 —(1)已证实和(2)处于受保护状态或濒危物种栖息地的可能保护区的百分比
—涉及侵犯原住民权利的事件 —有原住民存在或受组织活动影响的运营点 —报告组织是否对其任何活动寻求了原住民的自由、事先和知情同意(FPIC)	原住民权利	—在土著人土地上或其附近土地的探明储量和可能储量的百分比 —讨论土著权利管理方面的参与进程和尽职调查做法
—有当地社区参与、影响评估和发展计划的运营点 —对当地社区有实际或潜在重大负面影响的运营点 —报告确认的当地社区的申诉数量和类型	当地社区	—讨论管理与社区权益相关的风险和机会的过程 —(1)非技术性延误的次数和(2)持续时间
—新进员工雇用率和员工流动率 —提供给全职员工(不包括临时或兼职员工)的福利 —育儿假 —有关运营变更的最短通知期 —每名员工每年接受培训的平均小时数 —员工技能提升方案和过渡援助方案 —使用社会评价维度筛选的新供应商 —供应链的负面社会影响以及采取的行动	雇用	—根据集体协议就业的在职员工百分比 —罢工和停工的次数、持续时间
—职业健康安全管理体系 —危害识别、风险评估和事故调查 —职业健康服务 —职业健康安全事务:工作者的参与、意见征询和沟通 —工作者职业健康安全培训 —促进工作者健康 —预防和减缓与业务关系直接相关的职业健康安全影响 —职业健康安全管理体系覆盖的工作者 —工伤 —工作相关的健康问题	职业健康与安全	—(1)所有事故率,(2)死亡率,以及(3)直接雇员和合同雇员以下的险情发生率 —雇员讨论事故和安全风险管理以及长期健康和安全风险

资料来源:作者整理。

三、石油和天然气行业

GRI 与 SASB 一致认为石油和天然气行业需要关注的实质性议题包括：(1)环境维度，即温室气体排放、空气质量、生物多样性、废弃物管理和水资源管理。(2)社会维度，即风险管理、当地社区、原住民权利和职业健康与安全。(3)治理维度，即商业道德和反竞争。只在 GRI 中有所体现的实质性议题包括：雇用做法、结社自由与集体谈判及公共政策等；仅在 SASB 中体现的有重大事件风险管理、危险物质的管理以及定价的完整性和透明度等(如图 5—16 所示)。

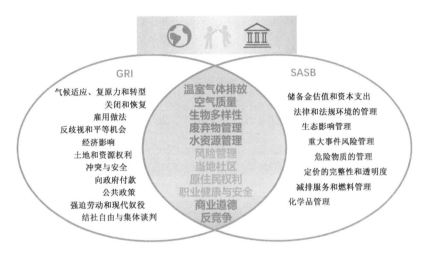

资料来源：作者整理。

图 5—16　石油和天然气行业 GRI 与 SASB 实质性议题对比

表 5—12 根据 GRI 和 SASB 中石油和天然气行业的共同议题，整理了针对该议题需要披露的指标。环境维度以水资源管理议题为例，GRI 要求的指标较为常规，包含取水、排水和耗水等常见指标；而 SASB 在常规指标的基础上，考虑到石油和天然气行业的作业特点，要求企业披露如"所有压裂液化学品使用情况的水力压裂井所占百分比"等更具特色的定量指标，这些指标对企业的施工和 ESG 实践提出了更高要求。

表 5—12　　　　　　　　　石油和天然气行业共同议题的指标梳理

GRI 具体指标	石油和天然气行业共同议题	SASB 具体指标
—组织内部的能源消耗量 —组织外部的能源消耗量 —能源强度 —直接(范围一)温室气体排放 —能源间接(范围二)温室气体排放 —其他间接(范围三)温室气体排放 —温室气体排放强度	温室气体排放	—全球范围一排放总量、甲烷百分比、限排法规涵盖百分比 —来自以下方面的全球范围一排放总量：(1)已燃烧碳氢化合物，(2)其他燃烧，(3)加工排放，(4)其他排放和(5)逃逸性排放 —讨论管理范围一排放的长期和短期战略或计划、减排目标，以及对照这些目标的绩效分析

续表

GRI 具体指标	石油和天然气行业共同议题	SASB 具体指标
—氮氧化物（NO$_x$）、硫氧化物（SO$_x$）和其他重大气体排放 —评估产品和服务类别的健康与安全影响	空气质量	—下列污染物的空气排放量：（1）NO$_x$（不含 N$_2$O），（2）SO$_x$，（3）挥发性有机化合物（VOCs）和（4）颗粒物（PM10）
—组织与水作为共有资源的相互影响 —管理与排水相关的影响 —取水 —排水 —耗水	水资源管理	—（1）取水总量，（2）用水总量；基线水压力高或极高地区各占的百分比 —产生的采出水和回流水量；（1）排放，（2）注入，（3）回收的百分比；排放水中的碳氢化合物含量 —公开披露所有压裂液化学品使用情况的水力压裂井所占百分比 —与基线相比，地下水或地表水水质恶化的水力压裂场地百分比 —与水质许可、标准和法规相关的违规事件数量 —讨论应对与水消耗和处置有关的风险、机遇和影响的战略或计划 —（1）运行过程中处理的总水量，（2）循环利用的百分比（注：来自石油和天然气—服务）
—废弃物的产生及废弃物相关重大影响 —废弃物相关重大影响的管理 —产生的废弃物 —从处置中转移的废弃物 —进入处置的废弃物	废弃物管理	—（1）产生的危险废物数量，（2）回收利用的百分比 —（1）地下储油罐（UST）的数量，（2）需要清理的地下储油罐释放物的数量，以及（3）拥有地下储油罐财务保证基金的辖区的百分比
—组织在位于或邻近保护区和保护区外的生物多样性丰富区域拥有、租赁、管理的运营点 —活动、产品和服务对生物多样性的重大影响 —受保护或经修复的栖息地 —受运营影响的栖息地中已被列入世界自然保护联盟（IUCN）红色名录及国家保护名册的物种	生物多样性	—在役场址的环境管理政策和做法说明 —（1）碳氢化合物泄漏的数量和（2）总量，（3）在北极的泄漏量，（4）影响 ESI 排名 8～10 的海岸线的泄漏量，以及（5）回收的泄漏量 —位于或靠近具有保护地位或濒危物种栖息地的探明储量和可能储量的百分比
—涉及侵犯原住民权利的事件 —有原住民存在或受组织活动影响的运营点 —报告组织是否对其任何活动寻求了原住民的自由、事先和知情同意（FPIC）	原住民权利	—冲突地区内或附近的探明储量和可能储量的百分比 —在土著土地上或其附近的探明储量和可能储量的百分比 —讨论有关人权、土著权利和冲突地区业务的参与程序和尽职调查做法

续表

GRI 具体指标	石油和天然气行业共同议题	SASB 具体指标
—有当地社区参与、影响评估和发展计划的运营点 —对当地社区有实际或潜在重大负面影响的运营点 —报告确认的当地社区的申诉数量和类型	当地社区	—讨论与社区权力和利益相关的风险和机遇管理程序 —(1)非技术性延误的次数和(2)持续时间
—职业健康安全管理体系 —危害识别、风险评估和事故调查 —职业健康服务 —职业健康安全事务:工作者的参与、意见征询和沟通 —工作者职业健康安全培训 —促进工作者健康 —预防和减缓与业务关系直接相关的职业健康安全影响 —职业健康安全管理体系覆盖的工作者 —工伤 —工作相关的健康问题	职业健康与安全	—(1)所有事故率,(2)死亡率,以及(3)直接雇员和合同雇员的险情发生率 —讨论事故和安全风险管理以及长期健康和安全风险
—已进行腐败风险评估的运营点 —反腐败政策和程序的传达及培训 —经确认的腐败事件和采取的行动 —说明合同透明的方法 —组织的受益所有人,并解释组织如何识别业务伙伴(包括合资企业和供应商)的受益所有人	商业道德	—在透明国际清廉指数中排名最低的 20 个国家中探明储量和可能储量的百分比 —说明在整个价值链中预防腐败和贿赂的管理制度 —在透明国际清廉指数中排名最低的 20 个国家的净收入数额
—针对反竞争行为、反托拉斯和反垄断实践的法律诉讼	反竞争	—与操纵价格或价格垄断有关的法律诉讼造成的金钱损失总额
—重大泄漏	风险管理	—后果更严重(1 级)的一级安全壳丢失(LOPC)过程安全事件(PSE)发生率(注:来自石油或天然气—勘探与生产) —后果严重(1 级)和后果较轻(2 级)的一级安全壳丢失(LOPC)过程安全事件(PSE)发生率(注:来自石油与天然气—炼油与销售) —对安全系统指标率的挑战(第 3 级)(注:来自石油与天然气—炼油与销售) —讨论通过第 4 级指标衡量业务纪律和管理系统绩效的问题(注:来自石油与天然气—炼油与销售) —用于识别和减轻灾难性风险和尾端风险的管理系统说明(注:来自石油与天然气—勘探与生产等)

资料来源:作者整理。

四、采矿业

GRI 与 SASB 一致认为采矿业需要关注的实质性议题包括:(1)环境维度,即温室气体排放、空气质量、生物多样性、废弃物管理和水资源管理;(2)社会维度,即尾矿管理、原住民权利、当地社区、雇用和职业健康与安全;(3)治理维度,即商业道德。只在 GRI 中有所关注的实质性议题包括:结社自由与集体谈判、突发事件管理、土地和资源权利及公共政策等;仅在 SASB 中体现的有能源管理以及危险物质的管理(如图 5—17 所示)。

资料来源:作者整理。

图 5—17　采矿业 GRI 与 SASB 实质性议题对比

表 5—13 根据 GRI 和 SASB 中采矿业的共同议题,整理了针对该议题需要披露的指标。社会维度以雇用议题为例,SASB 仅要求披露根据集体协议雇用的活跃劳动力的百分比、员工数量以及罢工和停工的持续时间 3 个定量指标;GRI 在雇用率和流动率等指标外,将员工薪资、员工培训和技能提升以及员工福利等多维度因素也纳入考量,这与 GRI 更侧重影响实质性的原则是一脉相承的。

表 5—13　　　　　　　　　　　　采矿业共同议题的指标梳理

GRI 具体指标	采矿业共同议题	SASB 具体指标
—组织内部的能源消耗量 —组织外部的能源消耗量 —能源强度 —直接(范围一)温室气体排放 —能源间接(范围二)温室气体排放 —其他间接(范围三)温室气体排放 —温室气体排放强度 —温室气体减排量	温室气体排放	—全球范围一排放总量,排放限制规定的百分比 —讨论管理范围一排放的长期和短期战略或计划、减排目标,以及针对这些目标的绩效分析

续表

GRI 具体指标	采矿业共同议题	SASB 具体指标
—组织与水作为共有资源的相互影响 —管理与排水相关的影响 —取水 —排水 —耗水	水资源管理	—(1)总取水量(2)总耗水量;在高基线或极高基线地区的用水压力 —与水质许可证、标准和法规相关的不符合事件的数量
—氮氧化物(NOx)、硫氧化物(SOx)和其他重大气体排放	空气质量	—以下污染物的空气排放量:(1)CO,(2)NOx(不含 N₂O),(3)索克斯,(4)颗粒物(PM10),(5)汞(Hg),(6)铅(Pb)和(7)挥发性有机化合物(挥发性有机物)
—废弃物的产生及废弃物相关重大影响 —废弃物相关重大影响的管理 —产生的废弃物 —从处置中转移的废弃物 —进入处置的废弃物	废弃物管理	—非矿物废弃物的总重量生成 —尾矿总重量 —所产生的废石的总重量 —危险废物的总重量生成 —危险废物回收利用的总重量 —与危险材料和废物管理有关的重大事件的数量 —活动和非活动作业的废物和危险物质管理政策和程序的描述
—阻止和扭转生物多样性丧失的政策 —生物多样性影响的管理 —确定生物多样性影响 —具有生物多样性影响的地点 —生物多样性丧失的直接驱动因素 —生物多样性状况的变化 —生态系统服务	生物多样性	—对活动现场的环境管理政策和实践的说明 —酸性岩石排水的矿区百分比:(1)预计出现(2)积极缓解和(3)接受处理或补救 —已证实和处于受保护状态或濒危物种栖息地的可能保护区的百分比
—涉及侵犯原住民权利的事件 —列出有原住民存在并受到或可能受到组织活动影响的运营点位置和已探明储量 —报告组织是否对其任何活动寻求了原住民的自由、事先和知情同意(FPIC)	原住民权利	—在土著人土地上或其附近土地的探明储量和可能储量的百分比 —讨论有关人权、土著人权和在冲突地区的行动的接触程度和尽职调查做法
—有当地社区参与、影响评估和发展计划的运营点 —对当地社区有实际或潜在重大负面影响的运营点 —报告确认的当地社区的申诉数量和类型	当地社区	—讨论管理与社区权益相关的风险和机会的过程 —(1)数量和(2)非技术性延误的持续时间

续表

GRI 具体指标	采矿业共同议题	SASB 具体指标
—按性别的标准起薪水平工资与当地最低工资之比 —新进员工雇用率和员工流动率 —提供给全职员工(不包括临时或兼职员工)的福利 —育儿假 —有关运营变更的最短通知期 —每名员工每年接受培训的平均小时数 —员工技能提升方案和过渡援助方案 —使用社会评价维度筛选的新供应商 —供应链的负面社会影响以及采取的行动	雇用	—根据集体协议雇用的活跃劳动力的百分比 —(1)数量和(2)罢工和停工的持续时间
—职业健康安全管理体系 —危害识别、风险评估和事故调查 —职业健康服务 —职业健康安全事务:工作者的参与、意见征询和沟通 —工作者职业健康安全培训 —促进工作者健康 —预防和减缓与业务关系直接相关的职业健康安全的影响 —职业健康安全管理体系覆盖的工作者 —工伤 —工作相关的健康问题	职业健康与安全	—(1)所有事故率,(2)死亡率,以及(3)直接雇员和合同雇员的险情发生率 —描述评估、监测和减轻急性和慢性呼吸系统健康状况的努力
—说明组织采用的尾矿处置方法 —对于每个未确认处于安全关闭状态的尾矿设施说明尾矿设施,包括其建造方法等	尾矿管理	—尾矿储存设施库存表:(1)设施名称,(2)位置,(3)所有权状况,(4)经营状况,(5)施工方式,(6)允许的最大存储容量,(7)当前的尾矿储存量,(8)结果分类,(9)最近独立技术审查的日期,(10)材料调查结果,(11)缓解措施和(12)特定地点的 EPRP —用于监测和维持尾矿储存设施稳定性的尾矿管理系统和治理结构总结 —尾矿储存设施的应急准备和响应计划(EPRPs)的制定方法
—已进行腐败风险评估的运营点 —反腐败政策和程序的传达及培训 —经确认的腐败事件和采取的行动 —说明合同透明的方法 —说明组织受益所有人(包括合资企业)的信息	商业道德	—全价值链防受贿管理体系描述 —在"清廉指数"(Corruption PerceptionIndex)中排名最低的 20 个国家的生产情况

资料来源:作者整理。

第六节　本章小结

本章深入分析了 ESG 实质性议题的内涵与原则、主流国际标准以及相应的流程与披露要求。随着 ESG 议题成为全球资本市场的关注焦点，并对企业长期价值产生日益显著的影响，准确识别并披露实质性 ESG 议题已成为企业可持续发展的重要环节。财务实质性侧重于影响企业财务表现的因素，而影响实质性则关注企业经营活动对环境、社会及更广泛利益相关方的影响。双重实质性原则强调两者的平衡，要求企业在制定 ESG 报告时既考虑经济因素，又兼顾环境和社会责任，从而提供更全面和科学的议题识别框架。

然而，国际准则在推动企业广泛信息披露的过程中也面临诸多争议和挑战。以 ISSB 标准为例，其目前主要采用单一的财务实质性视角，部分利益相关者呼吁增加对企业环境影响的披露，以实现双重实质性的全面反映。尽管引入双重实质性可能使标准制定复杂化并使其延迟实施，但仍有观点认为这一调整对于全面识别企业可持续运营相关议题至关重要。此外，ISSB 在实质性议题的识别与确定过程中，如何提供科学且高效的指引工具，仍是其面临的主要挑战之一。SEC 气候披露规则在范围三排放数据的披露上引发了争议。尽管其初衷在于提升企业气候影响的透明度，但其最终规则中对范围三排放的要求有所缩减，这引起环保组织和投资者的质疑，他们认为这限制了对公司全面气候影响的评估。此外，高昂的合规成本和操作复杂性使得企业在实施过程中面临诸多挑战，尤其是在独立鉴证要求下，企业的负担进一步增加。

总体而言，实质性议题的披露不仅涉及合规成本和技术复杂性，还需在财务实质性与影响实质性之间找到平衡。不同国际准则在实质性议题的定义、范围、行业分类及气候披露方面存在显著差异，反映了各标准对实质性议题的不同理解和侧重点。未来的准则修订和制定应更好地结合全球多样化的经济环境和发展水平，确保披露标准既具有全球适用性，又能深入反映企业在 ESG 方面的实际影响，从而有效推动全球可持续发展目标的实现。

第六章　国内准则中的实质性议题

本章提要　在"双碳"（即碳达峰与碳中和）目标的推动下,ESG 理念的重要性日益凸显。尽管我国 ESG 标准的发展起步相对较晚,但近年来在政策引导和市场需求的共同驱动下,ESG 取得了显著进展。为规范企业 ESG 信息披露行为,提升市场透明度和投资者信心,中国相关部门陆续出台了一系列 ESG 信息披露准则。这些准则不仅为企业提供了明确的披露框架,也为资本市场的可持续发展奠定了制度基础。本章将围绕中国相关部门提出的 ESG 信息披露准则展开详细探讨,重点分析各准则的提出背景、主要内容、面向主体及其强制性要求,并深入解读准则所提出的具体要求与实质性议题。通过对这些准则的详细解读,本章将进一步对比分析三大交易所与财政部提出的可持续信息披露相关准则在披露范围、强制性要求、实质性议题等方面的异同,揭示其在推动中国 ESG 体系建设中的独特作用与互补性。最后,本章对中国代表性 ESG 准则进行了总结与展望。

第一节　国内 ESG 准则的发展与最新动态

自 ESG 概念提出以来,其逐渐受到全球各国的广泛关注。目前,国际社会已逐步构建起较为完善的 ESG 体系,并形成了相对统一的披露标准及原则。例如,欧盟发布的《欧洲可持续披露准则》(ESRS)、国际可持续准则理事会(ISSB)发布的《国际可持续披露准则》(ISSB 准则),以及美国证券交易委员会(SEC)发布的《气候相关信息披露准则草案》(SEC 准则)等,均为全球 ESG 信息披露提供了重要参考。

尽管我国 ESG 披露准则起步较晚,但近年来发展迅速。例如,《中国企业社会责任报告指南》(CASS-ESG 5.0)、央企控股上市公司 ESG 专项报告指南、中国香港交易所《环境、社会与治理守则》等文件的发布,为中国资本市场的可持续发展提供了有力支持。

2024 年被视为中国 ESG 发展的"关键之年"。2024 年年初,上海证券交易所、深圳证券交易所和北京证券交易所联合发布了《上市公司自律监管指引——可持续发展报告(试行)(征求意见稿)》,并于同年 4 月正式发布《上市公司自律监管指引——可持续发展报告(试行)》(以下简称《指引》),标志着 ESG 理念在中国资本市场的全面落地。2024 年 5 月,财政部发布《企业可持续披露准则——基本准则(征求意见稿)》(以下简称《征求意见稿》),向社会公开征求意见,标志着国家统一的可持续披露准则建设正式启动。2024 年 9 月,在证监会的指导下,中国上市公司协会发布了《上市公司可持续发展报告工作指南》,为上市公司提供了《指引》的具体操作手册。2024 年 11 月,上海证券交易所制定了《推动提高沪市上市公司 ESG 信息披露质量三年行动方案(2024—2026 年)》(以下简称《行动方案》),同时,三大交易所联合发布了《上市公司自律监管指南——可持续发展报告编制(征求意见稿)》。这些举措不仅是对年初发布的可持续发展信息披露指引的进一步落实和细化,更将中国 ESG 准则推向了新的高度(如图 6-1 所示)。

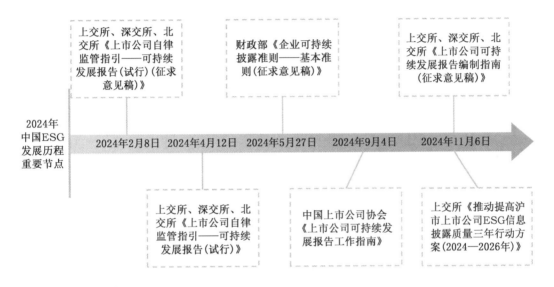

资料来源:作者整理。

图 6-1　2024 年中国 ESG 准则发展脉络

此外,ESG 可持续投资理念还被引入我国资本市场标杆指数的构建。上海证券交易所与中证指数公司宣布,自 2024 年 12 月 16 日起正式实施全新的上证 180 指数。该指数在原编制方法的基础上进一步优化,并引入 ESG 可持续投资理念,剔除中证 ESG 评价结果为 C 级及以下的上市公司证券,以降低样本发生重大负面风险事件的概率。这一举措进一步推动了 ESG 理念在中国资本市场的深入应用。

第二节　国内代表性 ESG 信息披露准则

《中国企业社会责任报告指南》(CASS-ESG 5.0)、央企控股上市公司 ESG 专项报告指南、《环境、社会与治理守则》、上交所、深交所、北交所《上市公司自律监管指引——可持续发展报告(试行)》与财政部《企业可持续披露准则——基本准则》(征求意见稿)作为中国在企业社会责任和 ESG 领域的重要政策文件,为企业提供了系统化的框架和标准,推动其在环境、社会和治理方面做出积极努力。这些政策的实施和推广,不仅提升了企业的社会责任意识和信息披露质量,也为中国资本市场的可持续发展提供了有力支持。未来,随着更多企业的参与和实践的不断深入,这些政策将为推动中国企业社会责任事业的发展发挥更大的作用。本节将就上述准则的提出背景、准则简介与实施强制性要求等进行具体分析。

一、《中国企业社会责任报告指南》(CASS-ESG 5.0)

(一)提出背景

《中国企业社会责任报告指南》的发展与全球对企业社会责任(CSR)和 ESG 的重视密切相关。2009 年,由中国社科院教授钟宏武领导的课题组首次发布了《中国企业社会责任报告指南》(CASS-CSR 1.0),标志着中国企业开始拥有自己的 CSR 报告标准。此后,《指南》经历多次升级,以适应政策环境和企业需求的变化。2022 年 7 月 24 日正式发布了由中国社科院研究团队编制的《中国企业社会责任报告指南》(CASS-ESG 5.0),并将术语由 CSR 更新为 ESG,旨在建立全面、规范、完善的 ESG 报告编制手册,填补国内 ESG 信息披露标准的空白。CASS-ESG 5.0 与非上市公司使用的 CASS-ESG 4.0 并行,为中国企业完善社会责任报告提供全面指导。第五版 CASS-ESG 5.0 在理论框架、披露标准、操作指导和编写流程等方面进行了更新,强调价值管理。2024 年发布的 CASS-ESG 6.0 进一步强调国际接轨与中国特色的平衡,考虑不同行业的特点和需求,以及理论与实践相结合。

(二)准则简介

第五版 CASS-ESG 5.0 是一套指导中国企业编制和发布社会责任报告的标准,旨在帮助企业更好地履行社会责任,提升在 ESG 方面的表现。该《指南》经过多次升级,以适应政策环境和企业需求的变化。最新版本提供了全面的理论框架、披露标准、操作指导和编写流程,涵盖六个方面的 20 余项议题和 153 个指标,推动建立符合国际标准且适应本土需求的 ESG 信息披露体系。该《指南》为中国上市公司提供了系统、全面的实用工具,支持企业提升 ESG 工作水平,并为监管机构制定细化的 ESG 信息披露指引提供参考(见表 6-1)。

表 6-1　　　　《中国企业社会责任报告指南》(CASS-ESG 5.0)具体框架

维度	一级指标	二级指标
报告前言 (P)	报告规范	质量保证、信息说明、报告体系
	高管致辞	ESG 工作的形势分析与战略考量、年度 ESG 进展
	责任聚焦	年度 ESG 重大事件
	公司简介	基本信息、战略与文化、业务概况、报告期内关于组织规模、结构、所有权或供应链的重大变化

维度	一级指标	二级指标
治理责任（G）	公司治理	董事会构成多元、董事会独立性、守法合规体系、守法合规培训绩效、反不正当竞争、申诉与举报机制、反商业贿赂及反腐败体系、反贪腐培训绩效、腐败事件及应对措施、信息透明、因违反信息披露规定而受到处罚的事件
	董事会 ESG 治理	董事会 ESG 管理方针、董事会 ESG 工作领导机制、董事会对 ESG 风险与机遇的识别、董事会 ESG 目标审查、高管薪酬与 ESG 挂钩
	ESG 管理	ESG 工作责任部门、ESG 战略、ESG 工作制度、参与 ESG 研究或行业 ESG 标准制定、ESG 重大议题识别、利益相关方沟通活动、ESG 信息披露渠道、ESG 考核体系、ESG 培训、ESG 培训绩效、ESG 荣誉
环境风险管理（E）	环境管理	环境管理体系、环境管理目标、环保投入、环保预警及应急机制、新建项目环境评估政策、通过环境管理体系认证、环保培训和宣教、环保产品或技术的研发与应用、环保违法违规事件与处罚
	资源利用	能源管理体系、能源消耗量、能源消耗强度、清洁能源使用政策、清洁能源使用量、减少制成品包装材料使用的政策、制成品所用包装材料总量、制成品所用包装材料回收比例、新鲜水用水量、耗水强度、节水量、循环用水量、绿色办公措施、绿色办公绩效
	排放	废水减排政策、废水排放量、废气减排政策、废气排放量、废弃物排放管理政策、一般废弃物排放量、一般废弃物排放强度、危险废弃物排放量、危险废弃物排放强度、废弃物回收利用绩效
	守护生态安全	业务经营对生物多样性及生态的影响、生物多样性保护行动、生态修复治理
	应对气候变化	应对气候相关风险和机遇的治理机制、气候相关风险和机遇对经营的影响、气候相关风险管理、气候相关风险和机遇方面的目标及表现、直接温室气体排放量、间接温室气体排放量、温室气体排放强度
社会风险管理（S）	雇用	遵守劳工准则、多元化和机会平等、员工构成、劳动合同签订率、员工流失率、民主管理、薪酬福利体系、社会保险覆盖率、人均带薪年休假天数、员工关怀、员工满意度
	发展与培训	职业发展通道、职业培训体系、职业培训投入、职业培训绩效
	职业健康和安全生产	职业健康管理、通过职业健康及安全管理体系认证、新增职业病数、安全生产管理体系、安全宣贯与培训、隐患排查与整治、应急管理体系、安全生产投入、安全生产培训绩效、安全生产事故数、工伤/亡人数、因工伤损失工作日数
	客户责任	产品/服务质量管理、产品合格率、负责任营销、止损和赔偿机制、应对客户投诉、信息安全与隐私保护、客户满意度、投诉解决率、报告期内发生的客户健康与安全负面事件
	负责任供应链管理	供应链 ESG 管理体系、供应商 ESG 审查评估、审查的供应商数量、因不合规被终止合作的供应商数量、因不合规被否决的潜在供应商数量、供应商 ESG 培训体系、供应商 ESG 培训绩效

续表

维度	一级指标	二级指标
价值创造 （V）	国家价值	服务国家重大战略的理念和政策、国家重大战略贡献领域、服务国家重大战略的行动举措、服务国家重大战略取得的成效
	产业价值	技术创新制度机制、技术创新的行动措施、研发投入、重大技术创新成果、带动上下游产业链协同发展、保障产业链供应链安全稳定、参与行业标准制定、战略合作机制和平台
	民生价值	带动就业的行动举措、新增就业人数、参与基础设施建设、公益行动领域、打造品牌公益项目、公益捐赠总额、志愿服务绩效
	环境价值	碳达峰碳中和战略与目标、碳达峰碳中和行动计划与路径、减碳降碳成效、守护绿色生态的行动举措、守护绿色生态的进展成效
报告后记 （A）		未来计划 关键绩效表 报告评价 参考索引 意见反馈

资料来源：《中国企业社会责任报告指南》（CASS-ESG 5.0），由作者整理。

CASS-ESG 5.0 具有以下三大特色。首先，贴近中国实际的 ESG 信息披露框架：满足监管机构和资本市场对 ESG 信息披露的高要求，提升企业披露水平。其次，国际接轨与本土适应的指标体系：对标全球报告倡议组织（GRI）、可持续发展会计准则（SASB）和欧盟企业可持续发展报告指令（CSRD）等国内外标准，确保评级标准与 ESG 报告原则一致。最后，升级的 ESG 报告流程管理模型：强调量化、标准化和及时性，新增"可及性"指标，评估企业 ESG 报告的易获取性和时效性。

CASS-ESG 5.0 创新性地构建了治理责任（G）、风险管理（R）及价值创造（V）的"三位一体"理论模型。该模型以治理责任为基础，风险管理和价值创造为两翼，形成 ESG 披露的逻辑与生态系统。具体包括：首先，治理责任（G）涵盖公司治理、董事会 ESG 治理和 ESG 管理，确保公司合理分配权责，建立健全的制度体系。其次，风险管理（R）包括环境风险管理（E）和社会风险管理（S），分别涵盖环境管理、资源利用、排放、生态安全、气候变化应对等方面，以及雇用、发展培训、职业健康安全、客户责任和供应链管理等方面。最后，价值创造（V）包括国家价值、产业价值、民生价值和环境价值，强调企业在服务国家战略、产业健康发展、人民生活改善和生态环境保护方面的贡献。

（三）面向主体与强制性要求

《中国企业社会责任报告指南》（CASS-ESG 5.0）本身并不具有法律强制性。作为一套推荐性的标准和指南，CASS-ESG 5.0 旨在为企业编制和发布社会责任报告提供框架和指导，帮助企业展示其在 ESG 方面的表现与承诺。企业可根据这些指南自愿编制和发布社会责任报告，以提升其透明度和可持续发展形象。然而，除了遵循 CASS-ESG 5.0 外，上市公司还必须遵守中国证券监督管理委员会及相关监管机构关于环境和社会责任信息披露的规定。此外,企业的信息披露还受到法律、市场监管及其他相关要求的影响,这些因素共同构成了企业在 ESG 信息披露方面的合规框架。

二、央企控股上市公司 ESG 专项报告指南

(一)提出背景

2023 年 7 月 25 日,国务院国资委办公厅向 98 家中央企业及各地方国资委发布了《关于转发〈央企控股上市公司 ESG 专项报告编制研究〉的通知》(以下简称《通知》)。《通知》为央企控股上市公司的 ESG 专项报告制定了全面的指标体系与披露模板,支持其编制工作。这一举措响应了 2022 年 5 月国务院国资委发布的《提高央企控股上市公司质量工作方案》,该方案明确要求央企控股上市公司力争在 2023 年实现 ESG 专项报告全覆盖。

近年来,国务院国资委持续推动央企的 ESG 信息披露工作。2008 年,国资委发布《关于中央企业履行社会责任的指导意见》,提出建立社会责任报告制度。2016 年,国资委发布《关于国有企业更好履行社会责任的指导意见》,明确了国有企业履行社会责任的总体要求和基本原则。2022 年 3 月,国资委成立社会责任局,旨在指导和推动企业践行 ESG 理念,主动适应并引领国际规则标准的制定,促进可持续发展。同年 5 月,国资委印发《提高央企控股上市公司质量工作方案》,强调建立健全 ESG 体系,推动央企控股上市公司披露 ESG 专项报告,力争在 2023 年实现相关专项报告的全面覆盖,以规范信息披露,提升报告编制质量,助力央企在 ESG 工作中走在国内前列。

(二)准则简介

《通知》的目的是为央企控股上市公司编制 ESG 报告提供建议与参考,提升专项报告的编制质量。该《通知》包含三个核心附件。首先,《中央企业控股上市公司 ESG 专项报告编制研究课题相关情况报告》作为核心总纲,详细介绍了课题研究的背景、过程、特点及评估内容与方向,特别强调 ESG 指标的选定,不仅对标国际通用标准(如 GRI、TCFD、SDGs、ISSB),还结合国企改革深化提升行动要求,设置了"产业转型""乡村振兴与区域协同发展"等本土化指标,聚焦"两个途径"、发挥"三个作用",突出长期价值的数据管理和强化创新驱动的社会价值创造。其次,《央企控股上市公司 ESG 专项报告参考指标体系》为上市公司提供了基础指标与参考,涵盖环境、社会、治理三大维度,构建了 14 个一级指标、45 个二级指标和 132 个三级指标,并详细解释了各指标。该体系分为"基础披露"与"建议披露"两个等级,基础披露指标为必需的 ESG 指标,来源于证监会、生态环境部、各大交易所及国家标准;建议披露指标为自愿报告的 ESG 指标,主要包括国际标准(如 GRI、TCFD、SDGs、ISSB)的要求,提供企业循序渐进深化 ESG 管理的灵活性。最后,《央企控股上市公司 ESG 专项报告参考模板》为央企控股上市公司提供了 ESG 专项报告的基础格式参考,标准化了报告框架,明确了编制的主要环节和流程,便于企业与编制机构搜集整理 ESG 相关信息。模板包括 10 个一级标题、26 个二级标题及 2 个参考索引表,同时鼓励企业在保证报告可靠性的基

础上,引入第三方专业机构进行鉴证,确保报告信息的真实性与可靠性。通过这三个附件,《通知》不仅为央企控股上市公司提供了系统、全面的实用工具,支持其提升 ESG 工作水平,还为监管机构制定细化的 ESG 信息披露指引提供了有益参考,推动央企在 ESG 信息披露方面走在国内前列。

(三)面向主体与强制性要求

《央企控股上市公司 ESG 专项报告编制研究》针对央企控股上市公司,对于这些企业而言,ESG 已从"选择题"转变为"必答题"。目前,央企上市公司在 ESG 信息披露方面发挥了"领跑者"和"主力军"的作用。虽然对央企控股上市公司没有强制性要求,但在 2023 年,绝大多数央企控股上市公司均发布了 ESG 报告,基本实现了力争在 2023 年实现 ESG 专项报告全覆盖的目标。同时,指标体系分为"基础披露"与"建议披露"两个等级,这种分级披露原则对不同企业具有良好的兼容性。

三、港交所环境、社会与治理守则

(一)提出背景

中国香港交易及结算所有限公司(简称香港交易所或港交所,缩写:HKEX)于 2012 年发布《ESG 报告指引》,作为上市公司自愿性披露建议,其在 2016 年起将部分建议上升至半强制披露层面,实施"不披露就解释"规则。2018 年 9 月,港交所发布《绿色金融战略框架》,其中主要任务包括加强上市公司对环境信息的披露(特别是与气候有关的披露)。2019 年 5 月发布了《上市公司环境、社会及管治报告指引》修订建议的咨询文件,同年 12 月,港交所确定新版《上市公司环境、社会及管治报告指引》内容,进一步扩大强制披露的范围,将披露建议全面调整为"不披露就解释",持续提升对在港上市公司的 ESG 信息披露要求。2021 年 11 月 5 日,中国香港联交所发布了供上市发行人参考的《气候信息披露指引》,以及《有关 2020/2021 年 IPO 申请人企业管治及 ESG 常规情况的报告》。2023 年 4 月 14 日,中国香港联交所刊发咨询文件,就建议《优化环境、社会及管治(ESG)框架下的气候信息披露》征询市场意见。联交所建议规定所有发行人在其 ESG 报告中披露气候相关信息,以及推出符合国际可持续发展准则理事会(ISSB)气候准则的新气候相关信息披露要求。考虑到发行人的准备情况及相关疑虑,联交所拟就若干披露(例如气候相关风险与机遇的财务影响、范围三排放以及若干跨行业指标)实施过渡性规定,适用于生效日期(2024 年 1 月 1 日)后首两个汇报年度。2024 年 4 月 19 日,中国香港联交所刊发有关气候信息披露规定的咨询总结。联交所将修订有关建议,以更符合 IFRS S2,除了恒生综合大型股指数成分股的发行人之外,其他公司可不披露范围三温室气体排放。在最终版本中,港交所分层次(分要求、分主体、分阶段)的模式,对"D 部分:气候相关披露"的披露责任进行了差异化安排。同步刊发了《香港交易所环境、社会及管治框架下气候信息披露的实施指引》《优化环境、社会及管治框架下的气候相关信息披露》。其中,《实施指引》旨在协助联交所发行人了解《上市规则》附录 C2《环境、社会及管治报告守则》D 部分气候相关披露规定。

(二)准则简介

按照计划,自 2025 年 1 月 1 日起,港交所使用了十余年的《环境、社会与治理指引》正式更名为《环境、社会与治理守则》,这体现出港交所对上市公司 ESG 信息披露的态度与要求趋严,正不断由自愿性披露转向强制性披露,这也要求企业应当更注重信息披露合规方面的问题。经修订的《环境、社会及管治报告守则》新增 D 部分,专门针对气候信息披露,即对气候信息披露要求进一步规范,替代原 A 部分气候相关披露要求。此次气候规定根据 IF-RS S2 制定,并参考了 TCFD 建议的四大核心支柱,即管治、策略、风险管理以及指标及目标,以上特征无不体现出香港 ESG 信息披露体系建设趋向于与国际化标准接轨。

(三)面向主体与强制性要求

本次修订对于所有主板发行人而言,气候相关披露从 2025 财政年度开始将采取"不遵守就解释"的方式,而对于大型股发行人,则须从 2026 财政年度起强制执行披露。对于 GEM 发行人,其披露责任则保持为"自愿性",这为规模较小或处于发展阶段的上市公司提供了更大的灵活性和空间。

新气候规定是依据 IFRS S2 制定,并提供实施宽免,包括按比例及分段扩展措施,以解决部分发行人可能面对汇报方面的挑战。经修订的《上市规则》于 2025 年 1 月 1 日生效,将分阶段实施新气候规定,详情如表 6-2 所示。

表 6-2 　　　　　　　　　　《环境、社会及管治报告守则》新气候规定生效日期

	范围一和范围二温室气体排放披露	范围一和范围二温室气体排放以外的披露
大型股发行人(恒生综合大型股指数成分股的发行人)	强制披露(2025 年 1 月 1 日或之后开始的财政年度)	"不遵守就解释":2025 年 1 月 1 日或之后开始的财政年度 强制披露:2026 年 1 月 1 日或之后开始的财政年度
主板发行人(大型股发行人除外)		"不遵守就解释"(2025 年 1 月 1 日或之后开始的财政年度)
GEM 发行人		自愿披露(2025 年 1 月 1 日或之后开始的财政年度)

资料来源:《环境、社会及管治报告守则》,由作者整理。

从最初的 ESG 报告指引到最新的 ESG 守则,港交所并未立即强制所有上市公司披露 ESG 信息,而是采取了逐步推进的策略,由鼓励自愿披露逐步转向实施强制性披露。这一做法与 2024 年三大交易所及财政部发布的 ESG 准则具有相似之处。

四、三大交易所《上市公司自律监管指引——可持续发展报告(试行)》

(一)提出背景

为了深入贯彻中央金融工作会议精神和《国务院关于加强监管防范风险推动资本市场

高质量发展的若干意见》,落实证监会《关于加强上市公司监管的意见(试行)》等政策文件要求。2024 年 4 月 12 日,沪深北三大交易所正式发布《上市公司自律监管指引——可持续发展报告(试行)》(以下简称为《指引》),并于 2024 年 5 月 1 日正式实施。总的来说,三大交易所公布的《指引》主要体现出三个特点:坚持实事求是、坚持系统思维,以及借鉴优秀实践、体现中国特色。以前我国上市公司的可持续发展披露方面没有统一的披露标准,常见的可持续发展信息披露方式有 ESG 报告、企业社会责任报告(CSR 报告)、可持续发展报告、财务年度报告等,而本次发布的《指引》有助于实现上市公司可持续发展信息披露标准的统一。

(二)准则简介

《指引》的核心要点主要有以下几点:首先,采用了双重重要性,披露主体应该按照指引设置的议题识别每一个议题是否具有财务重要性和影响重要性,并说明对议题重要性的分析过程,对于仅具有影响重要性的议题可按照指引相关规定披露。其次,采用了国际通用标准的"四要素"披露框架,即披露主体应当围绕治理、战略、影响、风险和机遇管理以及指标与目标四个方面的核心内容对具有财务重要性的议题的内容进行分析和披露。其中,治理代表公司用于管理和监督可持续发展相关影响、风险和机遇的治理结构和内部制度;战略代表公司应对可持续发展相关影响、风险和机遇的战略、策略和方法;影响、风险和机遇管理代表公司用于识别、评估、监测与管理可持续发展相关影响、风险和机遇的措施和流程;指标与目标代表公司用于计量、管理、监督、评价其可持续发展相关影响、风险和机遇的指标和目标。最后,《指引》明确提出对第三方鉴证的相关要求,对于披露主体聘请第三方机构鉴证或审验情形下的具体内容进行规范,进一步强调了第三方鉴证或审阅的独立性、专业性等。

(三)面向主体与强制性要求

根据《指引》,可持续发展信息披露采取强制披露和自愿披露相结合的方式。在报告主体上,上海证券交易所要求按照指引及相关规定披露《上市公司可持续发展报告》的主体包括上证 180 指数①、科创 50 指数②以及境内外同时上市的公司;深圳证券交易所要求按照指引及相关规定披露《上市公司可持续发展报告》的主体包括深证 100 指数③、创业板指数样本公司④以及境内外同时上市的公司;而考虑到北交所创新型中小企业的发展阶段特点,北交所上市公司实行自愿披露原则。总的来说,本次《指引》采取强制披露和自愿披露相结合

---

① 上证 180 指数是上海证券交易所对原上证 30 指数进行调整并更名后形成的,其在所有 A 股股票中抽取最具市场代表性的 180 种样本股票。

② 科创 50 指数是由上海证券交易所科创板中市值大、流动性好的 50 只证券组成的。

③ 深证 100 指数是由深圳证券交易所委托深圳证券信息公司编制维护。其中包含了深圳市场 A 股流通市值最大、成交最活跃的 100 只成分股。

④ 创业板指数是指选取创业板市场市值大、流动性好的 100 家公司为样本,是创业板市场的标尺和产品指数。其中高新技术企业在指数中占比超过九成,战略性新兴产业占比超过八成。

的方式。

同时,《指引》也提出了一些缓释措施,充分体现了定性与定量披露相结合的原则。举例而言,在首个报告期中,上市公司无需披露相关指标的同比变化情况,对于定量披露难度较大的指标,可定性披露并解释无法量化披露的原因,前期已定量披露相关指标的除外;在2025年度和2026年度的报告期内,上市公司难以定量披露可持续发展相关风险和机遇对当期财务状况影响的,可仅进行定性披露。

五、财政部《企业可持续披露准则——基本准则(试行)》

(一)提出背景

2024年5月27日,财政部发布《企业可持续披露准则——基本准则(征求意见稿)》(以下简称《基本准则》征求意见稿),标志着国家统一的可持续披露准则体系建设拉开序幕。《基本准则》征求意见稿明确了企业可持续披露准则的制定目的,同时确立了国家统一的可持续披露准则体系的框架。《基本准则》征求意见稿经广泛征求意见和修改完善后,2024年11月20日,财政部正式发布了《企业可持续披露准则——基本准则(试行)》(以下简称《基本准则》)。《基本准则》及陆续出台的具体准则、应用指南,将为推动我国高质量发展,促进经济、社会和环境的可持续发展发挥重要的基础作用。

(二)准则简介

从《基本准则》中,我们可以总结出以下最重要的三个特征:

第一,独立的可持续报告要求。国际通用准则 IFRS S1 规定,可持续相关财务信息披露应作为其通用目的财务报告的一部分,但其对于信息在通用目的财务报告的特定位置并未做要求。与 ISSB 准则不同,《基本准则》指出,企业应当将可持续披露准则要求披露的可持续信息作为独立的可持续发展报告。可持续发展报告应当采用清晰的结构和语言,可以与财务报表同时对外披露,也可以按照监管部门的要求在规定日期之前单独披露。

第二,披露应包括可持续影响信息。具体来说,《基本准则》指出,企业既需要基于财务重要原则披露可持续风险和机遇信息,也需要基于影响重要性原则披露企业活动对经济、社会和环境产生的影响,包括实际影响或者可预见的潜在影响、积极影响或者消极影响。这一披露要求与前述准则定位相一致,体现了双重重要性原则,同时也进一步明确了影响重要性的评估标准。

第三,强调与财务报表信息之间的关联。与 ISSB 准则一致,《基本准则》突出强调了可持续信息与财务报表信息之间的关联,《基本准则》指出,企业编制可持续信息所使用的数据和假设应当考虑所适用的企业会计准则的要求,尽可能与其编制相关财务报表所使用的数据和假设保持一致;若存在不一致的,应当披露重大差异的信息。

(三)面向主体与强制性要求

《基本准则》征求意见稿起草说明指出,综合考虑我国企业的发展阶段和披露能力,《基本准则》的施行不会采取"一刀切"的强制实施要求,将采取区分重点、试点先行、循序渐进、分步推进的策略,从上市公司向非上市公司扩展,从大型企业向中小企业扩展,从定性要求向定量要求扩展,从自愿披露向强制披露扩展。在《基本准则》发布后的初期阶段,先由企业结合自身实际自愿执行。待各方面条件相对成熟以后,财政部将会同相关部门对实施范围、缓释措施、相关条款的适用性、具体衔接规定等做出针对性安排。

第三节　国内准则中的实质性议题

在上一节中,我们详尽介绍了中国五个代表性 ESG 准则的提出背景、准则简介、面向主体及强制性要求。对于完善的 ESG 准则而言,实质性议题部分尤为关键,准则所规定的 ESG 实质性议题是企业及其他市场主体应重点关注的内容。由于 ESG 涉及众多实质性议题,不同市场主体在编制 ESG 报告时侧重点各异,且不同 ESG 准则关注的实质性议题亦存在差异。只有市场主体识别出其认为足够重要的议题,才能将其纳入最终报告。因此,识别实质性议题是市场主体进行 ESG 信息披露和编制 ESG 报告的关键起点。基于此,本节将对中国代表性 ESG 准则中的实质性议题进行介绍与梳理。

一、《中国企业社会责任报告指南》(CASS-ESG 5.0)实质性议题

《中国企业社会责任报告指南》(CASS-ESG 5.0)指出,企业在识别实质性 ESG 议题时,应遵循全面、科学、与时俱进的原则,综合分析宏观形势、标准要求、行业趋势、相关方关注点及公司发展战略等因素。通过"对公司可持续发展的重要性"与"对利益相关方的重要性"两个维度对议题排序,识别出 ESG 重大议题,明确其内容边界并进行详细披露(见表 6—3)。

表 6—3　　　　　　　　《中国企业社会责任报告指南》ESG 议题清单的组成要求

原则	释义
全面性	覆盖公司内外部利益相关方的诉求,ESG 政策、标准、倡议所要求的责任要素
科学性	以公司所在行业、属性、发展阶段为基本立足点,纳入与公司自身 ESG 活动相关的议题
与时俱进性	紧跟国内外 ESG 发展趋势以及经济社会发展的最新战略方向和现实需求

资料来源:《中国企业社会责任报告指南》(CASS-ESG 5.0),由作者整理。

根据该标准,企业应依照表 6—4 识别 ESG 重大实质性议题,评估其对利益相关方的重要性。企业可通过访谈、问卷调查、实地走访等方式,收集股东、客户、合作伙伴、政府、员工及社区代表等多元利益相关方的反馈。同时,结合行业可持续发展趋势分析、行业对标分析及 ESG 标准研究,判断议题对公司可持续发展的重要性。在初步确定 ESG 实质性议题后,企业可向第三方外部专家征求意见,并在 ESG 报告中详细披露重要议题的界定、管理、实践与绩效。

表6—4　　　《中国企业社会责任报告指南》(CASS-ESG 5.0)ESG议题的信息识别

信息类别	信息来源
宏观形势	重大国际共识,如联合国可持续发展目标(SDGs)、《巴黎协定》等
	国家发展规划,如《国民经济和社会发展第十四个五年规划和2035年远景目标纲要》
	国家重大战略,如科技创新、碳达峰碳中和、乡村振兴、共同富裕等
	相关部委推动的全局性重点工作,如工信部主导的数字经济、智能制造、反垄断,国资委主导的国企改革、援藏援疆等
	媒体关注和报道的国家改革发展过程中存在的突出矛盾和迫切需求,如资源环境约束、商业腐败问题等
标准指引	国际ESG相关标准,如全球报告倡议组织(GRI)标准、可持续会计准则委员会(SASB)可持续会计准则、国际综合报告委员会(IIRC)综合报告框架、气候相关财务信息披露工作组(TCFD)指引等
	国内ESG相关披露标准,如国家标准委(社会责任国家标准GB/T36000)、中国香港联合交易所《环境、社会及管治报告指引》、中国社科院《中国企业社会责任报告指南》等
	国家部委ESG相关指引,如国务院国资委《关于国有企业更好履行社会责任的指导意见》、工业和信息化部《新时代推进社会责任建设的指导意见》等
	监管机构ESG政策要求,如上海证券交易所《上海证券交易所上市公司自律监管指引第1号——规范运作(第八章社会责任)》(2022)、深圳证券交易所《深圳证券交易所上市公司信息披露工作考核办法(2020年修订)》等
	行业协会ESG标准指引,如中国化工情报信息协会《中国石油和化工行业上市公司ESG评价指南》
利益相关方关注点	各职能部门日常工作中与利益相关方沟通交流获得的信息
	利益相关方交流活动(如投资者关系日等)
	利益相关方专项调整,如开展ESG议题调研,ESG报告中开设意见反馈专栏
	与ESG第三方机构沟通交流,如与研究机构、行业协会等沟通
公司发展战略	公司使命、愿景、价值观
	公司中长期发展战略
	公司ESG专项战略
	公司经营管理制度
	公司通信、报纸、刊物

资料来源:《中国企业社会责任报告指南》(CASS-ESG 5.0),由作者整理。

二、《央企控股上市公司ESG专项报告指南》实质性议题

在《央企控股上市公司ESG专项报告指南》中,环境议题细分为5项一级指标、18项二级指标和56项三级指标,涵盖资源消耗、污染防治、资源与环境管理制度措施等方面的信息。

具体而言,环境维度中的基础披露多为定量指标,增强了央企在环境披露上的量化可比性,同时,准确的环境统计数据为政府监管和科学决策提供了便利。此外,环境议题还包括气候变化和生物多样性,指南将范围一、范围二和范围三的碳排放指标设为"建议披露"项,鼓励企业根据实际情况自行决定披露程度。尽管生物多样性议题可能面临一定阻碍,指南仍旨在引导企业在生产运营中降低对生物多样性的负面影响。

在社会议题方面,指南细分为 4 项一级指标、14 项二级指标和 43 项三级指标,主要涵盖员工权益、产品与服务管理及社会贡献等内容。央企控股上市公司因其在国民经济中的调节功能、较大的规模及复杂的利益相关方链条,在社会维度的指标制定中充分考虑了中国国情和国资央企的特点。

治理议题则细分为 5 项一级指标、13 项二级指标和 33 项三级指标,主要涉及治理策略与组织架构、信息披露透明度、合规经营与风险管理等内容。与社会议题类似,治理议题中的基础性披露项较多,反映了上市公司投资者及其他利益相关方对非财务信息披露需求的增加。

此外,该指南不仅要求财务信息披露,还对非财务信息披露提出了具体建议,鼓励上市公司提升非财务信息披露的质量控制。

三、港交所《环境、社会及管治报告守则》实质性议题

港交所《环境、社会及管治报告守则》共分为三部分内容,分别为 A 部分"引言"、B 部分"强制披露规定"及 C 部分"不遵守就解释"。其中,A 部分"引言"主要阐述了报告规定的两个层次的披露责任,即"强制披露规定"及"不遵守就解释",并对整体方针和汇报原则进行了说明。B 部分"强制披露规定"包括公司 ESG 事项管治架构、ESG 事项汇报原则及 ESG 事项汇报范围三方面的强制内容。其中,公司 ESG 事项管治架构要求建立董事会监察机制,确保董事会具备监督 ESG 建设的必要工具和资源,并遵循建立 ESG 管治、设定等级、评估、整合、监察即评估、传达、持续改造的七步框架;ESG 事项汇报原则在编制环境、社会及管治报告时,需应用重要性、量化性和一致性原则,披露识别重要 ESG 因素的过程及准则、排放量/能源耗用的标准方法及统计方法的变更情况;ESG 事项汇报范围则需解释报告的覆盖范围,描述纳入报告的实体或业务的选择过程,并在范围变动时说明差异及原因。C 部分"不遵守就解释"主要涵盖环境(E)、社会(S)及管治(G)三个范畴,对每个范畴制定了必须披露的信息层面及相应的关键绩效指标要求,确保发行人即使未全面披露,也需提供合理解释。通过这三部分内容,港交所《环境、社会及管治报告守则》规范了上市公司 ESG 信息披露的责任和要求,推动企业在环境保护、社会责任及治理方面实现更高标准的透明度与责任担当。

表 6-5 《环境、社会及管治报告守则》新增气候相关披露要求

板块	内容
管治	治理机构或个人责任
	技能和胜任能力
	管理方式和频率
	策略、重大决策时对气候问题的考量
	气候相关绩效指标如何纳入薪酬正常监测
	管理层的角色及职责
策略	气候相关风险和机遇（短、中、长期影响）
	业务模式和价值链（当前及预期影响）
	策略和决策（当前及预期影响）
	财务状况、财务表现及现金流量（当前及预期影响）
	气候韧性（情景分析）
风险管理	用于识别、评估、优次排列和监测气候相关风险的流程和相关正常监测，包括该流程融入整体风险管理的程度
指标及目标	温室气体排放、气候相关转型风险、物理风险、机遇、资本运用、内部碳价格、薪酬、行业指标、气候相关目标以及跨行业指标及行业指标的适用性

资料来源：港交所网站，由作者整理。

四、三大交易所准则实质性议题

在三大交易所的《指引》中，环境信息披露占据较大篇幅，涵盖"应对气候变化""污染防治与生态系统保护""资源利用与循环经济"三大类，并细分出 11 个子类，全面覆盖环境信息披露的各个方面。在保持与国际框架一致的基础上，《指引》在具体指标披露上结合中国国情进行了适当调整。社会信息披露部分则从"乡村振兴与社会贡献""创新驱动与科技伦理""供应商与客户"及"员工"四大类细分出 8 个子类，充分立足于我国资本市场的发展实际，结合国情，新增了乡村振兴和创新驱动等具体议题，展现了"中国特色"的可持续发展特点。治理信息披露部分则从"可持续发展相关治理机制"和"商业行为"两大类细分出 4 个子类，重点关注企业在可持续发展及商业活动中的违法违规行为，进一步促进企业高质量发展（见表 6-6）。

表 6-6　　《上市公司自律监管指引——可持续发展报告(试行)》议题对应

维度	议题	对应条款
环境	应对气候变化	第二十一条至第二十八条
	污染物排放	第三十条
	废弃物处理	第三十一条
	生态系统和生物多样性保护	第三十二条
	环境合规管理	第三十三条
	能源利用	第三十五条
	水资源利用	第三十六条
	循环经济	第三十七条
社会	乡村振兴	第三十九条
	社会贡献	第四十条
	创新驱动	第四十二条
	科技伦理	第四十三条
	供应链安全	第四十五条
	平等对待中小企业	第四十六条
	产品和服务安全与质量	第四十七条
	数据安全与客户隐私保护	第四十八条
	员工	第五十条
可持续发展相关治理	尽职调查	第五十二条
	利益相关方沟通	第五十三条
	反商业贿赂及反贪污	第五十五条
	反不当竞争	第五十六条

资料来源:作者整理。

第四节　国内准则实质性议题对比分析

一、国内 ESG 准则综合对比

对于一个完善的 ESG 准则来说,其所规定的 ESG 实质性议题才是企业和其他市场主体所应重点关注的地方。ESG 所涉及的实质性议题众多,不同市场主体所编制的 ESG 报告侧重点也有所不同,同时不同 ESG 准则所关注的实质性议题也略有差距,只有市场主体识别出足够重要的议题,才能够最终被写入报告。因此如何识别实质性议题是不同市场主体进行 ESG 信息披露以及编制 ESG 报告的重要起点。如表 6－7 所示,本书对《CASS-ESG 5.0》《央企控股上市公司 ESG 专项报告指南》《环境、社会与治理守则》与《指引》就强制性要求、重要性原则、采用框架、指标体系与实质性议题等方面进行简要对比。

表 6－7　　　　　　　　　　　　　　　国内 ESG 准则简要对比

	《CASS-ESG5.0》	《央企控股上市公司 ESG 专项报告指南》	《环境、社会与治理守则》	《指引》
发布机构	中国社科院	国务院国资委办公厅	港交所	上交所、深交所、北交所
强制性要求	不具有强制性	对央企控股上市公司具有强制性	具有强制性	对于部分企业具有强制性
重要性原则	双重重要性	双重重要性	双重重要性	双重重要性
采用框架	"四要素"框架	"四要素"框架	"四要素"框架	"四要素"框架
指标体系与实质性议题	构建了治理责任(G)、风险管理(R)及价值创造(V)的"三位一体"理论模型,该理论模型以治理责任(G)为"基础",以风险管理(R)与价值创造(V)为模型"两翼",这一理论框架构成了 ESG 披露的逻辑与完整生态	包括三个核心附件。指标体系从环境(E)、社会(S)、治理(G)三大维度出发,并且充分结合了国企改革深化提升行动要求,设置了"产业转型""乡村振兴与区域协同发展"等本土化指标,聚焦于"两个途径",充分发挥"三个作用",突出长期价值的数据管理,强化创新驱动等方面的社会价值创造	共由三部分内容组成,包括了 A 部分"引言"、B 部分"强制披露规定"、C 部分"不遵守就解释"。从环境范畴(E)、社会范畴(S)、管治范畴(G)三个维度出发。自 2025 年 1 月 1 日起,其正式更名为《环境、社会与治理守则》,新增 D 部分,专门针对气候信息披露,即对气候信息披露要求进一步规范	共由六章组成,对环境信息披露(E,包括应对气候变化、污染防治与生态系统保护、资源利用与循环经济三节)、社会信息披露(S,包括乡村振兴与社会发展、创新驱动、供应商与客户、员工三节)与可持续发展相关治理信息披露(G,包括可持续发展相关治理机制、防范商业贿赂与不正当竞争谅解)进行了详细的规定

资料来源:作者整理。

简单来说,中国 ESG 准则呈现出如下三点特点:其一,中国 ESG 准则要求企业在编制 ESG 报告时均采用双重重要性原则与"四要素"框架,并都从环境(E)、社会(S)、治理(G)三大维度出发构建自身的指标体系与实质性议题。其二,中国 ESG 准则均采用了本土化指标体系,构建具有中国特色的 ESG 指标体系。其三,中国 ESG 准则的强制性要求明显有所不足。

二、三大交易所《指引》与财政部《基本准则》对比

三大交易所《上市公司自律监管指引——可持续发展报告(试行)》与财政部《企业可持续披露准则——基本准则(试行)》是 2024 年中国最重大的两项 ESG 准则,对两者进行详细的对比分析的重要性不言而喻。表 6－8 展示了两者对比的简要概览。由于三大交易所的准则内容基本一致,仅强制披露主体有一定的差异,因此,在将其与财政部准则进行对比时,我们仅选取了上交所准则。

表 6—8　　　　　　　　　　　　《指引》与《基本准则》对比

报告时间	内容框架	重要性原则
《指引》要求在会计年度结束后 4 个月内披露；且不早于年报；《基本准则》强调与财报报告期一致	《指引》有较为具体的内容框架；《基本准则》中的基本准则暂无	《指引》为双重重要性原则；《基本准则》为重要性原则
可持续信息与财务信息的关联性	价值链	利益相关方/可持续信息使用者
《指引》无此项要求；《基本准则》要求可持续信息之间、可持续信息与财务报表信息之间应当相互关联	《指引》要求应该结合所处行业特点等识别重要性议题；《基本准则》要求可持续信息披露应当考虑其价值链	《指引》称其为利益相关方；《基本准则》称其为可持续信息使用者
内部控制	缓释措施与衔接安排	单独报告/披露位置
《指引》要求有健全的公司治理结构和足够的内部控制；《基本准则》仅要求有完善的内部控制	《指引》存在一定的时间安排，且要求企业明确相关披露的工作计划、进度和时间表；《基本准则》要求企业结合自身实际自愿执行	均需单独披露《可持续发展报告》；但《基本准则》要求需要通过交叉索引的方式从企业发布的其他报告（如相关财务报表）中获取

资料来源：作者整理。

具体来看，首先，表 6—9 展示了三大交易所《指引》和财政部试行的《基本准则》的基本框架要求对比。其中，就适用范围（报告披露主体）来说，三大交易所《指引》要求存在特定的披露主体要求，而财政部试行的《基本准则》中未明确提及。就报告时间来说，《指引》和《基本准则》也存在显著差异，《指引》要求在会计年度结束后 4 个月内披露，且不早于年报，而《基本准则》暂时无具体要求，但强调与财报报告期一致。就内容框架而言，《指引》相对《基本准则》有较为具体的内容框架，而财政部仅出台了《基本准则》，并为未来出台的具体准则和应用指南提出了一般要求。就披露框架/要素而言，三大交易所《指引》要求披露议题具有双重重要性原则，并且套用四要素框架，财政部《基本准则》对于具有重要影响的信息并未提及四要素框架。

表 6—9　　　　　　　《指引》与《基本准则》对比——基本框架要求对比

主要内容名称	三大交易所《上海证券交易所上市公司自律监管指引第 14 号——可持续发展报告》（简称《指引》）	财政部《企业可持续披露准则——基本准则（试行）》（简称《基本准则》）	对比分析
适用范围（报告披露主体）	上证 180 指数、科创 50 指数样本公司以及境内外同时上市的公司应当按照本指引及本所相关规定披露《上市公司可持续发展报告》或者《上市公司环境、社会和公司治理报告》（以下统称《可持续发展报告》）。本所鼓励其他上市公司自愿披露《可持续发展报告》，报告中涉及本指引规范内容的，需与本指引的相关要求保持一致。根据本指引应当披露和自愿披露《可持续发展报告》的上市公司统称为披露主体	可持续信息披露的报告主体应当与财务报表的报告主体保持一致	《指引》有特定的披露主体要求，为特定股指的上市公司；《基本准则》未明确提及

续表

主要内容名称	三大交易所《上海证券交易所上市公司自律监管指引第 14 号——可持续发展报告》（简称《指引》）	财政部《企业可持续披露准则——基本准则（试行）》（简称《基本准则》）	对比分析
报告时间	披露主体应当在每个会计年度结束后 4 个月内按照本指引编制《可持续发展报告》，经董事会审议后披露，披露时间应当不早于年度报告 《可持续发展报告》的报告主体和报告期间应当与年度报告保持一致	企业可持续信息披露的报告期间应当与其财务报表的报告期间保持一致。企业一般应当按公历年度披露可持续信息	《指引》要求在会计年度结束后 4 个月内披露，且不早于年报；《基本准则》暂时无具体要求，但强调与财报报告期一致
内容框架	《指引》共 6 章 58 条，在参考《上海证券交易所上市公司自律监管指引 1 号——规范运作》相关内容的基础上，进一步丰富和完善可持续信息披露要求。其中第一章（总则）和第二章（可持续发展信息披露框架）为一般要求，第三章、第四章、第五章分别为环境、社会、公司治理三个维度的具体披露要求，第六章为附则和释义	企业可持续披露准则包括基本准则、具体准则和应用指南。具体准则和应用指南的制定应当遵循基本准则 基本准则对企业可持续信息披露提出一般要求 具体准则对企业在环境、社会和治理等方面的可持续议题的信息披露提出具体要求 应用指南对本准则和具体准则进行解释和细化，对有关行业应用本准则和具体准则提供指引，以及对重点难点问题进行操作性规定	《指引》有较为具体的内容框架；《基本准则》仅为未来出台的具体准则和应用指南提出了一般要求
披露框架/要素	拟披露的可持续发展议题同时具备财务重要性和影响重要性，公司应当围绕"治理—战略—影响、风险和机遇管理—指标与目标"四个核心内容对拟披露的议题进行分析和披露，以便于投资者、利益相关方全面了解上市公司为应对和管理可持续发展相关影响、风险和机遇所采取的行动	为满足可持续信息基本使用者的信息需求：企业披露的可持续机遇和风险的信息，需要包含四个核心要素：治理、战略、风险和机遇管理、指标和目标	《指引》要求披露议题具有双重重要性原则，并且套用四要素框架；《基本准则》对于具有重要影响的信息并未提及四要素框架

资料来源：作者整理。

其次，表 6—10 列示了三大交易所《指引》和财政部《基本准则》的详细内容对比，其中包括了重要性原则、可持续信息与财务信息的关联性、价值链、利益相关方/可持续信息使用者、判断、计量不确定性与信息更正与重述的对比。就重要性原则而言，三大交易所《指引》要求采用双重重要性原则，需要识别出财务重要性和影响重要性；财政部《基本准则》要求符合重要性原则。就可持续信息与财务信息的关联性而言，三大交易所《指引》对可持续信息与财务信息的关联性无此项要求，而财政部《基本准则》要求可持续信息之间、可持续信息与财务报表信息之间应当相互关联。就价值链要求而言，三大交易所《指引》要求应该结合所处行业特点等识别重要性议题，而财政部《基本准则》要求可持续信息披露应当考虑其价值链。就利益相关方/可持续信息使用者而言，三大交易所《指引》称其为利益相关方，而财政部《基本准则》称其为可持续信息使用者。就判断、计量不确定性而言,三大交易所《指引》要求披露需要估算的信息或预测性信息,且要求披露所依据的假设和前提发生重大变化,财政部《基本准则》也有着同样的要求。就信息更正与重述方面而言,三大交易所《指引》与财政部《基本准则》都要求对发生变化的信息进行追溯调整,但财政部《基本准则》相比三大交易所准则有着更详细的说明。

表 6-10 《指引》与《基本准则》对比——详细内容要求对比

主要内容名称	三大交易所《上海证券交易所上市公司自律监管指引第 14 号——可持续发展报告》(简称《指引》)	财政部《企业可持续披露准则——基本准则(试行)》(简称《基本准则》)	对比分析
重要性原则	双重重要性原则:上市公司应当结合自身所处行业和经营业务的特点,在《指引》设置的议题识别中识别每个议题是否对企业价值产生较大影响(财务重要性);以及企业在相应议题的表现是否对经济、社会和环境产生重要影响(影响重要性),并说明对议题重要性进行分析的过程	可持续信息披露应当符合重要性原则,并且企业应当结合具体适用的企业可持续披露准则的要求,按照具体标准对可持续风险和机遇信息与可持续影响信息开展重要性评估	三大交易所《指引》要求采用双重重要性原则,需要识别出财务重要性和影响重要性;财政部《基本准则》要求符合重要性原则
可持续信息与财务信息的关联性	无	要求企业关注可持续信息之间、可持续信息和财务报表信息之间、可持续信息和与财务报表一同披露的其他信息之间的关联,并且企业应当通过索引或者文字解释披露上述信息之间的关联	三大交易所《指引》对可持续信息与财务信息的关联性无此项要求;财政部《基本准则》要求可持续信息之间、可持续信息与财务报表信息之间应当相互关联
价值链	除本指引设置的议题外,披露主体还应当结合所处行业特点、行业发展阶段、自身商业模式、所处价值链等情况,识别并按照本指引的要求披露其他具有财务重要性或者影响重要性的议题	企业开展可持续信息披露应当考虑价值链情况。价值链,是指企业的价值创造活动各环节构成的完整关系链条,即与企业的业务模式及其所处外部环境相关的互动、资源和关系,包括企业的产品或者服务从概念到交付、消费直至生命周期结束所涉及的互动、资源、关系以及开展的全部活动	三大交易所《指引》要求应该结合所处行业特点等识别重要性议题;财政部《基本准则》要求可持续信息披露应当考虑其价值链
利益相关方/可持续信息使用者	利益相关方指权益受到或可能受到企业活动影响的个人或团体,如员工、消费者、客户、供应商、投资者等	可持续信息使用者包括投资者、债权人、政府及其有关部门和其他利益相关方。其中,投资者、债权人为可持续信息的基本使用者;其他利益相关方,是指其利益受到或者可能受到企业活动影响的群体或者人员,如员工、消费者、客户、供应商、社区以及企业的业务伙伴和社会伙伴等	三大交易所《指引》称其为利益相关方;而财政部准则称其为可持续信息使用者

续表

主要内容 名称	三大交易所 《上海证券交易所上市公司自律 监管指引第 14 号——可持续发 展报告》(简称《指引》)	财政部 《企业可持续披露准则—— 基本准则(试行)》 (简称《基本准则》)	对比分析
判断、计量不确定性	披露主体在《可持续发展报告》中披露财务影响、温室气体减排目标等需要估算的信息或预测性信息的,应当基于合理的基本假设和前提,并对可能影响估算准确性或预测实现的重要因素进行充分的风险提示。估算或预测性信息所依据的假设和前提发生重大变化的,应当及时披露	企业应当披露编制可持续信息过程中作出的对所披露信息具有最重大影响的判断。企业应当披露所报告数值的最重大的不确定性。企业应当识别其披露的具有高度计量不确定性的数值,并披露这些数值计量不确定性的来源以及计量数值时运用的假设、近似值和判断	三大交易所《指引》要求披露需要估算的信息或预测性信息,且要求披露所依据的假设和前提发生重大变化;财政部《基本准则》也有着同样的要求
信息更正与重述	数据的采集、测量与计算方法发生变化的,披露主体应当对相关数据进行追溯调整,并说明调整的情况与原因。追溯调整不切实可行的,披露主体应当说明原因	除非不切实可行,企业应当通过重述前期可比数值的方式更正重要的前期差错 如果企业发现重要的前期差错,应当披露前期差错的性质,以及在切实可行的范围内就该前期披露内容进行的更正。如果重要的前期差错更正不切实可行,企业应当披露导致该状况出现的情况,该差错可能产生的影响 当确定某项差错对所有前期披露的影响不切实可行时,企业应当从可行的最早日期开始更正该差错并重述可比信息	三大交易所《指引》与财政部《基本准则》都要求对发生变化的信息进行追溯调整,但《基本准则》相比《指引》有着更详细的说明

资料来源:作者整理。

最后,如表 6-11 所示,我们对三大交易所《指引》和财政部《基本准则》进行了进一步对比。就内部控制方面,三大交易所要求有健全的公司治理结构和足够的内部控制,财政部《基本准则》仅要求有完善的内部控制,以控制披露信息的质量。就外部鉴证方面,三大交易所《指引》要求可持续发展信息应当具备客观性、真实性、完整性和一致性,并且要求具有第三方鉴证机构提高信息的可信度,财政部《基本准则》也有同样的要求。就时间节点与过渡期安排方面,三大交易所《指引》和财政部《基本准则》都允许企业存在一定的过渡期,但三大交易所《指引》比财政部《基本准则》所要求的过渡期较短,并且要求较高。就缓释措施与衔接安排方面,三大交易所《指引》和财政部《基本准则》都对企业有一定的缓释措施与衔接安排,但三大交易所《指引》存在一定的时间安排,且要求企业明确相关披露的工作计划、进度和时间表,财政部则要求企业结合自身实际自愿执行,同时提到财政部将在未来提出进一步要求。就相称性而言,三大交易所和财政部均要求采用要求与资源、能力等相称的方法,三大交易所要求兼顾成本的可负担性,而财政部要求无需付出过度成本或者努力即可得到。就单独报告/披露位置而言,三大交易所和财政部都需要单独披露《可持续发展报告》,但财政部准则要求需要通过交叉索引的方式从企业发布的其他报告(如相关财务报表)中获取。

表 6－11　　　　　　　　　《指引》与《基本准则》对比——进一步要求对比

主要内容名称	三大交易所《上海证券交易所上市公司自律监管指引第 14 号——可持续发展报告》(简称《指引》)	财政部《企业可持续披露准则——基本准则(试行)》(简称《基本准则》)	对比分析
内部控制	上市公司应当建立健全公司治理结构和内部控制制度,确保相关内部机构具备足够的专业能力,保障可持续发展信息披露的真实性和有效性	企业应当建立健全与可持续信息披露相关的数据收集、验证、分析、利用和报告等系统,完善可持续信息披露的内部控制,确保可持续信息披露的质量	三大交易所《指引》要求有健全的公司治理结构和足够的内部控制;财政部《基本准则》仅要求有完善的内部控制,以控制披露信息的质量
外部鉴证	上市公司披露的可持续发展信息应当具备客观性、真实性、完整性和一致性,并可以通过第三方鉴证等方式提高信息的可信度 披露主体聘请第三方机构对《可持续发展报告》进行鉴证或审验的,应当披露该机构的独立性情况、与披露主体的关系、经验和资质、鉴证或审验报告。报告的内容包括但不限于鉴证或审验范围、依据的标准、主要程序、方法和局限性、意见或结论等	企业披露的可持续信息应当具有可验证性,能够通过该信息本身或者生成该信息的输入值加以证实。鼓励企业提供独立的可持续发展报告鉴证声明	三大交易所《指引》要求可持续发展信息应当具备客观性、真实性、完整性和一致性,并且要求具有第三方鉴证机构提高信息的可信度;财政部《基本准则》也有类似要求
时间节点与过渡期安排	本指引自 2024 年 5 月 1 日起施行,并设置下列过渡期安排: (一)按照本指引规定应当披露《可持续发展报告》的上市公司应当在 2026 年 4 月 30 日前发布 2025 年度的《可持续发展报告》,上市公司应当按照本指引要求提前做好相关技术、数据和内部治理等工作安排; (二)本所鼓励上市公司提前适用本指引的规定披露 2024 年度《可持续发展报告》,上市公司披露 2024 年度《可持续发展报告》的,报告内容应当符合本指引的相关要求; (三)披露主体适用本指引的首个报告期,可以不披露相关指标的同比变化情况,对于定量披露难度较大的指标,可以定性披露并解释无法量化披露的原因,前期已定量披露相关指标的除外	总体目标是,到 2027 年,我国企业可持续披露基本准则、气候相关披露准则相继出台。到 2030 年,国家统一的可持续披露准则体系基本建成。鉴于准则体系建设周期较长,可由相关部门根据实际需求先行制定针对特定行业或领域的披露指引、监管制度等,未来逐步调整完善 综合考虑我国企业的发展阶段和披露能力,《基本准则》的施行不会采取"一刀切"的强制实施要求,将采取区分重点、试点先行、循序渐进、分步推进的策略,从上市公司向非上市公司扩展,从大型企业向中小企业扩展,从定性要求向定量要求扩展,从自愿披露向强制披露扩展	三大交易所《指引》和财政部《基本准则》都允许企业存在一定的过渡期,但《指引》比《基本准则》所要求的过渡期较短,并且要求较高

续表

主要内容名称	三大交易所《上海证券交易所上市公司自律监管指引第 14 号——可持续发展报告》(简称《指引》)	财政部《企业可持续披露准则——基本准则(试行)》(简称《基本准则》)	对比分析
缓释措施与衔接安排	一是首个报告期上市公司无需披露相关指标额的同比变化情况,对于定量披露难度较大的指标,可定性披露并解释无法量化披露的原因,前期已定量披露相关指标的除外。二是在 2025 年度、2026 年度报告期内,上市公司难以定量披露可持续发展相关风险和机遇对当期财务状况影响的,可仅进行定性披露。三是难以披露可持续发展相关风险和机遇对未来财务状况影响的,应当在合理范围内提供有助于投资者了解相关影响的资料和说明,并明确相关披露的工作计划、进度和时间表。 本所将在《指引》正式发布实施时进一步明确,对于根据《上海证券交易所上市公司自律监管指引第 1 号——规范运作》等相关规定应当披露社会责任报告的上市公司,按照《指引》规定披露《可持续发展报告》的,无需再披露社会责任报告	在《基本准则》发布后的初期阶段,先由企业结合自身实际自愿执行,待各方面条件相对成熟以后,财政部将会同相关部分对实施范围、缓释措施、相关条款的适用性、具体衔接规定等作出针对性安排	三大交易所《指引》和财政部《基本准则》都对企业有一定的缓释措施与衔接安排,但《指引》存在一定的时间安排,且要求企业明确相关披露的工作计划、进度和时间表;《基本准则》要求企业结合自身实际自愿执行,同时提到财政部将在未来提出进一步要求
相称性	披露主体在识别可持续发展相关影响、风险和机遇,分析可持续发展相关风险和机遇对财务的影响,以及判断价值链范围、开展情景分析等过程中,应当使用与公司的能力、前期工作成果和资源相匹配的方法收集可合理获得的信息,兼顾成本的可负担性	企业在识别可持续风险、机遇和影响,确定价值链范围,编制可持续风险或者机遇预期财务影响的信息,以及编制可持续影响信息时,应当使用报告日合理且有依据的信息(该信息无须付出过度成本或者努力即可获得)。其中,企业在编制可持续风险或者机遇预期财务影响的信息时,应当采用与其技能、能力和资源相称的方法	三大交易所《指引》和财政部《基本准则》均要求采用要求与资源、能力等相称的方法,《指引》要求兼顾成本的可负担性,而《基本准则》要求无需付出过度成本或者努力即可得到
单独报告/披露位置	单独披露《可持续发展报告》	企业应当按照企业可持续披露准则的要求编制可持续发展报告。 可持续发展报告应当采用清晰的结构和语言,与财务报表同时对外披露,监管部门另有要求的除外。企业应当在其官方网站或者以其他方式公布可持续发展报告。 本准则所要求的信息可以通过交叉索引的方式从企业发布的其他报告(如相关财务报表)中获取。如果本准则要求的信息是通过交叉索引方式纳入的,则企业应当披露该信息所来源的报告	三大交易所《指引》和财政部《基本准则》都需要单独披露《可持续发展报告》,但《基本准则》要求需要通过交叉索引的方式从企业发布的其他报告(如相关财务报表)中获取

资料来源:作者整理。

第五节 本章小结

近年来,ESG 理念逐步走向成熟,其实践也日益呈现出标准化、国际化和体系化的特征。目前,国际社会已经逐步构建起较为完善的 ESG 体系,并形成了相对统一的披露标准及披露原则。随着我国经济转向高质量发展阶段,绿色发展观已经逐渐深入我国经济发展的各个方面,我国资本市场对 ESG 的关注度也在不断持续上升,我国 ESG 信息披露体系主要以政府、监管部门、交易所、行业协会发布的一系列指引和政策为框架,逐步构建起具有中国特色的 ESG 标准体系。总体而言,虽然国内 ESG 标准的发展相对较晚,但其在近年来得到了快速推进,例如《中国企业社会责任报告指南》(CASS-ESG 5.0)、央企控股上市公司 ESG 专项报告指南和《环境、社会与治理守则》等文件,作为中国在企业社会责任和 ESG 领域的重要政策文件,为企业提供了系统化的框架和标准,推动其在环境、社会和治理方面做出积极努力。这些政策的实施和推广,不仅提升了企业的社会责任意识和信息披露质量,也为中国资本市场的可持续发展提供了有力支持。未来,随着更多企业的参与和实践的不断深入,这些政策将为推动中国企业社会责任事业的发展发挥更大的作用。2024 年 4 月上交所、深交所、北交所率先发布的《上市公司自律监管指引——可持续发展报告(试行)》、2024 年 11 月上交所出台的《推动提高沪市上市公司 ESG 信息披露质量三年行动方案(2024—2026 年)》以及 2024 年 11 月财政部发布的《企业可持续披露准则——基本准则(试行)》标志着我国 ESG 准则建设迈向了新的高度。这些文件的出台,进一步完善了我国 ESG 信息披露体系,推动了 ESG 理念在资本市场的全面落地。

本章重点介绍了五个具有代表性的中国 ESG 准则,包括《中国企业社会责任报告指南》(CASS-ESG 5.0)、央企控股上市公司 ESG 专项报告指南、港交所《环境、社会与治理守则》、三大交易所《上市公司自律监管指引——可持续发展报告(试行)》以及财政部《企业可持续披露准则——基本准则(试行)》。在分析这些准则内容的同时,本章还探讨了其实质性议题,并对三大交易所准则与财政部准则进行了详细的对比分析。

总体而言,随着市场对 ESG 认知的不断深入和成熟,中国 ESG 发展将在监管部门、市场各方主体的共同努力下快速推进,并逐步形成统一的标准体系。中国企业在 ESG 领域的实践已取得显著进展,但在信息披露的全面性、准确性和透明度方面仍需进一步提升。未来,随着 ESG 体系的不断完善和市场的日益成熟,中国企业有望在可持续发展的道路上实现更大突破。我国 ESG 准则的发展具有鲜明的中国特色,企业和各市场主体应紧跟国家政策导向,顺应 ESG 发展趋势,以实现真正的可持续经营。与此同时,只有企业与各市场主体协同发展,形成良性互动,才能共同推动我国经济实现高质量发展。

第七章　企业实践中的实质性议题

本章提要　本章探讨了企业 ESG 实践中的实质性议题,包括企业实质性议题披露现状、企业实质性议题识别标准与流程、企业实质性议题披露问题以及以可持续发展为目标推动企业实质性议题的披露。企业 ESG 实践现状表明,2023 年共有 2 162 家公司披露了 ESG 报告,涵盖 347 个实质性议题,显示出议题披露的多样性与集中性。实质性议题识别主要通过与利益相关方的沟通和行业标准评估确定,越来越多的企业开始披露识别过程,但标准不统一。问题在于部分企业的议题披露仍不够透明,缺乏对议题变动的详细解释,第三方鉴证覆盖率较低。未来企业应进一步提升信息透明度,强化中国特色议题的披露,推动创新和高质量的 ESG 实践发展。

第一节　企业实质性议题披露现状

一、实质性议题披露种类与偏好

2023 年,共有 2 162 家公司披露了 ESG 报告(含社会责任报告),在这些报告中,经合并相近含义后,共识别出 347 个实质性议题类别(实际议题数量超过 1 200 个),且不同公司在表达同一议题时采用了多种命名规则。此外,2023 年 ESG 报告的平均篇幅为 45.41 页。随着越来越多企业将报告载体从 CSR 转向 ESG,其 ESG 实践和创新也日趋多样化。

从议题维度上看,平均每份 ESG 报告披露 35.35 个实质性议题,其中,如图 7-1 所示,风控管理、供应链和废弃物出现的频数最高,而总频数(即全部 ESG 报告中出现的次数)超过 5 000 次的为高频议题,共 23 个,而总频数在 1 000～5 000 次的共有 38 个议题,其余 286 个议题出现的总频数低于 1 000 次(如图 7-2 所示)。

究其原因,一方面,我国 ESG 评级机构较为多元,不同机构所偏好的实质性议题有所不同,这直接导致企业在选取实质性议题时,参考的标准会有所差异;另一方面,我国目前的信息披露政策起步也较晚,2024 年 4 月,上交所发布了可持续发展披露指引,而在这之前,企业的 ESG 披露所参考的准则也是标准不一的,从而实质性议题的披露类别多种多样,企

资料来源:作者整理。

图 7—1　实质性议题词云图

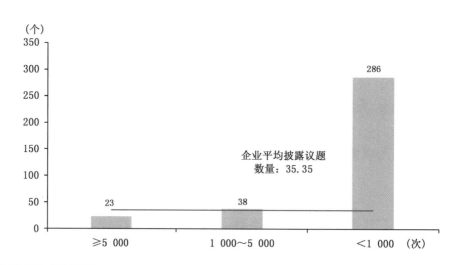

资料来源:作者整理。

图 7—2　不同披露频数下实质性议题数量

业实质性议题创新层出不穷。许多企业在 ESG 领域已积累了丰富的实践经验。在过去十年中,企业已由披露 CSR 报告转向披露 ESG 报告,两者理念的部分重合为企业在选择披露议题时提供了丰富的历史实践参考。同时,部分议题的披露与我国的社会特性及发展阶段密切相关。图 7—3 总结了总频数超过 5 000 次的实质性议题的分布情况。

　　总的来说,实质性议题披露呈现"种类多样,偏好集中"的特点。公司实质性议题的披露是存在偏好的,即部分议题都会为各大公司所选取而披露;而与此同时,实质性议题的披露也是丰富多样的,即企业在披露"共同披露的议题"的同时,也会根据自己行业所处的特点、公司战略等因素披露创新性的实质性议题。

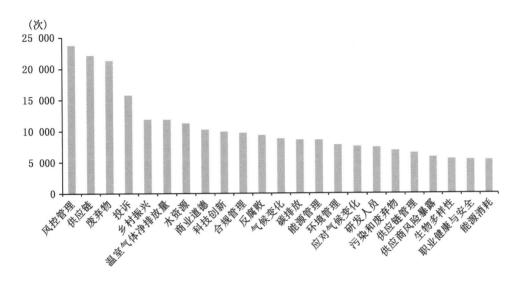

资料来源：作者整理。

图 7－3　总频数超过 5 000 次的实质性议题

二、实质性议题变动披露率逐年上升

部分 ESG 报告会针对实质性议题相较于上一年的调整进行阐述，主要体现在议题名称、权重及其背后的驱动因素等方面。部分议题的名称被重新定义，以更加准确反映其内涵，同时根据外部监管要求、行业趋势及利益相关方的关注，议题权重也相应做出调整。这些变动的原因主要包括全球可持续发展议程的推进、政策法规的变化以及企业战略重心的转变。

而企业通常笼统表述和利益相关方沟通后得到实质性议题，本年度相对前年度议题的变动，如种类的变动以及重要程度的变动，企业往往没有做必要的解释。2023 年全部 ESG 报告中，有 278 份 ESG 报告披露了该板块，占 12.78％，而其余公司均未解释。

较低的披露率，一方面会降低报告的透明度，利益相关者无法理解这些变动的原因和背景，从而削弱报告的可信度；另一方面，这也会给投资决策带来影响，ESG 投资者使用 ESG 报告来评估标的公司的风险和机会，如果实质性议题的变化没有解释清楚，投资者可能会对公司的未来表现产生疑虑，从而影响他们的投资决策。

案例 7－1　申万宏源（股票代码：000166）是一家中国领先的证券公司，提供证券经纪、投资银行、资产管理等服务。公司在资本市场具有广泛的影响力和深厚的行业经验。申万宏源每年会确定关键持份者，包括股东和债权人等出资方，也包括政府、客户、员工、供应商、社会公益等其他关联方。其对于不同的关联方设定不同的沟通方式和渠道，以此确定各方所关注的实质性议题。同时，申万宏源结合国家宏观政策、行业相关政策、资本市场 ESG 关注点、公司发展实际等方面，参考持份者调研、行业专家判断等，开展实质性议题识别与分析，最终得出实质性议题相较于去年的变动并进行阐述。变动不仅包括类别的变动,还包括合并、拆分等方式(见图 7—4、图 7—5)。

持份者溝通及實質性議題分析

持份者溝通

持份者的需求與期望是公司研究推進 ESG 管理提升行動方案、開展 ESG 管理與資料披露的核心考量因素。2023 年,公司聚焦投資者及債權人、政府及監管機構、客戶、員工、供應商及合作夥伴、社區代表與公益組織六大持份者,積極開展溝通與調研,並把各持份者的訴求納入管理和決策過程中,努力為各方創造可持續的綜合價值。

關鍵持份者

股東及債權人　　政府及監管機構　　客戶　　　　　員工　　供應商及合作夥伴　社區代表與公益組織
　　　　　　　　　　　　　　　　　　　　　　　　　　　　　　　　　　　　　(媒體、合作大專院校、行業組織、社會組織)

资料来源:申万宏源 2023ESG 报告。

图 7—4　申万宏源 2023 年 ESG 报告实质性议题分析披露

2023 年,公司結合國家宏觀政策、行業相關政策、資本市場 ESG 關注點、公司發展實際等方面,參考持份者調研、行業專家判斷等,開展實質性議題識別與分析。較 2022 年度,實質性議題主要變動如下:

落實中央金融工作會議精神,整合新增議題

公司將「支持區域協調發展」及「發展普惠金融」整合至「服務國家戰略與支持實體經濟」議題,新增「助推資本市場改革發展」議題,並將「鄉村振興與公益慈善」拆分為「助力鄉村振興」及「社區溝通與支持」兩個議題。

滿足監管要求,回應資本市場關注重點

公司將「股東及債權人權益保障」從「企業管治」議題中拆分出來,新增「ESG 風險管理」議題,整合「助力『雙碳』目標」至「應對氣候變化議題」,回應 MSCI 等外部評級機構的關注點。

资料来源:申万宏源 2023ESG 报告。

图 7—5　申万宏源 2023 年 ESG 报告实质性议题变动披露

总的来说,实质性议题变动披露现状表现出逐步规范化的趋势。随着企业对可持续发展重要性的认知加深,越来越多的公司开始在 ESG 报告中披露实质性议题的变动情况。然而,目前仍存在披露深度和透明度不够、变动标准不统一、利益相关方参与不足等问题。部分企业在实质性议题的识别与管理上未能建立完善的系统性方法,导致其信息披露流于表面,未能充分反映企业在 ESG 领域的实际实践情况。展望未来,随着监管政策趋严、投资者和公众对 ESG 披露要求的提升,企业将进一步加强对实质性议题的动态管理和精准披露。未来的 ESG 报告在实质性议题披露方面将更加细化和透明,促使企业更加有效地应对外部环境的变化和利益相关方的期望。

三、中国特色实质性议题披露广泛

我国的部分实质性议题披露富有中国特色,这与我国的国情和社会状况是高度相关的。如"乡村振兴"议题共出现 11 877 次,共 1 503 家公司披露了这一议题,平均每家公司披露 10 次以上(即"乡村振兴"出现超过 10 次),这说明随着乡村振兴战略的推进,越来越多企业通过投资、技术支持等方式参与其中,推动现代农业和乡村旅游等产业发展,同时提升农村基础设施和公共服务水平,助力地方经济振兴。

"科技创新"实质性议题 2023 年共出现 9 922 次,共 1 588 家公司关注到这一议题,体现了大部分企业越来越重视科技创新,其通过加大研发投入、推动技术升级和引进高端人才,不断提升核心竞争力。科技创新不仅帮助企业优化产品和服务,还推动了行业转型升级,为行业长远发展奠定坚实基础。

"反腐败"实质性议题共出现 9 346 次,反贿赂出现 1 193 次。大部分企业越来越关注党建工作与反腐败建设,通过强化党风廉政教育、完善内控机制和制度监督,积极预防和打击腐败行为。党建引领的廉洁文化不仅维护了企业的健康发展,还提升了企业的公信力和社会责任感,助力营造风清气正的经营环境。

"普惠"出现 3 405 次,反映了大部分企业开始关注普惠发展。通过创新金融服务、拓展市场覆盖面,可帮助更多中小企业和个人享受公平的资源和机会。大部分企业越来越关注党建工作与反腐败建设,通过强化党风廉政教育、完善内控机制和制度监督,积极预防和打击腐败行为。党建引领的廉洁文化不仅维护了企业的健康发展,还提升了企业的公信力和社会责任感,助力营造风清气正的经营环境(见图 7—6)。

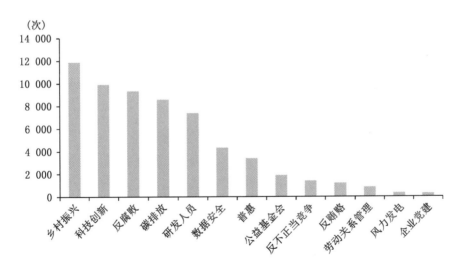

资料来源:作者整理。

图 7—6　2023 ESG 报告中国特色实质性议题披露频数

案例 7—2 千红制药(股份代码:002550)是江苏的一家生物制药企业,专注于血液制品及抗凝药物的研发生产,拥有自主知识产权,并通过 GMP 认证,产品远销国际市场。千红制药的 ESG 报告紧扣中国特色,聚焦乡村振兴、研发创新、普惠金融与党建引领等实质性议题。公司通过支持乡村医疗卫生事业、加大自主创新力度,推动研发本土化,同时积极参与普惠医疗项目,提升药品可及性。此外,千红制药将党建工作融入企业管理与社会责任,充分发挥党组织的引领作用,助力企业在高质量发展的同时为国家社会福祉贡献力量。

总的来说,在 ESG 实质性议题的披露中,融入中国特色至关重要。企业应结合国家政策导向和社会发展需求,将绿色发展、共同富裕、乡村振兴等中国特色议题纳入 ESG 框架。同时,展示企业在环境保护、社会责任和治理创新方面的实践,体现对国家"双碳"目标和可持续发展的积极响应,突出中国企业在全球 ESG 体系中的独特贡献和价值。

四、高频实质性议题披露于企业战略与发展趋势

除上述阐述过的实质性议题外,其他部分议题也呈现了较高的出现频次,大部分企业在运营中对相似的实质性议题表现出高度一致的关注度,这反映了行业内的共性趋势。这种趋势表明,企业在可持续发展、合规性和社会责任等方面的关注点逐渐趋同,显示出对市场环境和社会期望的敏感性。

"风控管理"议题共出现 23 776 次,共 1 774 家企业关注该实质性议题。在 ESG 视角下,大部分企业愈发重视风险控制管理,其通过建立健全的风险评估体系和合规机制,有效识别和应对环境、社会和治理方面的潜在风险。企业不仅关注财务风险,还重视环境保护和社会责任,确保其业务运营与可持续发展目标相一致。这种全方位的风险管理策略,不仅增强了企业的抗风险能力,也提升了其在市场中的竞争优势和社会形象。

"商业道德"议题共出现了 10 250 次,共 1 440 家企业关注该实质性议题。大部分企业越来越重视商业道德的建设,积极推动透明、公平和负责任的商业实践。企业通过制定和实施道德规范,确保在运营过程中遵循诚信原则,维护消费者和利益相关者的权益。这种重视商业道德的态度不仅增强了企业的社会责任感,也促进了企业可持续发展,提升了企业品牌形象和客户忠诚度,为企业长期发展打下坚实基础。

"投诉"议题共出现了 15 772 次,共 1 663 家企业关注到了该实质性议题。大部分企业对投诉率的关注日益增强,重视建立有效的客户反馈机制和投诉处理流程。通过主动倾听客户声音,及时响应并解决问题,企业不仅能够提升客户满意度,还能识别潜在的环境和社会责任风险。这种关注不仅有助于增强企业的透明度和公信力,还推动了企业可持续发展目标的实现,促进了企业与利益相关者之间的信任关系。

五、低频实质性议题披露于企业 ESG 创新

相对应的,存在部分实质性议题的出现频次极低,即对于这部分议题而言,中国所有上

市公司中仅存在1～2家企业披露该议题。企业创造新的实质性议题进行披露，能够有效推动ESG创新。这种做法不仅展示了企业在环境、社会和治理方面的前瞻性思维，还能够引领行业标准的提升和实践的创新。

案例7—3　世纪华通（股票代码：002602）是一家中国知名的数字娱乐公司，专注于网络游戏的开发与运营。公司致力于创新和多元化发展，旗下拥有多个热门游戏品牌，积极拓展国际市场，推动数字娱乐行业的发展。"青少年保护"议题市场上仅世纪华通有所关注。公司积极关注青少年保护与发展，致力于营造安全健康的游戏环境。公司实施严格的内容审核和年龄分级制度，推广游戏时间管理工具，鼓励家长参与孩子的游戏体验。此外，世纪华通还通过公益活动和教育项目，帮助青少年培养良好的价值观和健康的娱乐习惯，促进他们的全面发展（见图7—7）。

童心护航，保护未成年人

随着互联网技术的蓬勃发展，未成年人保护已然成为社会关注的焦点。世纪华通严格遵守《中华人民共和国未成年人保护法》《关于进一步严格管理切实防止未成年人沉迷网络游戏的通知》等法律法规及条例，以打造未成年人安全网络空间视为己任，严格落实未成年人保护工作。

以身作则

世纪华通持续优化在未成年人保护方面的措施，打造绿色健康的网络环境，确保未成年人安全上网。

防沉迷部署	■ 定期对游戏产品开展防沉迷系统监测，并开展不定期抽查 ■ 在游戏产品内加入实名制认证系统，用户需进行实名认证和防沉迷信息填写，方可正常进行游戏 ■ 遵循《关于进一步严格管理切实防止未成年人沉迷网络游戏的通知》规定，在周五、周六、周日期间要求员工轮班值守，避免出现技术类问题
游戏适龄提示	■ 在游戏页面及官网首页设置游戏适龄提示，规避未成年人进入游戏界面风险
内容管理	■ 加强对不良信息的巡查排查，及时遏制危害未成年人身心健康的不良信息
消费管理	■ 运用AI、机器学习等技术识别用户行为，有效降低未成年人注册用户数及未成年人付费比例
未成年人数据保护	■ 对未成年人敏感数据进行独立、加密储存 ■ 未成年人注册账号需绑定家长账号，便于家长对未成年人账号进行监管

世纪华通旗下盛趣游戏作为最早发起、参与、制定并实施网络游戏防沉迷的企业之一，曾于2005年联合多家企业发布了《网络游戏防沉迷系统宣言书》，其青少年网络游戏防沉迷系统亦于2007年正式投入使用。此外，世纪华通旗下盛趣游戏还是最早一批发起与实施"网络游戏未成年人家长监护工程"的游戏企业，其旗下的每一款游戏均设立了"家长监护工程"的入口，以加强家长对未成年人参与网络游戏的监护。

2023年，世纪华通旗下盛趣游戏创建了护苗行动专项网站，设立了"护苗行动介绍""护苗工作站""护苗工作动态""网络安全系列课堂"四大板块，向社会公众传递未成年人网络安全保护意识。

护苗工作专项行动专页

资料来源：世纪华通2023年ESG报告。

图7—7　世纪华通"青少年保护"实质性议题

案例7—4 百诚医药(股票代码:301096)是一家专注于药品研发、生产和销售的制药企业,致力于提供高质量的创新药物和健康解决方案,推动医疗行业的可持续发展。公司拥有先进的技术平台和丰富的产品线,服务全球市场。公司关注"动物福利保障"实质性议题,通过实施严格的动物实验伦理规范,确保实验动物在整个研究过程中的健康和舒适。同时,百诚医药致力于采用替代方法,减少对动物的依赖,推动科学研究的道德进步。这种对动物福利的关注不仅体现了企业的社会责任感,也增强了公众对其品牌形象的信任,推动了生物医药行业的可持续发展(见图7—8)。

动物福利保障

百诚医药深刻认识到,动物在科学研究中的使用必须以最高标准的福利和伦理原则为基础,确保它们在实验中受到适当的保护和关爱。公司严格遵循国际通行的动物福利和伦理准则及《中华人民共和国实验动物管理条例》《实验动物环境及设施》等法律法规及标准。报告期内,公司申请并取得实验动物使用许可证,在实验开展过程中未发生任何动物实验相关不良事件。

动物福利管理体系

公司设立了实验动物福利与伦理委员会,负责参加实验动物项目的伦理审查、实施,对项目动物福利伦理执行情况进行监督检查和专业判断。

实验动物福利与伦理委员会管理流程

第一步 申请	第二步 审查	第三步 开展
• 项目负责人提交正式的伦理审查表和相关举证材料,包含以下内容: a) 实验动物和实验动物项目名称及概述; b) 实验项目目的、必要性、实验设计、待使用的动物信息(包含品系、性别、数量)、对动物造成的可预期伤害及防控措施; c) 遵循实验动物福利伦理原则的声明。	• 每一个实验方案均需通过伦理审查委员会进行审查,获得批准及IACUC编号。 • 审查过程由伦理委员会主任指定委员进行初审,常规项目初审后可签发,新项目初审后交由伦理委员会审议,5个工作日内提出书面意见,如有争议将聘请相关专家参加,召开伦理委员会会议决议。	• 伦理委员会对批准项目进行日常检查,做好突发情况的应急预案,发现问题提出整改意见,严重时提出暂停实验的决议。 • 经审查通过的项目应按照原批准的方案实施,任何涉及改变的部分,需要项目相关负责人提交变更申请、重新审查。

资料来源:百诚医药2023年ESG报告。

图7—8 百诚医药"动物福利保障"实质性议题

案例7—5 亚康股份(股票代码:301085)是一家专注于高性能新材料研发与生产的企业,主要产品包括光电材料、电子材料和新能源材料。公司致力于技术创新,推动绿色可持续发展,服务于国内外市场。企业关注"员工关怀项目",通过一系列员工关怀项目,包括健康与安全管理、多元福利待遇、培训与发展机会、文化与团队建设以及沟通与反馈的扁平化管理,以提高员工的工作积极性和满意度,增强公司的凝聚力和竞争力(见图7—9)。

资料来源：亚康股份 2023 年 ESG 报告。

图 7－9 亚康股份 2023 ESG 报告披露"员工关怀项目"实质性议题

第二节 企业实质性议题识别标准与流程

一、实质性议题识别过程

实质性议题识别过程是指公司通过一系列流程，包括委员会立项、董事会讨论、利益相关方沟通等各方面综合确定公司的实质性议题的类别以及权重。首先，通过与内部和外部利益相关方的沟通（如股东、员工、客户、供应商等），收集对环境、社会和治理议题的关注点。接着，对这些议题进行分类和筛选，评估其对公司业务和利益相关方的重要性，结合行业标准和监管要求，制定实质性议题矩阵。最后，通过管理层审议和确认，确定最终的优先议题，并将其纳入 ESG 报告，作为公司战略规划和信息披露的重点。

实质性议题的识别过程对于公司而言是十分重要的，短期而言，其直接决定了企业所关注的实质性议题，可指导企业的 ESG 实践与战略，同时会对利益相关方产生影响；长期而言，企业对于实质性议题的偏好与选择的实践载体是 ESG 实践，恰当地识别议题有助于从企业层面促进可持续发展。

据统计，2023 年的全部 2 162 份 ESG 报告中，有 1 133 公司披露了"实质性议题识别过程"，占比 52.4%，表明企业愈发重视利益相关方的需求和关切，也希望通过透明的信息披露来提升其 ESG 表现的可信度和市场认可度。公开实质性议题识别过程有助于展示企业在环境、社会和治理方面的决策依据，反映其对风险管理和可持续发展的重视。

尽管越来越多的企业开始披露"实质性议题识别过程"，但其披露方式五花八门。一些企业选择通过详尽的流程图和矩阵图展示各议题的权重及其对企业战略的影响，而另一些企业则仅以简短的文字概述说明，缺乏明确的标准和深度；此外，有些企业强调了利益相关方参与的深度和广泛性，列出具体的沟通渠道与互动方式，而另一些企业则仅笼统提及利益相关方的反馈,缺乏具体细节。这种披露方式的多样性虽然体现了各企业的灵活性,但也导致信息透明度和可比性不足的问题。

案例 7—6 招商银行(股票代码:600036),是中国首家由企业法人发起设立的股份制商业银行,以创新和优质服务著称,致力于为个人和企业客户提供全面的金融解决方案。识别与公司有关联的可持续发展议题为管理层的职责,通过深入分析宏观政策、行业热点及资本市场对 ESG 的关注,结合公司战略与葵花可持续发展模型,识别实质性议题,进一步根据利益相关方的反馈和可持续专家的意见进行评估,将实质性议题进一步分为"核心议题""重要议题"以及"一般议题",对"核心议题"进行报告(见图 7—10、图 7—11)。

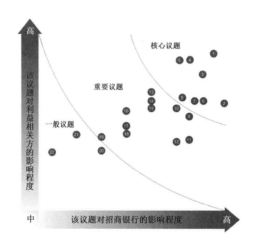

资料来源:招商银行 2023 年 ESG 报告。

图 7—10 招商银行 2023 年可持续发展议题重要性矩阵

利益相关方	政府与监管机构	股东与投资者	客户与消费者	员工
期望与诉求	· 规范公司治理 · 防范化解金融风险 · 公司行为与商业道德 · 发展绿色和可持续金融 · 服务实体经济 · 服务高水平对外开放 · 发展普惠金融 · 利益相关方参与	· 规范公司治理 · 防范化解金融风险 · 公司行为与商业道德 · 发展绿色和可持续金融 · 应对气候变化 · 金融科技与数字化转型 · 利益相关方参与	· 消费者权益保护 · 信息安全、网络安全与隐私保护 · 支持民生改善 · 坚持客户至上 · 发展普惠金融 · 服务实体经济 · 支持科技创新 · 利益相关方参与	· 人力资本发展 · 保障员工权益 · 关怀员工生活 · 利益相关方参与
沟通渠道	· 研究和执行相关金融政策 · 支持行业政策制定 · 相关调研与讨论会议 · 上报统计报表 · 参与调研走访 · 日常审批与监管	· 定期报告与信息公告 · 路演与反向路演 · 投资者调研与沟通会议 · 股东大会	· 客户需求调查 · 客户满意度调查 · 95555 客户服务平台 · 客户关怀活动 · 微信、微博、小红书等数字化平台	· 职工代表大会 · 员工满意度调查 · 员工文体健康活动 · 申诉与举报机制

资料来源:招商银行 2023 年 ESG 报告。

图 7—11 招商银行利益相关方沟通

二、识别标准与驱动因素

在识别过程中,企业会考虑多方面的因素,综合选取并评估本年度的实质性议题。

第一,企业会考虑所处的外部环境以及外部政策。具体来看,企业会考虑利益相关方的利益和期待、法律政策的引导等。举例而言,部分企业会通过多种形式向利益相关方征询意见,统计那些为不同利益相关方所共同关注的议题,这就会为该议题进一步纳入实质性议题奠定了基础。

而政策面如绿色金融政策也会对实质性议题选择带来影响。政策引导下,企业需更加关注环境责任和可持续发展,将碳排放、能源效率、绿色技术创新等议题列为核心关注点。这些政策不仅推动企业优化资源配置、降低环境风险,还促使企业通过绿色融资渠道获得支持,降低企业的资金成本,有助于企业改善财务绩效,实现长期增长。因此,绿色金融政策促使企业在选择实质性议题时优先考虑与环境、气候相关的议题,以符合政策导向和市场期望。

案例 7—7　吉电股份(股票代码:000875)于 2023 年成功发行国内首单"碳中和＋科技创新＋乡村振兴"债券,规模为 5.00 亿元,期限为 3 年期,票面利率为 2.99%,创东北地区近一年同期限债券最低利率纪录。吉电股份发行绿色债券,聚焦"乡村振兴、科技创新与碳中和",显著影响了其实质性议题的选择。通过筹集资金支持乡村基础设施建设和可再生能源项目,吉电股份不仅助力地方经济发展和社会进步,还推动了环境可持续性。同时,科技创新的投入提升了公司的能源效率和技术水平,增强了其在绿色转型中的竞争力。碳中和目标的实现要求公司优先关注减排措施和绿色管理实践,确保符合国家环保政策和市场需求。这一举措不仅体现了吉电股份对环境、社会和治理(ESG)议题的高度重视,也增强了其在利益相关方中的信誉和信任,推动了公司的长期可持续发展(见图 7—12)。

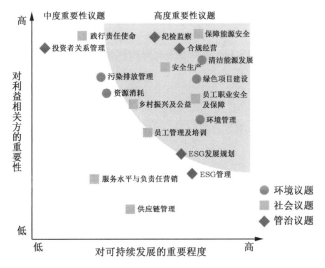

资料来源:吉电股份 2023 年 ESG 报告。

图 7—12　吉电股份 2023 年实质性议题矩阵

此外,ESG 评级机构对企业实质性议题的选择具有重要影响。评级机构通常通过评估企业在环境、社会和治理方面的表现,确定其在可持续发展中的优劣势。因此,企业为了获得更高的 ESG 评级,往往会根据评级机构的标准,优先选择与其评分体系密切相关的实质性议题,如碳排放管理、员工福利、企业治理结构等。这种外部压力促使企业更加关注 ESG 议题的战略性布局,优化可持续发展实践,从而提升市场形象,吸引更多负责任的投资者。

案例 7－8　绿城水务(股票代码:601368)是一家专注于城市供水、污水处理和水资源综合利用的企业,致力于提供高效、环保的水务服务,推动城市可持续发展。根据华证指数官网数据,绿城水务最近一期的 ESG 评级(20240731)上升至 CCC,而上期评级(20240131)仅为 C,在此期间,绿城水务 2023ESG 报告发布。具体来讲,绿城水务 S 维度得分提升较大,由 71.02 分上升至 83.3 分,其中,"产品责任"实质性议题表现较好,拉动了 S 维度的评分。绿城水务 ESG 报告关注"产品品质""客户权益""合规经营"等多个"产品责任"议题,提升 S 维度评分,进而提升企业 ESG 评级由 C 上升至 CCC(见图 7－13、图 7－14)。

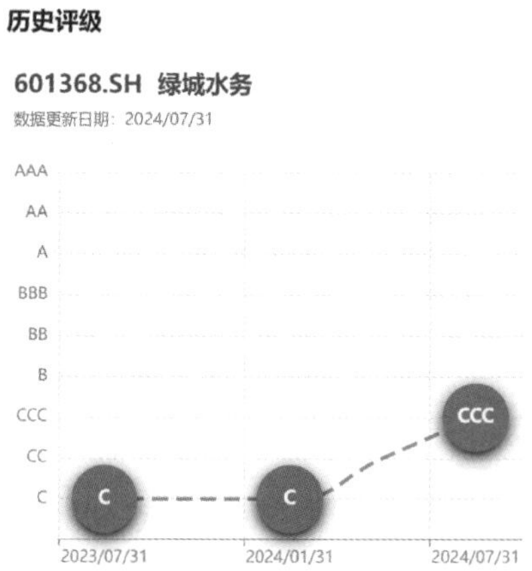

资料来源:华证指数。

图 7－13　绿城水务近期 ESG 评级(华证)

资料来源:华证指数。

图 7－14　绿城水务最新一期实质性议题表现

　　第二,企业考虑内部的公司机遇以及财务影响,如公司机遇主要体现在公司的转型方面。部分公司在由棕色资产向绿色资产转型的过程中所关注的实质性议题是格外重要的,如"绿色生产"议题,关注该议题下的 ESG 实践有助于企业实现绿色转型,提升公司发展机遇。

　　案例7—9　陕西煤业(股票代码:601225)是中国领先的煤炭生产企业,拥有丰富的煤炭资源,主要从事煤炭开采、加工及销售业务。在绿色转型的过程中,陕西煤业关注"智能化开采""关键技术研究"以及"能耗在线监测"等实质性议题,以智能化建设为笔、机器人集群为墨、绿色矿山为底色,加速数字化转型,奋力谱写绿色低碳的高质量发展新篇章。在传统煤炭行业受到冲击、毛利率下滑的情况下,陕西煤业加速实现绿色转型有助于企业改善财务绩效,促进长期发展(见表 7—1、图 7—15)。

表 7—1　　　　　　　　　　　陕西煤业 2023 传统业务财务绩效

单位:万元　　币种:人民币

主营业务分行业情况						
分行业	营业收入	营业成本	毛利率(%)	营业收入比上年增减(%)	营业成本比上年增减(%)	毛利率比上年增减(%)
煤炭采掘业	16 501 581.06	10 255 365.20	37.85	1.50	14.50	减少7.06个百分点
铁路运输业	87 120.17	48 201.13	44.67	-1.30	3.47	减少2.55个百分点
其　他	498 547.84	315 241.38	36.77	47.38	80.32	减少11.55个百分点
合　计	17 087 249.07	10 618 807.71	37.86	2.41	15.69	减少7.13个百分点

资料来源:陕西煤业 2023 年度报告。

智能化开采

- 陕西煤业具备条件工作面均实现智能化开采,所有矿井生产辅助系统全部实现智能化,全员工效比行业平均水平提高近2倍,创新实践的"智能化开采+110工法"使资源回收率提高10%以上,生产效率提高20%以上

关键技术研究

- 加强支撑绿色发展的关键技术研究,围绕绿色矿山建设,推进节能环保、资源综合利用和生态修复三类核心技术研究应用,围绕煤矸石智能充填、地热研究、矿山地质环境监测、保水开采、矿井水高效综合利用研究等内容开展技术攻关,让科技成果切实转化为企业绿色低碳发展的原动力和新引擎

能耗在线监测

- 上线节能环保能耗在线监测平台,在千万吨大型煤矿均建成顺煤流皮带运输智能控制系统,推广应用永磁直驱系统,使用变频局部通风机以及高效节能主通风机,年均节电230万度以上,车辆智能调度系统降低运行费用20%以上,企业吨煤能耗三年下降28%以上

资料来源:陕西煤业 2023 年 ESG 报告。

图 7—15　陕西煤业绿色转型"源泉活水"——新动能

　　而从长期来看,部分实质性议题的选取与实践有助于短期与长期的财务绩效改善,直接实现"义利并举"。"反腐败"措施有助于建立透明廉洁的经营环境,降低非法成本和法律风险,增强市场信任,从而吸引更多投资和客户;"科技创新"推动企业持续研发新产品和优化生产流程,提高运营效率和竞争力,开拓新的市场机会,增加收入来源。同时,企业重视数据安全,保障客户信息和企业敏感数据,防范数据泄露和网络攻击,避免潜在的经济损失和信誉损害(见图7-16)。综合来看,这些关键议题的有效管理不仅提升企业的运营稳定性和市场地位,还可促进企业可持续发展,最终实现企业长期稳健的财务增长。

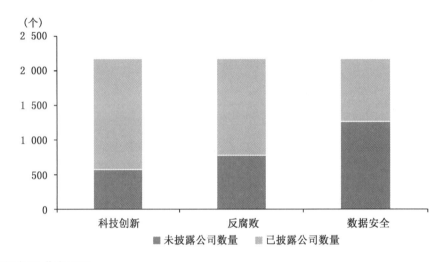

资料来源:作者整理。

图 7-16   议题披露状况

第三节   企业实质性议题披露存在的问题

一、企业普遍回避争议性事件

　　争议性事件是指公司在环境、社会和治理方面,企业或组织发生的负面事件或行为,这些事件或行为可能对公司的声誉、运营和财务表现产生重大影响。如果说报告的大部分内容都是体现企业 ESG 实践中"好"的部分,那么争议性事件就集中代表 ESG 实践中"不好"的那部分,实际上这两部分内容都应该被客观公正地反映在 ESG 报告中,为投资者全面、客观地评估企业的 ESG 实践提供依据,如 MSCI 的 ESG 评级就将争议性事件纳入企业的 ESG 评分。但我们发现,大部分企业都存在回避争议性事件的情况——公司当年度所发生的争议性事件并不会体现在 ESG 报告中。

　　案例 7-10   华侨城(股票代码 000069)是一家国内的文化旅游集团,开发多个主题乐园和生态景区,融合艺术与自然,推动城市文化与经济发展。2023 年 10 月 27 日,深圳欢乐谷过山车项目出现碰撞,造成28名消费者受伤。华侨城在ESG报告中并未回避该争议性事件,而是将该案例列入报告正文,并详细阐述事后的应对措施(见图7—17)。

保障安全生产

公司始终重视安全生产,不断强化安全责任,增强安全管理能级,提升安全意识,筑牢安全防线,全力为广大消费者营造安全、稳定、健康的体验环境。

报告期内安全事故情况

深圳欢乐谷"10.27"事故相关情况说明: 2023年10月27日,深圳欢乐谷过山车项目"雪域雄鹰"发生双车碰撞,28人入院就诊。深圳市联合事故调查组综合分析认定为:一般特种设备责任事故。

事故发生后,深圳欢乐谷立即启动应急预案,迅速组织应急救援。公司主要负责人第一时间赶赴现场,调度事故应急处置工作,按要求向有关主管单位报告事故情况,并统筹做好伤员救治与赔偿、安全检查、游乐设备专项检验检测、配合事故调查、追责问责等工作。

对于事故的发生,公司深感痛心,深表歉意,深刻反省。秉持负责任的企业精神,公司认真汲取事故教训,从组织、制度、保障、技术等方面重塑安全生产体系,强化游乐设施全生命周期安全管理,确保游乐设施运行安全,全力为广大游客提供安全、舒适、欢乐的游乐体验。

资料来源:华侨城2023年ESG报告。

图7—17　华侨城在2023年ESG报告中披露争议性事件

案例7—11　中国电建(股票代码601669)的2023年ESG报告中并未列示应对争议性事件的过程。2023年10月18日,中国电建集团河南工程公司在广东省阳山县建设风力发电项目时,超许可范围建设,对林地原有植被及林业种植条件严重毁坏,被罚1 701万元。而在ESG报告中,中国电建并未披露该事件:"守护美好环境"部分仅阐述企业层级的战略举措和战略选择,以及企业2023年的正面事件(绿色公益活动等),并未阐述因该争议性事件而对ESG战略的影响。

二、部分实质性议题定性描述多,定量描述少

对于部分议题如环境类、员工相关、科技创新议题而言,它们本身存在标准化的衡量标准与指标,故企业在披露这部分议题的过程中也多会采用定量描述。

对于部分议题,如"反腐败""供应链管理",议题本身量化就有一定的困难,进而导致定量指标的描述占比就相对较低。定性描述可以灵活地表达企业的战略、风险管理、合规措施等内容,而这些内容往往难以通过单纯的数据展现,但由于缺少量化依据,使得定性描述的议题难以在企业间比较,降低了报告的可比性和透明度。部分议题充满主观性,导致报告的公正性和真实性受到质疑。

案例 7—12 对于"反腐败"议题,一个可能的尝试是"反向披露",即并不直接披露企业在"反腐败"议题上所做出的努力和贡献,而披露每年因违法乱纪(贪污受贿等)相关的诉讼案件数目以及诉讼结果等。一定程度上数目越多,能够代表企业(尤其是央/国企)在"反腐败"领域做出的贡献越多,效果越好。然而,"腐败事件"作为争议性事件,会因其对 ESG 风险造成的不利属性而为企业选择性披露。2023 年工商银行 ESG 报告在"反腐败"专题中仍采用定性描述的方式进行阐述,而其对"可能的量化指标"——腐败人数——则选择不披露(见图 7—18)。

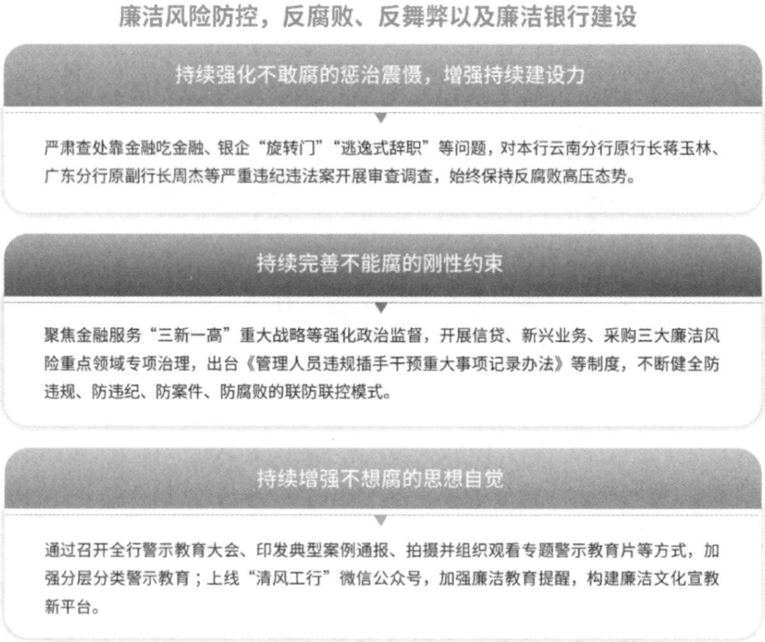

廉洁风险防控,反腐败、反舞弊以及廉洁银行建设

持续强化不敢腐的惩治震慑,增强持续建设力

严肃查处靠金融吃金融、银企"旋转门""逃逸式辞职"等问题,对本行云南分行原行长蒋玉林、广东分行原副行长周杰等严重违纪违法案开展审查调查,始终保持反腐败高压态势。

持续完善不能腐的刚性约束

聚焦金融服务"三新一高"重大战略等强化政治监督,开展信贷、新兴业务、采购三大廉洁风险重点领域专项治理,出台《管理人员违规插手干预重大事项记录办法》等制度,不断健全防违规、防违纪、防案件、防腐败的联防联控模式。

持续增强不想腐的思想自觉

通过召开全行警示教育大会、印发典型案例通报、拍摄并组织观看专题警示教育片等方式,加强分层分类警示教育;上线"清风工行"微信公众号,加强廉洁教育提醒,构建廉洁文化宣教新平台。

资料来源:工商银行 2023 年 ESG 报告。

图 7—18 工商银行对"反腐败"议题采用定性描述而忽略定量描述

此外,定量指标的效力亦有差别。一个常用的定量指标为"××投入",而该指标仅能衡量企业在特定实质性议题上面的事前投入,而无法量化该议题的事后表现具体如何。一个经典的指标为"环保投入"——阅读者通过了解"环保投入"并不能直观地感受企业的环境绩效,故"投入"指标并非一个良好的表现企业 ESG 绩效的定量指标。从另一角度讲,对于那些很难量化的实质性议题而言,量化资金投入可以是一个选择。

案例 7—13 如"培训投入",词频总共出现 1 050 次,其中有 576 家上市公司关注到了该议题。"培训投入"对应的是"员工培训"的议题,关于员工培训的过程、理念、结果等多方面,企业很难做到量化,在此基础上,企业在报告中披露"培训投入"也能够帮助投资者一定程度上更好理解企业在"员工培训"的表现。长源电力(股票代码:000966)披露其 2023 年的环保培训投入,并以"文字＋图片"的形式进行定性阐述(见图7-19)。

营造绿色文化

长源电力积极推行绿色办公理念,坚持电子办公、双面打印、视频会议等节能环保工作方式,并在全体员工中倡导绿色、节能、低碳环保的生产方式、消费模式和生活习惯。同时,通过组织开展"六五环境宣传日""节能宣传周""全国低碳日"等专题宣传活动,定制和设计安全环保宣传图册、安全环保展板、环保袋等,不断提升广大干部员工的低碳环保意识,增强绿色文化的认同。

环保培训投入
32.35 万元

环保培训人数
5 434 人次

▼ 青山公司组织开展"六五环境日"签名活动

▼ 恩施公司老渡口电站开展"节能降碳,你我同行"分享交流活动

资料来源:长源电力2023年ESG报告。

图7-19　长源电力ESG报告"绿色文化"议题下的定性＋定量阐述

三、实质性议题矩阵所列示的议题与正文并不契合

实质性议题矩阵是ESG报告中重要的工具,旨在识别和优先排序与企业可持续发展相关的关键议题。该矩阵通常将议题按其对公司业务和利益相关者的重要性分类,帮助企业聚焦于那些具有显著影响的领域。通过可视化呈现,实质性议题矩阵不仅提升了内部决策的透明度,也为外部利益相关者提供了清晰的参考,从而增强了企业在可持续发展方面的责任感和信誉度。

在部分ESG报告中,实质性议题矩阵所列示的议题未能在正文中逐一详细阐述,这一问题严重影响了报告的整体透明度与可理解性。尽管矩阵提供了相关议题的概述,但缺乏深入分析和具体案例,使得读者难以评估公司在各个领域的实际表现与努力。这种情况不仅可能导致利益相关者对公司的可持续发展战略产生疑虑,还可能使投资者在决策时缺乏必要的信息支持。

案例 7－14　金卡智能(股票代码:300349)是一家专注于物联网技术的公司,提供智慧能源管理解决方案,主要产品包括智能燃气表和数据采集系统,致力于推动能源数字化转型。在 2023 年的 ESG 报告中,虽然在实质性议题矩阵中列出了多个实质性议题,但部分议题未在正文中逐一详细阐述,甚至对有些议题未进行任何披露。这种信息缺失可能会影响报告的完整性和透明度,无法全面反映公司在相关领域的战略和实际表现(见图 7－20、图 7－21)。

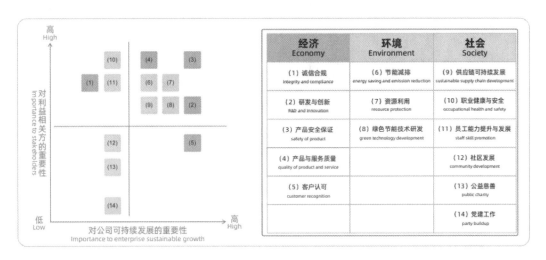

二、实质性议题矩阵
PART TWO Substantive Issues Matrix

对实质性议题的筛选和管理是公司提升可持续发展管理水平,实现可持续发展目标的重要基础。金卡智能集团通过分析公司业务所产生影响和利益相关方所关注的议题,将其纳入实质性议题矩阵用纵向优先度和横向优先度分别体现对利益相关方评估决策的影响以及对经济、环境和社会影响的重要性。

The screening and management of substantive issues are an important basis for the company to improve the management level of sustainable development and achieve the sustainable development goals. By analyzing the impact of the company's business operations and concerns of the stakeholders, Goldcard Smart Group incorporated them into the substantive issues matrix to reflect the relation of impact on the stakeholder evaluation decision and the economic, environmental and social importance of these issues, with vertical priority and horizontal priority, respectively.

资料来源:金卡智能 2023 年 ESG 报告。

图 7－20　金卡智能 2023 年 ESG 报告实质性议题矩阵

四、部分实质性议题披露不足

对全部 ESG 报告中某些议题的出现总频数进行统计分析,结果显示部分实质性议题的总频数较低,反映出企业在这些议题上的披露较为有限。这一现象可能表明企业对这些议题的重视程度不足,未能充分认识其对可持续发展的重要性;部分议题可能面临数据获取困难,尤其是在涉及复杂的环境或社会指标时,缺乏完整或准确的数据支持;此外,部分企业在编制 ESG 报告时,可能未能建立健全的内控和管理体系,导致在信息披露上不够系统化和标准化。还有一种可能是,企业对 ESG 议题的理解和认知仍处于初级阶段,未能形成有效的披露机制,

资料来源：金卡智能 2023 年 ESG 报告。

图 7—21　金卡智能 2023 年 ESG 报告正文摘要（目录）

进而导致某些议题的披露深度不足。因此，企业应加强内部管理，提高对实质性议题的全面认知，同时优化数据收集和披露流程，以确保 ESG 报告的完整性和准确性。

在对 ESG 报告的分析中，"女性高管占比"这一议题共出现了 26 次，仅有 21 家上市公司进行了披露。这不仅反映出企业对性别多样性的关注不足，也揭示出公司治理中的潜在问题。性别多样性是公司治理的关键组成部分，能提升决策的多元化与包容性，较低的披露频率说明企业在治理层面对多样性问题的重视还有待加强。

案例 7—15　爱博医疗（股票代码：688050）是一家专注于眼科医疗器械的创新企业，高度重视女性视角，致力于在产品研发和企业管理中融入多元化理念，推动性别平等在公司治理中的应用。爱博医疗在员工性别占比、董事会女性占比以及女性高管占比方面表现出色，充分体现了其对性别多样性和包容性的重视。公司不仅在各层级积极推动女性参与，还通过合理的治理结构提升女性在管理层的代表性，展现了良好的性别平等实践（见图 7—22）。

"碳减排路线（目标）"出现 133 次，但仅有 95 家公司披露相关信息，披露率仅为 4.32％。这一现象表明，尽管碳减排在当前环境议题中备受关注，企业在这一方面的信息披露仍显不足。这可能反映出企业在环境责任感上的差距，或是缺乏标准化的披露框架。

公司致力于打造多元包容的职场环境,为女性员工提供公平、公正的工作机会与充足的职业成长空间。截至2023年年末,女性员工占比达55.64%。公司在女性领导力方面发展迅速,女性高管占比50%,董事会成员中女性占比33.33%。作为行业中高度关注女性员工发展的企业之一,爱博医疗在企业文化、管理架构等方面,都在积极为女性提供更好的职业发展环境。

员工性别占比

55.64%

■男性 ■女性

董事会女性占比

33.33%

■男性 ■女性

女性高管占比

50%

■男性 ■女性

资料来源:爱博医疗 2023 年 ESG 报告。

图 7-22 爱博医疗重视女性员工的发展

低披露率不仅可能削弱公众和投资者对企业环境表现的信任,还可能影响企业在未来政策和市场环境中获取支持和资源的能力。

案例 7-16 冠捷科技是全球领先的显示器和电视制造商,专注于显示器技术的研发、生产和销售,其产品被广泛应用于个人消费电子、商业和工业领域。公司在 ESG 报告中明确提出了应对气候变化的治理策略,采取了一系列措施以减少碳排放。首先,公司通过建立内部管理流程,逐步减少碳排放,并计划采用创新技术及流程优化来进一步降低碳足迹。此外,公司制定了短期和长期的碳减排目标,确保到 2030 年能显著减少其温室气体排放,为应对全球气候变化贡献力量(见图 7-23)。

五、企业 ESG 报告鉴证率低

一般来说,ESG 报告鉴证是指以会计师事务所为代表的独立第三方专业鉴证机构作为鉴证服务提供方,对企业所发布的 ESG 报告中披露的信息与数据进行追溯与交叉验证,随后基于独立第三方视角并依据特定鉴证标准,为 ESG 报告的准确性、可靠性和真实性提供包含“合理保证”与“有限保证”在内的不同程度的鉴证保证,并陈述相应的鉴证结论,用以增强各利益相关方对企业 ESG 报告的信任度。

应对气候变化

冠捷始终将应对气候变化视为自身义不容辞的责任,从治理层面给予气候问题优先级考量,向公众承诺减碳排的雄心目标,并逐步完善气候风险管理机制。自2022年起,我们开始应用TCFD框架识别气候风险与机遇,并依此进行详细披露和目标检讨,以更有效地应对气候风险。2023年,我们在CDP气候变化问卷中获得B评级,保持了管理者级别的良好表现。

治理

冠捷科技将气候变化相关职能融入ESG治理架构,明确董事会与管理层职责,形成自上而下的管理体系。我们亦建立起碳减排激励机制,将运营层面及价值链层面碳减排情况与高管薪酬挂钩,进一步激励管理层应对气候变化并推动碳减排实践。

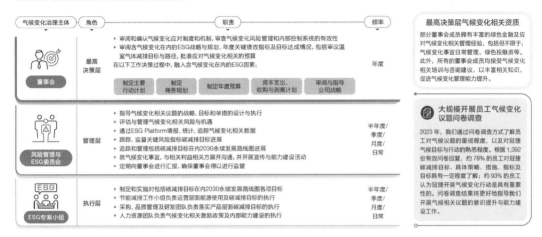

资料来源:冠捷科技 2023 年 ESG 报告。

图 7－23　冠捷科技披露碳减排目标

在之前较长一段时间里,由于全球各地主要证券交易所与监管机构均没有出台或颁布涉及 ESG 报告及信息鉴证的强制性合规要求,因此企业寻求 ESG 报告鉴证的积极性有限。国际会计师联合会(IFAC)2021 年发布的《可持续信息鉴证现状》调研结果显示,企业 ESG 报告鉴证工作相比 ESG 报告及信息披露存在一定程度的滞后性。

2023 年,全部 ESG 报告中,仅 78 份报告有第三方鉴证,鉴证率仅为 3.58%,其中,第三方鉴证机构主要包括南德、通标标准、四大会计师事务所、信工股份、中国质量认证中心等。

如此低的鉴证率下,大部分企业编制 ESG 报告可信度和可靠度有所不足,同时报告的可比性也不足;另一方面,这也会给利益相关方进一步带来信任的缺失,相较于未经过鉴证的报告,那些经过第三方鉴证的报告就会拥有额外的信息优势。

案例 7－17　振华新材(股票代码:688707)是一家材料企业,专注于锂离子电池正极材料的研发、生产及销售,主要提供新能源汽车、3C 消费电子所用的锂离子电池正极材料。其2023 年 ESG 报告经由第三方机构 TÜV 南德认证进行鉴证,主要在 ESG 报告两个部分进行列示:在报告开始的"关于本报告"部分"外部鉴证"板块作简要介绍,在附录部分单独列示由第三方机构出具的独立鉴证声明。独立鉴证声明主要包括鉴证范围、局限性、鉴证工作依据、鉴证结论、持续改进建议、独立性和鉴证能力说明六个部分,出具的时间为 ESG 报告公开披露之前,鉴证标准为 ISAE 3000(见图 7－24、图 7－25)。

资料来源:振华新材 2023 年 ESG 报告。

图 7—24　振华新材 2023 年 ESG 报告鉴证状况披露

资料来源:振华新材 2023 年 ESG 报告。

图 7—25　振华新材 2023 年 ESG 报告独立鉴证声明

总的来说,中国 ESG 报告鉴证的现状呈现出快速发展的态势。目前中国的 ESG 报告鉴证仍处于起步阶段,主要面临报告质量参差不齐、标准缺乏统一性、第三方鉴证机构专业能力有待提升、披露率较低等问题。尽管如此,随着政策推动、资本市场对 ESG 信息披露的重视度提升,以及公众和投资者对企业可持续发展的要求日益增强,未来 ESG 报告的鉴证将朝着标准化、专业化和国际化的方向发展。进一步完善鉴证机制、提升透明度和加强监管,将成为推动中国 ESG 报告鉴证质量提升的重要举措。

第四节　本章小结

本章对企业 ESG 实践中实质性议题的披露现状与未来发展进行了系统梳理。2023年,共有 2 162 家企业披露 ESG 报告,报告中涉及经合并后共 347 个不同的实质性议题,反映出企业在环境、社会与治理领域的实践日益细化。文本分析结果显示,高频议题(如风控管理、供应链管理和废弃物处理)受到普遍关注,表明企业在环境保护、资源管理和风险控制等方面具有较高重视度;同时,一些低频议题(如动物福利和青少年保护)的披露则代表着企业在探索新的社会责任领域,显示出一定的创新性。此外,中国特色议题(如"乡村振兴"和"科技创新")的广泛披露,体现了企业在响应国家政策、促进社会发展方面的实践。

在实质性议题识别过程中,部分企业通过与利益相关方沟通、行业标准评估及宏观政策分析等多种方式确定相关议题。但由于缺乏统一标准,企业在披露方式上存在较大差异,有的企业采用详细流程图和矩阵图表,而有的则仅以文字说明。此外,部分企业在报告中对实质性议题的变动及其驱动因素进行了说明,表明其在动态调整 ESG 策略以应对外部环境变化方面具有一定能力,但总体而言,这方面的披露仍较为模糊。第三方鉴证在提升ESG 报告可信度方面具有积极作用。尽管大部分企业尚未引入第三方鉴证,但部分领先企业(如振华新材)已主动寻求独立机构进行鉴证,并在报告中附上详细的独立鉴证声明。第三方鉴证有助于增强报告数据的透明性和可靠性,但整体鉴证率仍较低,报告的可信度和可比性问题亟待改善。

企业应进一步规范实质性议题的识别流程,建立科学、系统的评价机制,并加强与利益相关方的沟通,确保议题覆盖企业经营活动的各个方面,同时对议题变动进行充分解释。此外,应推动 ESG 报告接受第三方鉴证,以提升信息披露的透明度和可信度;在报告结构上,实质性议题矩阵与正文内容应保持一致,并客观披露争议性事件及应对措施。总体来看,企业在 ESG 实质性议题的披露中呈现"种类多样、偏好集中"的特点,未来在推动可持续发展目标实现的过程中,还需在标准化、透明度和外部监管等方面不断优化,进一步提升ESG 信息披露的质量和公信力。

第八章　评级中的实质性议题

本章提要　本章聚焦于 ESG 评级机构在 ESG 生态系统中的定位及其确定实质性议题的方法论。首先,本章点明了 ESG 评级机构对推动全球经济向可持续发展方向转型的关键作用,并简单介绍国内外主要评级机构的评级体系,通过差异对比来分析各大评级机构在评级标准和服务对象上的不同侧重点,进一步讨论全球范围内 ESG 评级机构的监管现状。其次,本章通过对比分析探讨评级机构所界定的实质性议题,揭示各大评级机构在实质性议题选择标准上的不一致性。在此基础上,本章系统性地论述了评级机构在确定实质性议题时所使用的多维方法论,分别从行业、地域及企业角度进行详细分析。其中,行业层面,评级机构依据不同行业的特性设定实质性议题;地域层面,考虑区域性监管与社会文化因素的影响来调整实质性议题;企业层面,针对企业的独特性调整实质性议题评估权重。最后,本章总结了 ESG 评级机构在设定实质性议题时面临的定义模糊、透明度不足及利益冲突等问题,还提出了提升议题可比性和加强地域层面考量的必要性,并基于前文内容总结出评级机构如何以可持续发展为目标来确定实质性议题。

第一节　引　言

目前,ESG 服务市场正处于快速发展阶段,主要包括 ESG 鉴证、ESG 咨询和 ESG 评级三个方面,三者在 ESG 服务市场中有着密切的关系。其中,ESG 咨询机构帮助企业准备和优化 ESG 信息披露,ESG 鉴证机构则验证和背书这些披露信息的真实性和可靠性,ESG 评级机构在此基础上分析和评价 ESG 评级机构,形成企业的 ESG 评分和排名。这三类服务相互补充,共同提升了 ESG 信息的透明度和可信度,为市场参与者提供更为全面和可靠的 ESG 数据支持(见表 8—1)。

表 8—1　　　　　　　　　　　　　ESG 服务市场组成部分

名称	定义及简介
ESG 鉴证	鉴证机构通过对企业披露的 ESG 信息进行审验和验证,提升信息的可信度。主要服务提供方包括四大会计师事务所和各大国际检验检测认证机构

名称	定义及简介
ESG 咨询	咨询机构帮助企业提升 ESG 信息披露的质量和有效性,国内外知名的咨询机构如麦肯锡、商道纵横等在该领域提供广泛服务
ESG 评级	评级机构根据企业的 ESG 表现进行打分和排名,主要服务对象为机构投资者,国内的主要评级机构包括万得、中诚信绿金等

资料来源:课题组整理。

　　本章主要聚焦于三者之中的 ESG 评级机构,其在 ESG 领域中,通过对信息的收集、处理和评估,为利益相关者提供必要的沟通桥梁。ESG 评级机构既不是企业 ESG 情况的新闻记者,也不是其披露的监管者,而是通过专业技能将分散的 ESG 数据转换为有用的投资决策工具,主要服务对象为机构投资者。为确保结果的准确性和可靠性,ESG 评级机构通常会运用多种工具和技术定量和定性分析数据,不仅涉及数据处理的技术和方法学,也关乎如何确保数据的来源和处理过程保持透明和无偏见。通过标准化的评分系统和方法论,ESG 评级机构帮助市场参与者理解和评价企业的 ESG 表现,因此,可以认为,在 ESG 领域中,ESG 评级机构起着至关重要的桥梁作用,能够确保信息的准确传递,连接投资者与被投资企业,推动资本市场向更公正和可持续方向发展。

　　首先,机构投资者是 ESG 评级机构的主要客户群体,它们对评级机构的评价体系和产品有着深远的影响。随着投资者需求的演变,评级机构必须不断更新其评价标准和产品,以保证评级结果的时效性、准确性和可理解性。例如,评级机构可能通过开发新的评级工具、重新评估现有评级框架,或调整评级因素,以满足市场和投资者的变化需求。根据《为评级者评级》(Rate-the-Raters)报告,投资者选择特定评级机构的理由包括其在投资决策中的深入研究、行业能力比较、对 ESG 数据背后原理的深入洞察、评级结果的市场响应速度及特定行业的专业知识。

　　与此同时,ESG 评级机构在与企业的互动中也扮演了重要角色。由于每个评级机构可能采用不同的指标和方法来评估企业的 ESG 表现,同一企业评级结果之间存在差异。例如,企业 A 可能在机构 B 的评级中表现优异,而在机构 C 的评级中则表现平庸。这种差异往往让投资者难以直接比较不同评级机构的结果,也增加了选择合适评级机构的难度。近半数的企业受访者在《Rate-the-Raters》调查中表达了他们对评级机构期望改进的方向,包括提升评级方法的质量和透明度、增加评级的持续性和可比性。

　　其次,企业和评级机构之间的互动还表现在评级的接受度和使用上。一般而言,一个大型企业可能同时被多个评级机构评级,而投资者则可能从中选择 1~3 个主要评级分析和决策。这种选择不仅基于评级结果的质量,也考虑到了评级机构的市场声誉和专业能力。而评级机构的评级结果还会对企业行为产生显著影响。一方面,正面的评级可以提升企业的品牌形象,吸引更多的投资,并可能降低融资成本。另一方面,负面的评级可能迫使企业重新考虑其在 ESG 方面的策略,推动其在环境保护、社会责任或公司治理上做出改进。

通过这样的动态互动,ESG 评级机构不仅提供了一个评估企业社会责任实践的窗口,还促进了企业在 ESG 表现上的持续改进。评级结果的公正性和透明度是评级机构的核心价值,它们通过精确的方法论和严格的数据分析,确保投资者能够接收到可靠和有用的信息,从而在充满变数的市场中做出更加明智的决策。

长期来看,ESG 评级机构对推动全球经济向可持续发展方向转型起到了关键作用。随着越来越多的企业和投资者认识到 ESG 因素对企业长期成功的重要性,市场对高质量 ESG 评级的需求也在不断增长。这一变化不仅推动了企业在运营和战略决策中更多地考虑环境和社会因素,也促进了整个投资行业在风险评估和资产管理方面的创新。

第二节　国内外主流评级机构及评级体系

一、评级机构

从表 8-2 可以看出,评级机构的主要客户和公司性质不同,影响了其在 ESG 评级方法上的侧重点。例如,MSCI 和标准普尔主要面向机构投资者,因此它们在评级方法上更加注重财务绩效和风险管理,而华证 ESG 和国证 ESG 则更多地考虑政府和供应链伙伴的需求,注重环境和社会责任的重要性。

表 8-2　　　　　　　　　　　　　　　ESG 评级机构

	分类	评级机构	主要客户	公司性质	方法论披露情况
国内	指数公司	华证 ESG	机构投资者	民营公司	公开披露
		国证 ESG	供应链伙伴	国有企业	部分披露
		中证 ESG	政府等	国有企业	部分披露
	投资机构	中金 ESG	机构投资者	上市公司	公开披露
		嘉实基金	机构投资者	中外合资	部分披露
	第三方数据商	商道融绿	投资者	港澳台投资,非独资	公开披露
		妙盈科技	企业客户	民营公司	公开披露
国外	信用评级机构	标准普尔	机构投资者	上市公司	公开披露
	金融数据服务公司	MSCI	机构投资者	上市公司	公开披露
	证券交易所数据商	汤森路透	机构投资者	伦敦股票交易集团子公司	公开披露
	独立机构	Reprisk	其他 ESG 评级者	私人企业	公开披露

资料来源:课题组整理。

二、评级体系

尽管各评级机构在服务对象和公司性质上存在差异,但其评级体系大致可以总结为四个步骤:

第一步,确认实质性议题。识别和选择对企业及其利益相关者最重要的 ESG 议题,建立评价的基础。实质性议题的选择和细化层级不仅反映了评级机构对企业 ESG 表现的关注点,也影响了企业在不同评级机构中的表现。

第二步,指标赋分。根据每个实质性议题,制定具体的评估指标,并对每个指标进行评分。在这一步骤中,不同评级机构对同一议题的评分标准和权重将会出现显著差异。

第三步,指标标准化处理。将不同来源和格式的数据进行标准化处理,确保数据的可比性和一致性。这一过程涉及复杂的数据处理和分析技术,目的是消除资料来源、格式和单位的差异,使不同企业 ESG 表现能在同一基准上比较。

第四步,汇总得分。将所有标准化处理后的指标评分汇总,形成最终的 ESG 评分结果。各评级机构在这一阶段可能采用不同的汇总方法和权重分配,以反映其在 ESG 评估中的优先级和关注点。

表 8—3 对比了各大评级机构在评级体系上的共性和差异。

表 8—3　　　　　　　　　各评级机构评级体系的共性及差异

评级机构＼步骤	一	二	三	四
华证	二级议题层面	部分详细评分	标准化处理	综合评分
中金	三级议题层面	详细评分	标准化处理	综合评分
商道融绿	二级议题层面	部分详细评分	标准化处理	综合评分
妙盈科技	二级议题层面	部分详细评分	标准化处理	综合评分
标准普尔	三级议题层面	详细评分	标准化处理	综合评分
MSCI	三级议题层面	详细评分	标准化处理	综合评分
汤森路透	三级议题层面	详细评分	标准化处理	综合评分
Reprisk	三级议题层面	详细评分	标准化处理	综合评分

资料来源:课题组整理。

三、全球 ESG 评级机构监管情况

随着环境、社会与治理(ESG)在全球范围内的重要性日益凸显,ESG 评级机构作为关键的信息提供者和评估者,正在受到各国监管机构的逐步关注和规范。这些监管措施旨在提升 ESG 评级和数据产品的透明度、可比性和可靠性,从而促进市场的可持续发展。

全球范围内的 ESG 监管机制通常包括三个组成部分:ESG 监管者、ESG 监管工具和

ESG 受监管者。ESG 监管者包括政府、立法机构、货币当局、金融监管部门和行业团体，ESG 监管工具包括搭建平台、行动指南和奖惩机制，而 ESG 受监管者则主要是企业、金融机构和评级机构。为了应对分裂化与统一化的挑战，国际组织如 ISSB 和 IFC 正在努力通过制定统一的 ESG 标准来推动全球协调。总的来说，全球对 ESG 评级机构的监管是一个动态且不断演进的过程。各国在不断探索和实践中积累了宝贵的经验和教训，这些都为未来的政策制定和实施提供了重要参考。在这一过程中，各国应以开放和合作的态度，共同推动 ESG 评级行业的标准化和规范化，确保其在全球可持续发展目标的实现中发挥更大的作用。通过共同努力，全球资本市场将更加透明、公正和可持续，推动经济社会的全面进步和发展。

第三节　评级机构实质性议题的方法论

不同的评级机构在确定实质性议题时，往往通过行业、地域和企业三个维度分析，但各自的侧重点和方法存在差异，反映了它们对 ESG 风险和机遇的不同理解。如表 8—4 所示，MSCI、妙盈科技和商道融绿采用了全方位的评估方法，既考虑行业的普遍性，又结合地域的特定法规和公司自身的表现。这三家机构都使用行业特定的模型来分析 ESG 议题，但同时也会根据企业所在的地理位置调整。此外，它们还通过深入分析公司实际业务种类和具体运营情况，确保评级具有较强的公司特异性。

表 8—4　　　　　　　　各评级机构在行业、地域和企业角度的考量

评级机构	行业角度	地域角度	企业角度
MSCI	是	是	是
路孚特	是	否	否
妙盈科技	是	是	是
中金	是	否	否
商道融绿	是	是	是
华证	是	否	否

资料来源：课题组整理。

与之相比，路孚特、中金和华证的评级方法则更加专注于行业角度，主要依据行业标准来确定实质性议题，而较少考虑企业个体的表现或所在地区的差异。尤其是中金和华证，这类机构的评级大多面向中国市场，专注于行业内的 ESG 风险，而不进行地域性或企业特定的调整。尽管这类方法能够提供一个基于行业的统一视角，但可能在面对跨国公司或不同区域的监管环境时显得不够灵活。

方法论的多样性使得不同评级机构的 ESG 评分在同一企业的表现上可能存在显著差异,因此,理解每个机构在这三大维度上的侧重点对于解读其评分至关重要。

一、行业角度

(一)行业实质性因子考量意义

(1)反映行业特性与关注点。不同行业由于其业务特性和所处环境的不同,面临的 ESG 风险与机遇也各有差异。例如,高污染企业更关注环境相关的议题,而互联网企业则可能更关心研发、隐私保护等议题。考虑行业实质性议题可以确保 ESG 评级更加贴合行业实际,准确反映企业在行业内的 ESG 表现。

(2)提升评级的针对性和有效性。行业实质性议题能够为企业提供具体的 ESG 改进方向,帮助企业更好地识别和管理 ESG 风险。评级机构通过设置行业实质性议题,能够为企业提供更具针对性的 ESG 评级建议,推动企业持续改进 ESG 实践。

(3)促进行业间的比较与竞争。设定行业实质性议题有助于建立一个统一的 ESG 评价标准,使得不同行业的企业能够在同一框架下进行 ESG 比较。这种比较能够激励企业更加注重 ESG 实践,提升行业整体 ESG 水平。

(二)行业实质性因子考量方式

在行业角度的 ESG 评级中,各评级机构采用了不同的方法来确定和评估实质性议题。这些方法大致可以分为三种主要类型:选择行业特定的实质性议题、设置行业特定的实质性议题权重、调整行业特定细化指标。

首先,选择行业特定的实质性议题的方式是最常见的做法。像 MSCI 这样的大型评级机构,通常会根据每个行业的特定风险和机遇,确定对该行业最重要的 ESG 议题。通过这种方式,不同行业的公司在评级时面临的核心议题不同,例如能源行业可能更注重气候变化和碳排放,而医药行业则更侧重于产品质量与安全。这种方法确保评级能够与行业现实情况相符,使得议题具有较高针对性和实质性。

其次,设置行业特定的实质性议题权重的方法具有一定的普适性。这种方式假设所有行业都面临相同的 ESG 议题,但议题的权重会根据行业特性调整。例如路孚特就采用了这种方法,它在所有行业中保持一致的 ESG 议题列表,但通过不同的权重分配来体现每个议题在各行业中的重要性差异。这意味着同样的 ESG 议题可能在制造业中的权重高于金融业,从而反映出行业特定的风险偏好和重点。

最后,一些评级机构采用了更加细化的方式,不仅根据行业调整实质性议题,还会对具体指标进行行业层面的调整。这种方法较为复杂,要求深入分析对每个行业的议题及其细化指标。商道融绿就是这一方法的典型代表,它不仅在初级阶段根据行业赋予各议题不同的权重,还会针对性修改每个议题下的具体细化指标,以确保评分能够全面反映行业特定的挑战和机遇。

这些不同的方式各有优势,基于行业确定实质性议题的方式更具精准性,统一议题但赋予行业权重的方式则更为灵活,而对细化指标进行行业调整的方式则能够最大限度捕捉行业的特殊性。这些方法共同构成了 ESG 评级中行业角度分析的核心框架,下文将具体举例。

(1)选择行业特定的实质性议题。以 MSCI 为例,MSCI 共有 27 个环境和社会关键议题,各行业在其中选择 2~7 个关键议题评估,关键议题的选择是基于对基础数据的年度审核和分析人员的审核。所有行业的所有公司均会被评估其治理支柱的关键议题,MSCI ESG 研究部认为治理具有普遍重要性,无论是哪个行业,均应以综合的方式评估。

根据全球行业分类标准定义的 163 个子行业,均会被选择 ESG 关键议题。环境和社会关键议题因行业而异,选择依据是各行业公司在业务活动产生大量环境或社会相关外部效应的程度。步骤如下:

第一步,对每家公司而言,报告的业务板块都与标准业务活动相对应。MSCI ESG 研究使用标准行业分类(SIC)系统以及行业特定的调整来定义业务活动。

第二步,每项业务活动都会根据每个 ESG 关键议题所产生的外部性水平评估,从而得出业务部门风险敞口得分。例如,MSCI ESG 研究部根据公司业务板块易发生伤亡的程度来衡量健康与安全关键议题的外部效应。该数据是基于国际劳工组织(ILO)和美国职业安全与健康管理局(OSHA)等健康与安全机构的行业统计数据。对于经营地下煤矿的公司(SIC 代码 1222),每 1 000 名员工的平均死亡率为 0.45;对于经营露天煤矿的公司(SIC 代码 1221),每 1 000 名员工的平均死亡率为 0.13。根据行业强度的相对等级,这些指标将转换为 0~10 分。

第三步,每家公司的总体业务风险敞口评分是公司各业务板块风险敞口分值的加权平均值,按销售额百分比、资产百分比或业务百分比加权计算。这构成了公司的业务板块风险敞口评分。

最后,MSCI ESG 研究部根据相关公司的 ESG 业务板块风险敞口平均评分,对每个关键议题涉及的所有 163 个 GICS 子行业进行排名。图 8-1 的示例阐明了各 GICS 子行业的碳强度如何决定碳排放关键议题是否应被视为行业关键议题。

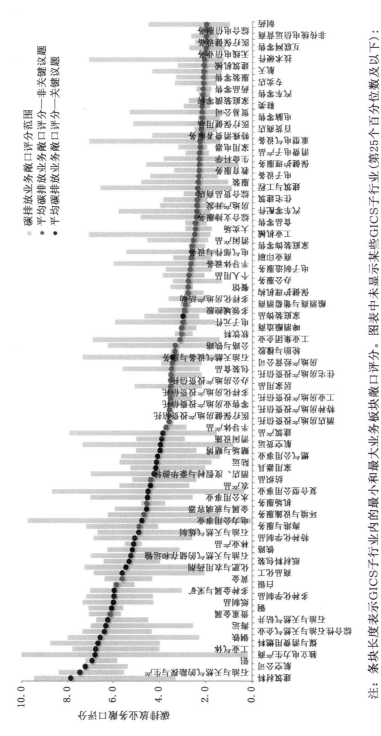

图8-1　MSCI行业关键议题选择示例

注：条块长度表示GICS子行业内的最小和最大业务板块敞口评分。图表中未显示某些GICS子行业（第25个百分位数及以下）：
$n=9\,868$家公司；范围包括截至2022年11月16日ESG评级范围。

资料来源：MSCI方法论。

（2）设置行业特定的实质性议题权重。路孚特实质性议题采用了以议题权重的形式来定义的方式，换句话说，路孚特设置的 10 个议题对所有行业都适用，但是不同行业中议题的权重不同，以此体现行业角度的实质性。议题权重的计算基于客观和数据驱动的方法，以确定每个实质性议题对每个行业类别的相对重要性。根据每个实质性议题所涵盖的主题，披露充分的数据点被用作行业规模的代表。以下是具体计算议题权重的过程：

第一步，构建重要性矩阵。默认议题权重以 5 个点（即中位数）为起点，点的分布范围为 1～10，调整以行业组数据点的中位数为基础确定；对于"环境"和"社会"支柱，根据表 8－5 所示的加权方法，结合行业中值和透明度权重得出规模权重；对于"治理"支柱的计算不是基于主题，而是基于基本数据点，因为所有数据点对于计算所有行业组的"治理"支柱的权重都同等重要。默认规模权重为 5 个点，点数分布为 1～10。由于"治理"包括三个议题，因此"治理"支柱下的总点数为 15 点。要得出"治理"的权重大小，需要将每个议题的所有数据点除以"治理"数据点总数，然后乘以 15 点的总分。例如，"股东"议题获得 3 分，即（12/56）×15＝3。

行业中值主要用于具有环境和社会影响的数值型数据点。议题的相对权重是由该行业组中公司的相对中值决定的。对数据点所属的每个行业组的相对中值进行比较，并分配十分位等级。十分位等级决定了在确定行业权重时分配给该数据点的相对权重——1～10。

透明度权重主要用于布尔数据点。布尔数据点是指数值为"是"或"否"的衡量指标。议题的相对权重是根据该行业组的相对披露水平来确定的。对数据点具有重要性的每个行业组的披露百分比都已确定，并分配了十分位等级，十分位等级决定了在确定行业权重时分配给该数据点的相对权重——1～10。

表 8－5 所示的加权方法也展示了一些例外情况，例如，"社会"支柱中的"社区"议题在所有行业组别中的权重相同，因为它对所有行业组别同等重要；在"社会"支柱中的"创新"议题中，约半数行业组"环境研发支出"数据未达到 5 的透明度阈值，因此默认权重为 1 个点；由于"负责任营销"是一个特定行业的数据点，而约 80% 的行业组的数据可用性未达到 7% 的透明度阈值，因此"产品责任"议题的默认权重为 1 个点。

规模权重将根据路孚特 ESG 覆盖范围内所有公司的最新数据计算。权重一旦确定，将每年进行分析，并将结果与预设阈值比较，以确定是否需要调整权重。权重的修订仅适用于活跃的财政年度（财政年度的数据收集仍在进行中）。在确定相关性和议题权重时，只考虑大市值和中市值公司，因为小市值公司报告的数据往往较少，这可能会影响相关性百分比和权重。

表 8-5　　　　　　　　　　　　路孚特重要性矩阵规模权重计算方法

支柱	议题	主题	数据点	加权方法
环境	排放	排放量	TR. AnalyticCO2	行业中值
		废弃物	TR. AnalyticTotalWaste	行业中值
		生物多样性*		
		环境管理系统*		
	创新	产品创新	TR. EnvProducts	透明度权重
		绿色收益 研究开发(R&D) 设备投资(CapEx)	TR. AnalyticEnvRD	行业中值
资源利用		水	TR. AnalyticWaterUse	行业中值
		能源	TR. AnalyticEnergyUse	行业中值
		可持续包装*		
		绿色供应链*		
社会	社区	对所有行业集团同等重要,因此行业中值均为5		对所有行业集团同等重要
	人权	人权	TR. PolicyHumanRights	透明度权重
	产品责任	负责任营销	TR. PolicyResponsibleMarketing	透明度权重
		产品质量	TR. ProductQualityMonitoring	透明度权重
		数据隐私	TR. PolicyDataPrivacy	透明度权重
	员工	多元性与包容性	TR. WomenEmployees	行业中值
		职业发展与培训	TR. AvgTrainingHours	透明度权重
		工作条件	TR. TradeUnionRep	行业中值
		健康与安全	TR. AnalyticLostDays	透明度权重
公司治理	CSR战略	CSR战略	治理类别和治理支柱中的数据点	每个治理类别中数据点数量/治理支柱中的所有数据点
		ESG报告及透明度		
	管理	结构(独立性、多样性、委员会)	治理类别和治理支柱中的数据点	每个治理类别中数据点数量/治理支柱中的所有数据点
		报酬		
	股东	股东权利	治理类别和治理支柱中的数据点	每个治理类别中数据点数量/治理支柱中的所有数据点
		收购防御措施		

注:"＊"表示 ESG 重要性的该项数据点不存在。
资料来源:路孚特方法论。

　　第二步,通过重要性矩阵中的规模权重计算议题权重。经过第一步的计算,能够得出如表 8-6 所示的不同行业在 10 个议题下的规模权重。将每个议题的规模权重除以相应行业组的规模权重之和,即可计算出不同行业每个议题的具体权重,议题权重标准化为 0～

100 的百分比(如表 8－7 所示)。

表 8－6 路孚特行业实质性议题规模权重示例

支柱	议题	饮料 521010	银行服务 551010	化学制品 511010	煤炭 501010	建筑材料 512020
环境	排放	8	1	9	10	10
	创新	3	4	9	1	8
	资源利用	8	1	9	10	10
社会	人权	9	4	10	3	7
	产品责任	7	4	5	1	3
	员工	6	8	6	5	7
	社区	5	5	5	5	5
公司治理	管理	10	10	10	10	10
	股东	3	3	3	3	3
	CSR 战略	2	2	2	2	2

资料来源:路孚特方法论。

表 8－7 路孚特行业实质性议题权重示例

支柱	议题	饮料 521010	银行服务 551010	化学制品 511010	煤炭 501010	建筑材料 512020
环境	排放	0.12	0.02	0.13	0.20	0.15
	创新	0.04	0.10	0.13	0.02	0.12
	资源利用	0.13	0.02	0.13	100.19	0.15
社会	人权	0.15	0.10	0.15	0.06	0.11
	产品责任	0.12	0.09	0.07	0.02	0.04
	员工	0.10	0.19	0.09	0.10	0.11
	社区	0.08	0.12	0.07	0.10	0.08
公司治理	管理	0.17	0.24	0.15	0.20	0.16
	股东	0.05	0.07	0.04	0.06	0.05
	CSR 战略	0.03	0.05	0.03	0.04	0.03

资料来源:路孚特方法论。

　　(3)调整行业特定细化指标。商道融绿 ESG 研究团队根据各个行业的特点及重点利益相关方的关注问题,总结了一系列 ESG 议题。结合国际标准和中国环境、社会及经济发展现状,商道融绿 ESG 评级体系识别出现阶段影响中国企业运营的 14 项 ESG 议题,其中包括环境议题 5 项、社会议题 6 项以及治理议题 3 项。

在识别出 ESG 议题的基础上,商道融绿 ESG 研究团队应用德尔菲法针对不同行业进行 ESG 议题实质性判定,构建行业的 ESG 议题实质性矩阵,示例如表 8-8 所示。商道融绿对 ESG 议题实质性的判断综合了 ESG 因素对企业的正负外部性影响,以及对企业的财务影响等多重因素。

表 8-8   商道融绿行业 ESG 议题实质性矩阵示例

支柱	议题	采矿业	农林牧渔业
环境(E)	环境政策	4	3
	能源及资源消耗	5	5
	污染物排放	5	4
	应对气候变化	5	4
	生物多样性	5	4
社会(S)	员工发展	5	5
	客户管理	2	2
	供应链管理	3	2
	数据安全	1	1
	产品管理	2	4
	社区	4	4
公司治理(G)	治理体系	5	5
	商业道德	5	5
	合规管理	5	5

资料来源:商道融绿方法论。

商道融绿 ESG 评级体系中根据各行业的 ESG 议题实质性的不同,按行业设置 ESG 议题及指标的权重体系,为 51 个行业开发了 ESG 评级模型。行业 ESG 评级模型采用层次分析法(AHP)、熵权法及专家意见法三个步骤确定具体行业权重体系,具体过程如下:

第一步,使用层次分析法(AHP)确定行业初始权重。商道融绿 ESG 研究团队以行业的 ESG 议题实质性矩阵为重要参数依据,将 ESG 议题实质性等级输入层次分析法的准则层判断矩阵,从而得到 ESG 指标的初始权重系数。初始权重确定采用自上而下的方法,先通过准则层判断矩阵确定一级指标(环境、社会、治理)各自所占的权重,然后再确定各一级指标下的二级指标(即 ESG 议题)的初始权重,最后对各二级指标下的三级指标(即 ESG 通用指标和 ESG 行业指标)确定初始权重。

第二步,熵权法权重调整。在初始权重的基础上,商道融绿 ESG 研究团队针对每个 ESG 指标评估数据的可得性和可靠性等因素,采用熵权法进行权重调整,来降低信息离散程度小、量化程度较差、更新频率较低、业务逻辑不够清晰的指标的权重,从而提高针对

ESG 指标评分的精准性、时效性、可解释性。

第三步,专家最终审核。商道融绿 ESG 评审委员会根据专家意见和行业经验,对前两步骤后得到的权重体系的合理性进行审核,最终确定各行业 ESG 评级模型中各级别指标的权重体系。

此外,商道融绿对行业角度实质性因子的考量还体现在 ESG 指标选取中。根据最大限度涵盖有代表性、可搜集、重要的 ESG 指标,符合国际惯例和中国实际的实质性 ESG 指标,投资者关注事项,行业特点的主要因素,商道融绿 ESG 研究团队首先开发出 ESG 指标长清单,再根据聚类分析确定各 ESG 议题下指标构成。ESG 指标分为两类,分别为通用指标和行业指标。对于所有行业都需要评估的指标是通用指标,对部分行业进行评估的指标是行业指标。最终形成每个行业下企业特有的 ESG 指标体系(如表 8—9 所示)。

表 8—9 商道融绿 ESG 指标体系示例

ESG 议题		ESG 通用指标示例	ESG 行业指标示例	
			采矿业	农林牧渔业
环境(E)	E1 环境政策	环境管理体系、环境管理目标、节能和节水政策、绿色采购政策等	采区回采等	可持续农(渔)业等
	E2 能源与资源消耗	能源消耗、节能、节水、能源使用监控等	—	—
	E3 污染物排放	污水排放、废气排放、固体废弃物排放等	废弃物综合利用率等	污染物排放监控等
	E4 应对气候变化	温室气体排放、碳强度、气候变化管理体系等	—	—
	E5 生物多样性	生物多样性保护目标与措施等	生态恢复措施等	珍稀动物使用等
社会(S)	S1 员工发展	员工发展、劳动安全、员工权益等	职业健康安全管理体系等	职业健康安全管理体系等
	S2 供应链管理	供应链责任管理、供应链监督体系等	—	—
	S3 客户权益	客户管理关系、客户信息保密等	—	可持续消费等
	S4 产品管理	质量管理体系认证、产品/服务质量管理等	—	—
	S5 数据安全	数据安全管理政策等	—	—
	S6 社区	员工发展、劳动安全、员工权益等	社区健康与安全等	社区健康与安全等
公司治理(G)	G1 治理结构	反腐败与贿赂、举报制度、纳税透明度	—	—
	G2 商业道德	信息披露、董事会独立性、高管薪酬、审计独立性等	—	—
	G3 合规管理	合规管理、风险管理等	—	—

资料来源:商道融绿方法论。

二、地域角度

(一)地域因素考量意义

在地域差异上,国内 ESG 评级机构主要关注中国市场,更加关注国内企业在中国市场的表现,而 MSCI 等国际评级机构则具有更广泛的全球视野。这些国际机构的评级方法和指标可能更能适应全球不同国家和地区的特点,同时也会关注跨国公司在全球范围内的 ESG 表现,更关注国际法规和行业最佳实践。

不同地区面临着独特的监管环境、自然条件和社会文化背景,这些因素对企业的可持续发展和社会责任承担产生深远影响。从监管层面来看,各国和地区的法律法规差异显著,这决定了企业在环境保护、社会责任和公司治理方面的具体要求。例如,某些国家对碳排放的监管较为严格,而其他地区可能缺乏相关政策,这直接影响了企业在各地的运营方式和投资决策。

自然环境也是地域考量的重要维度。不同地区的生态系统、资源禀赋及自然灾害风险各不相同,企业在经营活动中必须考虑这些自然因素对其运营和社会责任的影响。例如,位于干旱地区的农业企业需要更加关注水资源的管理,而沿海地区的企业则需应对海平面上升和气候变化的挑战。这些自然条件不仅影响企业的生产效率,还对其社会责任的履行提出了更高要求。

此外,社会文化因素也是地域考量的重要组成部分。不同地区的文化、价值观和社会期望会影响公众对企业行为的看法,以及企业在本地社会中的角色。比如,某些地区可能更重视劳工权益和社区参与,而另一些地区则可能更加关注企业的经济贡献和利润。这种文化差异使得企业在不同地区需要采取相应的策略,以满足当地社区和利益相关者的期望。

因此,从监管、自然和社会文化等多个角度综合考虑地域因素,能够帮助评级机构更全面地评估企业在不同市场环境中的 ESG 表现。这种多维度的考量不仅提升了评级的准确性,还为企业在全球化背景下的可持续发展提供了更为清晰的指导。

(二)地域因素考量方式

在考虑地域因素的 ESG 评级方法中,主要可以分为两种方式:风险敞口分析和指标适用性调整。首先,风险敞口分析是一种常见的方法,强调企业在不同地理位置面临的特定环境和社会风险。这种方式通过识别和评估企业在特定地区所面临的气候变化、自然灾害和政策变动等风险,帮助评级机构确定地域因素对企业可持续性的重要影响。其次,指标适用性调整是一种更为细致的方法。这一方式关注不同地区的特定经济、社会和环境背景,通过调整相关 ESG 指标的适用性来反映地域特性。通过这种方式,评级机构能够确保评估的准确性,使其更贴近企业在特定地域的实际表现和挑战。下文将具体举例。

(1)风险敞口分析。MSCI 并未根据地域因素确定实质性议题,而是在地理位置风险敞口中考虑了议题的实质性。在环境和社会支柱中,每个关键议题模型都包含两个部分:风险敞口和风险管理。这种区分使得模型可以通过调整所要求达到的管理体系水平,以得出特定的关键议题得分:面临更高风险敞口的公司必须通过更强有力的管理实践来降低风险。

地理位置风险敞口是公司运营所在国家和地区的地理区域风险敞口分数的加权平均值。计算地理位置风险敞口分数的方法各不相同,且仅适用于某些关键议题。如议题适用地理位置风险敞口,则对整体风险敞口乘以地理乘数,基于资产或收入的地理分布,风险敞口评分可最高提高或最低降低 50%。一般来说,每种方法都依赖于外部数据集和 MSCI ESG 研究评估,以根据各种因素对国家进行区分,这些因素包括:(1)监管(例如,监管的严格程度、补贴的差异);(2)自然(例如,自然灾害、资源可用性);(3)社会与治理(例如,对腐败的看法、员工死亡频率)。

地理位置层面,与业务层面的风险敞口类似,MSCI 已经预先确定了各个国家和区域在环境或社会关键议题方面的风险敞口。其中较为重要的决定因素是当地的监管措施及其有效性。同样,根据企业在各个国家和区域的营收、资产和运营规模,MSCI 将计算得到被评企业在特定关键议题下的地理风险敞口。不过,地理位置的风险敞口由于是以乘数的形式存在,其将对最终的整体风险敞口产生较大的影响。

(2)指标适用性调整。妙盈科技同样没有根据地域因素来确定实质性议题,而是通过调整具体指标的适用性和议题的权重调整不同议题的实质性。妙盈科技会通过公司基本数据判断被评级公司的运营地及证券发行情况。评估公司在地理区位、市场监管等方面的风险暴露,根据地域及市场特点调整适用的数据,在一些情况下还会涉及权重调整。例如,如果公司所运营位置在中国大陆、中国香港、中国台湾或新加坡,证券在深圳证券交易所或中国香港交易所发行,"精准扶贫数据"等具体指标就会相应调整(如表 8-10 所示)。

表 8-10　　　　　　　　　　　妙盈科技地域因素调整示例

项目	调整
中国大陆环境处罚	调整为适用
中国绿色工厂申报结果	调整为适用
精准扶贫数据	调整为适用
深圳交易所监管记录	调整为适用
深圳交易所信息披露评价结果	调整为适用
公司治理议题	提升权重,港股公司的额外公司治理指标
商业道德议题	提升权重

资料来源:妙盈科技方法论。

三、企业角度

(一)企业特定议题考量意义

在 ESG 评级中,企业角度的考量尤为重要,因为许多公司可能面临独特的环境或社会关键议题,这些问题并不适用于其所在行业的其他公司。这种情况通常源于企业的独特商业模式或特定风险。

此外,企业在资源分配、治理结构和市场定位上的差异也会导致其面对的 ESG 风险各不相同。大型跨国公司通常面临更高的公众期待和监管压力,因而需要更加关注公司治理和社会责任的履行;而中小企业则可能在灵活性和社区参与上具有优势,需对社会影响和当地责任更加敏感。

这种独特性要求评级机构在评估企业时,进行针对性的实质性议题调整,以确保评级结果能够真实反映企业的 ESG 表现。例如,一家以可持续发展为核心的公司,可能需要在其供应链管理和资源使用方面承担更大的责任,这些议题在同行中可能并未被广泛重视。通过这种方式,评级机构不仅提升了评估的科学性和公正性,也为企业在可持续发展道路上提供了有价值的指导。

(二)企业特定议题考量方式

在一些情况下,一家公司可能会面临独有的环境或社会关键议题,而这些问题并不适用于该公司所在行业内的其他公司。这可能起因于多种情况,从具有独特或多样化商业模式的公司到业内面临独特风险的公司子集。在这些情况下,MSCI 在对实质性议题的分析中会考虑公司特定关键议题,同时其他关键议题的权重也将按比例降低,如表 8-11 所示。在其他情况下,一家公司可能不会面临业内其他公司面临的个别环境或社会关键议题。在这种情况下,该关键议题将从分析中移除,剩余关键议题将按比例提高权重。截至 2023 年 1 月 31 日,大约 20% 的公司接受了公司特定关键议题评估。

表 8-11　　　　　　　　　　MSCI 添加公司特定关键议题示例

说明	规则	关键议题添加	示例
公司从第二产业获得大量收入	大于 20% 的收入或收益来自第二业务线	涉及第二产业业务线的最相关关键议题	蒂芙尼(零售)大于 20% 的收入来自高级珠宝,添加争议性采购关键议题
公司在第二产业留下了大量足迹	与同行相比,第二产业业务线的绝对规模较大	涉及第二产业业务线的最相关关键议题	迪士尼(电影和娱乐)作为世界最大的玩具制造商之一,添加供应链劳工标准关键议题
公司拥有独特的商业模式	基于例外情况,需要获得 ESG 评级方法论委员会的批准	最相关关键议题	康宝莱(个人产品)销售减重补充剂,受食品安全机关监管,添加产品安全与质量关键议题

资料来源:MSCI 方法论。

对公司特定关键议题的分析有助于提升公司的整体评级,但不会影响业内同行评级,因为该特定关键议题对后者无显著影响。所有公司特定关键议题均由 MSCI ESG 评级方法论委员会审核和批准。

工业集团、贸易公司和分销商、多元化支持服务、多元化消费服务、专业零售和专业房地产投资信托基金等多元化行业的公司最常受到公司特定关键议题的评估。对于这些行业，MSCI 在行业研究开始时就对每家公司的商业模式进行了分析。

妙盈科技会分析被评级公司在各项业务中是否存在特定影响因素，确认是否存在额外适用的数据，确定最终的权重组合，即被评级公司的重要性评估结果。如表 8－12 所示，在这个例子中，相关的特定影响因素有：公司属于环保部门公布的重点排污单位；公司在半导体制造业务及公用事业业务中，有自身运营规模较明显的物流业务；公司的房地产开发业务在过去两年内发生多次承包商安全事故。根据这些特定影响因素，妙盈科技将会在议题层面，调整相应的指标和权重。

表 8－12　　　　　　　　　　　妙盈科技调整公司特定关键议题示例

项目	调整
污染物议题	公司重点污染物的相关指标提升权重
实际排污数据与排污许可核定数据之比	调整为适用
职业健康与安全议题	驾驶安全相关指标调整为适用
职业健康与安全议题	承包商安全管理相关指标提升权重

资料来源：妙盈科技方法论。

第四节　评级机构界定的实质性议题

一、各大主流评级机构间实质性议题的差异

目前各评级机构对实质性议题所划分的层次和颗粒度不同，各机构对实质性议题的定义和命名各不相同。

首先，评级机构在相同维度下的议题层次和颗粒度划分上有所差异。如图 8－2 所示，华证和妙盈科技的环境维度实质性议题仅划分至二级主题层面，三级即为各类具体指标点；而中金公司和 MSCI 则将议题进一步细化至三级议题层面。以水资源议题为例，中金公司和妙盈科技将其作为二级议题直接划分，而 MSCI 和华证则进一步细化，将水资源划分至第三级议题，第四层才涉及更具体的指标点。

其次，各评级机构在行业分类标准和层级数量上的差异也反映了它们对实质性议题的不同处理方式。各机构采用的行业分类标准不同，导致在相同行业下所对应的实质性议题也有所不同（如表 8－13 所示）。例如，华证和 MSCI 采用 GICS 行业分类标准，而 Wind、妙盈科技等则使用自定义分类标准。每个评级机构在其行业分类标准中的一、二、三级行业

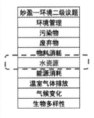

图 8－2 MSCI、华证、中金、妙盈等公司在环境维度的议题划分

数量也有所不同,从而影响了各行业中实质性议题的定义和覆盖范围。这种分类差异不仅反映了各机构在评价方法上的不同偏好,也对企业在不同评级机构中的表现产生了直接影响。

表 8－13   各评级机构的行业分类标准和层级数量

评级机构	行业分类标准	一级行业数量	二级行业数量	三级行业数量	四级行业数量
华证	GICS 行业分类	11	25	74	163
国证	根据受评主体的主营业务类别	11	30	88	164
中证	根据受评主体的主营业务类别	11	35	98	260
中金	GICS 行业分类	11	25	74	163
Wind	Wind 行业分类标准	11	24	69	161
商道融绿	自设立 51 个行业模型	51 个行业指标模型(51 个行业分类)			
妙盈科技	妙盈行业分类系统(MICS)	11	62	—	—
秩鼎	GICS 行业分类	11	25	74	163
汤森路透	TRBC Industry Group	13	32	61	153
富时罗素	ICB(Industry Classification Benchmark)	11	20	45	173
MSCI	GICS 行业分类	11	25	74	163
标普	GICS 行业分类	11	25	74	163

资料来源:课题组整理。

与此同时,不同评级机构在治理维度上对实质性议题的行业区分也存在一定差异。例如,Wind 在治理维度上采用统一的标准,对各行业并不做明显的区分,更关注普适性的治理要素,使得治理维度在不同企业和行业间具有较高的可比性;而在环境和社会维度上,Wind 则会根据行业特定的风险和企业规模进行细化处理,尤其是在高环境风险的行业中更加强调具体的行业差异。相比之下,MSCI 对治理维度采取了更加细化的行业区分,其根据不同行业的具体风险点进行特别评估。例如,在金融行业中,MSCI 重点关注合规风险、反腐败措施和金融透明度,而在 IT 行业,数据隐私和网络安全成为关键治理问题。各评级机构在评价方法和侧重点上的不同偏好,影响了企业在不同评级框架下的表现。

二、评级机构与国际准则、企业间实质性议题的差异

评级机构、国际准则和企业间的实质性议题在多个方面存在显著差异(如表 8－14 所示)。这些差异不仅影响评级结果的多样性,还对企业的实际表现和投资者的决策产生深远影响。

表 8－14　　　　　　　　　　评级机构、国际准则和企业间实质性议题的差异

项目	评级机构	国际准则	企业间实质性议题
目标	提供企业 ESG 表现评估,帮助投资者做出明智决策	提供 ESG 信息披露的标准和指南,促进信息透明度和一致性	关注对企业和利益相关者最重要的 ESG 问题
代表性机构/准则	MSCI、Sustainalytics、FT-SE Russell、Morningstar	GRI 标准,可持续发展目标(SDGs),联合国全球契约(UNGC)	气候变化、劳工权益、数据隐私、公司治理
评估标准	各机构有不同的标准和方法,侧重点不同	详尽的披露要求和指南,强调全面披露和透明度	根据行业、地域和规模的不同而各异
数据处理和分析方法	定量和定性分析结合,使用不同的指标和权重	提供详细的数据披露要求,但不具体规定分析方法	具体措施和策略因企业而异
结果透明度和一致性	结果的透明度和一致性受机构标准和方法的影响	强调信息披露透明度和一致性	企业之间的表现差异明显
利益冲突管理	强调利益冲突管理,但标准和实施方法不同	提供利益冲突管理指南和要求	根据企业内部政策和行业标准执行
市场影响	影响投资者决策,推动企业改进 ESG 表现	提供全球统一的披露标准,促进信息的透明和可比性	影响企业的声誉、融资和市场表现
案例分析	壳牌 vs. 埃克森美孚在气候变化方面的评级差异	GRI 标准下的苹果 vs. 三星电子在劳工权益方面的披露和表现差异	不同企业在应对相同 ESG 问题时的策略和效果
实际应用	投资者使用评级结果进行投资决策	企业根据准则进行 ESG 信息披露	企业根据实际情况制定 ESG 战略和措施
优缺点	多样性带来选择,但也增加了比较和选择的复杂性	标准化带来一致性,但可能忽视企业的具体情况	灵活应对具体问题,但可能缺乏一致性和透明度

资料来源:课题组整理。

评级机构的目标是提供企业 ESG 表现的评估,帮助投资者做出明智的决策。这些机构各自采用不同的评估标准和方法,侧重点各异。例如,MSCI 可能更加关注具体的环境保护措施和结果,而 Sustainalytics 则侧重于企业在风险管理方面的能力。这种差异导致同一企业在不同评级机构中的得分可能有显著差异。与评级机构相比,国际准则如全球报告倡议组织(GRI)标准、可持续发展目标(SDGs)和联合国全球契约(UNGC)等,则侧重于提供详细的 ESG 信息披露指南和要求。这些准则旨在促进全球 ESG 信息的透明和一致,强调全面披露和透明度。然而,不同评级机构对这些准则的应用存在差异,可能对同一信息有不同的解释和评分,进而影响评级结果的透明度和一致性。企业在应对实质性议题时,由于行业、地域和规模的不同,其优先级和应对措施也各不相同。实质性议题包括气候变化、劳工权益、数据隐私和公司治理等。不同企业在面对这些议题时,采取的具体措施和策略各异。例如,壳牌(Shell)和埃克森美孚(ExxonMobil)在应对气候变化方面的策略和表现就存在显著差异。壳牌在 MSCI 的 ESG 评级中得分较高,因为其在可再生能源投资和碳减排目标上表现积极,而埃克森美孚在应对气候变化方面的策略和行动被认为不够充分,导致其在 MSCI 和 Sustainalytics 中的得分较低。

总体而言,评级机构、国际准则和企业间实质性议题的差异影响了企业的 ESG 评级结果和投资者的决策。理解这些差异有助于企业更好地进行 ESG 信息披露和改进其 ESG 表现,同时也帮助投资者在进行 ESG 投资时做出更为明智的决策。通过不断提升信息透明度和披露质量,企业可以更好地应对 ESG 评级挑战,为实现可持续发展目标做出贡献。

第五节 评级机构实质性议题存在的问题与应对

一、评级机构实质性议题存在的问题

第一,评级与数据产品的定义缺乏明确性和一致性。全球范围内,不同的 ESG 评级机构对 ESG 的定义和标准存在显著差异。各大评级机构在环境、社会和治理三方面的评估标准和指标不同,导致企业难以找到统一的参考标准。这种不一致性不仅给企业带来困惑,也使得投资者在进行 ESG 投资决策时面临更多的不确定性。此外,由于缺乏全球公认的 ESG 评级框架,跨国企业在不同市场上需要适应不同的 ESG 评级标准,增加了合规的复杂性和成本。

第二,ESG 评级机构的透明度与利益冲突问题。ESG 评级行业的透明度和利益冲突问题日益凸显。许多 ESG 评级提供商不仅进行评级,还为公司提供咨询服务,可能会导致利益冲突——评级机构可能因咨询服务报酬在评级中对客户公司给予较高评分。例如,ISS(Institutional Shareholder Services)不仅提供 ESG 评级,还为公司提供治理咨询服务。这

种双重角色可能导致其在评级过程中存在偏见,影响评级的客观性和公正性。2020 年,有报道指出,ISS 在对某大型石油公司的评级中,给予了较高的环境评级,尽管该公司在污染控制方面存在明显问题。此外,许多评级机构未公开其评级方法和资料来源,进一步加剧了透明度问题。例如,MSCI 在对某科技公司的 ESG 评级中,使用了未公开的数据源和评估模型。该公司在 MSCI 的评级中获得了高分,但第三方评估显示,该公司在数据隐私和网络安全方面存在重大风险。这种不透明的评级方法,使得投资者难以全面理解和信任评级结果。①

第三,ESG 评级在国内缺乏监管。在中国,ESG 评级行业的监管尚处于初级阶段,缺乏统一的标准和监管框架,由此导致国内评级市场上出现了质量参差不齐的评级结果。例如,某 ESG 评级公司在评估某些企业的环境绩效时,尽管这些企业存在明显的环境问题,但仍给予高评级,直接影响了市场对这些评级结果的信任。此外,监管机构在如何有效平衡鼓励 ESG 发展的同时又能防范风险方面仍在探索中。中国证券监督管理委员会目前尚未制定明确的 ESG 评级标准,导致一些评级机构在评估过程中可能受到企业影响,出现不符合实际情况的高分现象。例如,据《经济观察报》报道,某些企业在与该评级公司密切合作后,尽管其 ESG 表现并不突出,却获得了较高的评级分数。②

第四,不同行业间实质性议题的可比性低。基本上所有的评级机构都会考虑到行业以区分实质性议题,不同行业间的可比性较低。例如,MSCI ESG 评级结果是基于行业内部比较得出的,所有被评企业与所在行业分组中的同业进行比较,最终得分和评级结果反映了其 ESG 表现在行业分组中的位置。因此,这会带来不同行业之间的实质性议题的可比性较低。此外,不同评级机构使用的行业分类标准并不相同,不同机构对于同一行业的理解和定义可能存在差异。这种差异使得企业在面对不同评级机构时,需要花费更多的时间和精力理解和适应不同的分类标准,从而增加了确定行业实质性议题的复杂性。不同评级机构之间的信息可比性也会降低,这可能导致投资者、监管机构等难以对不同评级机构的结果进行有效的比较和分析,从而影响了对企业和行业整体风险的准确评估。

第五,实质性议题缺乏对地域层面的考虑。相比于考虑行业实质性议题,考虑地域角度调整议题实质性的评级机构比较少。不同的地域具有不同的环境、社会、文化和政治背景,这些因素都可能对企业的 ESG 表现产生显著影响。如果评级机构忽视地域因素,可能无法准确评估企业在特定地域内的 ESG 风险,导致评级结果失真,也降低了评级的可比性。此外,国际评级机构例如 MSCI 对于地域因素的考量存在"国别偏见"。对于绝大多数中国企业来说,国内市场显然是最主要的运营所在地。因此,中国在各"环境"和"社会"关键议

---

① MSCI. MSCI ESG Ratings. [EB/OL]. https://www.msci.com/our-solutions/esg-investing/esg-ratings,2024−12−15.

② 经济观察报. 投资人需求激增 信用评级机构加码[EB/OL]. https://www.eeo.com.cn/2024/0413/651849.shtml,2024−12−15.

题方面的风险敞口水平,将影响中国企业的整体风险敞口。国内企业逐渐发现,中国在很多关键议题方面直接被 MSCI 认定为高水平的风险敞口(比如健康与安全),这显然对中国企业的管理能力提出了更高要求。

二、以可持续发展为目标确立实质性议题

第一,精细化与完善并存的 ESG 评级体系。ESG 评级机构不断推动其评级体系向精细化和完善化发展,通过建立更加严谨的框架和标准化的流程,确保评级结果的透明性与科学性。整个评级体系涵盖环境、社会、治理三大核心领域,并在此基础上细化各项指标,设定明确的评分标准。同时,评级机构结合国内外政策要求,逐步引入更加复杂的模型与严格的审核机制,以提升评级的公正性和可信度。通过这种精细化的体系,评级机构能够更准确地反映企业在可持续发展中的表现,为投资者提供更具深度和广度的参考依据。

第二,动态调整的 ESG 评级模型。ESG 评级机构根据全球和区域内经济、政策、行业等方面的变化,动态调整 ESG 实质性议题的优先级和评价标准。随着气候变化、社会不平等问题的加剧,评级机构在环境和社会维度中的实质性议题不断更新,并对重点议题进行重新评估和赋权。例如,在气候变化和碳中和目标愈发重要的背景下,碳排放管理和可持续能源成为各大评级机构评估中的关键议题。这种动态调整机制确保了评级标准与时俱进,能够及时反映企业应对重大挑战的能力,帮助投资者做出更加合理的决策。

第三,多角度综合考量的 ESG 评级方法。在实现可持续发展目标的过程中,评级机构应建立多角度综合考量的 ESG 评级方法,尤其是在行业角度之外,充分纳入地域因素和企业特性。这种方法能够更全面地识别和评估实质性议题。虽然大多数评级机构在行业分析中已经包括了行业特有的 ESG 风险和机遇,但地域因素往往被忽视,而其影响是不容忽视的,地域的政治、经济、文化、环境等差异都可能对企业的 ESG 实践产生显著影响。根据不同地域的特点,建立地域分类体系,能够反映不同地域的 ESG 风险差异和特征。例如,可以根据地理位置、经济发展水平、环境敏感程度等因素将地域进行划分。制定并调整地域性 ESG 指标,类似妙盈科技的做法,根据不同地域的特点,制定具有针对性的 ESG 指标。这些指标应能够反映企业在特定地域内的 ESG 表现和风险。例如,在中国经营的企业,将"乡村振兴""精准扶贫"等指标点调整为适用。此外,企业角度的考虑也不可或缺。每个企业的运营模式、战略目标和管理实践都有所不同,这意味着即使在相同的行业和地域背景下,企业的 ESG 表现可能也存在显著差异。通过深入分析企业自身的特点,评级机构能够提供更有针对性的评价,帮助企业识别和应对特定的 ESG 挑战。

综合这三个维度的分析,评级机构不仅能提升评级的准确性和可靠性,还能促进企业采取更负责任的经营策略,从而推动经济、社会和环境的可持续发展。

第六节　本章小结

本章总结了 ESG 评级机构在全球可持续发展进程中的重要作用,并深入分析不同机构在实质性议题选择上的差异性。通过比较国内外评级体系,本章揭示了各大评级机构在评级标准、评估对象和实质性议题的侧重点上存在显著不同。同时,本章详细介绍了评级机构如何从行业特性、地域差异和企业独特性三个维度确认实质性议题,确保其评级结果具备全面性和针对性。然而,透明度不足和利益冲突等问题依然对评级结果的公正性构成了挑战,影响了市场的信任度。此外,本章还探讨了全球范围内 ESG 监管的发展趋势,尤其是欧美主要经济体在提升评级透明度和标准化方面所做的努力。尽管现行评级体系不断优化,但对实质性议题的定义模糊和监管不力仍限制了评级结果的可比性和准确性。随着 ESG 评级在全球市场中的影响力持续上升,未来评级机构需进一步提升透明度,优化对行业和地域维度的考虑,确保评级体系更加统一和公正。这不仅有助于投资者做出更明智的决策,也能够为企业的可持续发展提供更有力的支持。

第九章 代表性议题:气候变化风险

本章提要 随着全球气候变化加剧,气候变化已经成为影响环境、社会及经济系统的关键议题。因此,在一般性探讨企业实质性议题的基础上,本章针对气候变化这一代表性的实质性议题展开了深入分析。首先,本章从双重重要性角度分析了气候变化的潜在影响。其次,通过梳理国内外关于气候变化的准则标准,进一步探讨了这些准则标准如何引导企业在气候变化风险管理和信息披露方面的实践。最后,本章聚焦中国A股上市企业气候变化信息披露的现状,展示了各企业在不同年份、行业以及市场条件下的气候变化信息披露表现。尽管大多数企业在气候变化相关信息披露上取得了一定进展,但仍存在较大的提升空间,特别是在披露的深度和量化程度方面。总体而言,企业要想在全球低碳转型的大背景下实现自身的可持续发展,就必须加强对气候变化风险的识别、管理以及披露。

第一节 引 言

在全球变暖的背景下,气候变化已成为21世纪最为紧迫的环境挑战之一。根据《联合国气候变化框架公约》的定义,气候变化是指"经过相当一段时间的观察,在自然气候变化之外由人类活动直接或间接地改变全球大气组成所导致的气候改变"。随着气候变化加剧,全球范围内的极端天气事件日益频繁,洪水、干旱、飓风等自然灾害的风险显著增加。这不仅对环境和生态系统造成了深远影响,还对全球经济、社会稳定和公共健康构成了严重威胁,甚至可能引发全球范围内的社会动荡和资源争夺,使得气候变化问题变得愈发复杂和紧迫。为了应对这些挑战,越来越多的国家和地区正在制定严格的环境政策,推动低碳经济的转型。在这种背景下,企业不仅需要适应不断变化的政策环境,还需识别并管理气候变化带来的各类风险。

气候变化风险(Climate Change Risk)正是在这种背景下引起广泛关注的。具体而言,气候变化风险泛指因气候变化引发的各种潜在负面影响,涵盖了极端天气、自然灾害、全球变暖等气候因素对经济活动和金融市场带来的不确定性等。对此,企业不仅需要在经营策略上做出调整,还要在长期可持续发展中承担起更大的社会责任。同时,政府也需要通过政策引导和激励机制,鼓励企业积极应对气候变化风险,从而推动经济的绿色转型和可持续发展。在这一过程中,建立健全的气候风险管理体系,提升风险应对能力,既是企业确保生存与发展的关键,也是全球经济实现可持续发展的重要保障。

第二节 气候变化风险的分类与影响

一、气候变化风险的分类

气候变化风险并非单一的威胁,而是由多个层面和因素构成的复杂体系。此外,在实际经营中,气候变化风险可能会转化为传统的审慎风险类别,比如市场风险、技术风险等。为了更好地评估和管理这些风险,以便详细地分析和制定针对性的应对策略,气候相关财务信息披露工作组(Task Force on Climate-Related Financial Disclosure,TCFD)[①]将气候变化风险划分为物理风险和转型风险两大类。

(一)物理风险

物理风险主要指气候系统的长期变化或更为频繁的极端灾害事件对企业造成的财产损失、营运中断或其他长期影响。这些风险可能源于突发事件(短期)或气候模式的长期变化(长期),并进一步传导至拥有投融资关系的金融机构,引发潜在的金融风险。

(1)短期风险。主要是由于极端天气事件引起的风险,比如飓风、洪涝和干旱等突发事件。这些事件可能直接影响企业的运营、供应链和资产。例如,零售商可能因极端降雪而导致运输成本增加,从而影响企业的销售额和利润。

(2)长期风险。主要是由于气候模式的长期转变带来的风险,包括海平面上升、平均温度变化和降雨模式变化等。这些变化可能会产生长期的经济影响,例如农业产量下降、水资源短缺和基础设施损毁等。因此,企业需要评估其资产和运营地点是否暴露在这些长期风险之下,并采取措施进行适应和减缓。

(二)转型风险

转型风险是指与向低碳经济转型相关的各类风险,主要源于社会在向低碳经济过渡过程中,为了应对气候变化的缓解与适应需求可能需要进行的大规模政策、法律、技术和市场变革。根据这些变革的性质、速度和重点,转型风险可能对各类组织造成不同程度的财务损失和声誉损害。

(1)政策和法律风险。首先,随着全球对气候变化关注的日益加深,政府可能会出台更多法规和政策,以限制温室气体排放。这些政策通常可分为两类:一类是直接限制加剧气

---

① 本章第三节将会具体介绍 TCFD 机构的基本情况,本节第一部分的资料主要来源于《气候相关财务信息披露工作组建议》。

候变化的活动,如碳定价、低污染能源、节能措施、节水方案和可持续土地使用;另一类则推动适应气候变化的行动。其次,政策变化的时机和内容将直接影响其财务后果。近年来,房产开发商、市政机构、保险公司、股东以及公共利益组织已多次就气候变化问题提起诉讼,指控企业未能有效应对气候变化,或未充分披露相关财务风险。

(2)技术风险。为了应对气候变化,新的低碳技术会不断涌现,这要求企业持续投资于新兴技术,以保持竞争力。然而,这类投资也伴随着技术失败和回报不确定的风险。例如,向可再生能源转型可能需要大额的前期投入,但快速发展的技术有可能使现有投资变得过时。与此同时,支持低碳和节能经济转型的技术创新,如可再生能源、电池储能、能源效率提升以及碳捕集与封存技术的开发,可能对企业的竞争力、生产成本和配送成本产生重大影响,进而改变终端用户对其产品和服务的需求。因此,在评估技术风险时,技术开发和应用的时机成为一个关键的不确定因素。

(3)市场风险。虽然市场受气候变化影响的方式多样且复杂,但随着气候相关风险和机遇越来越受到重视,其主要影响方式之一是改变对特定大宗商品、产品和服务的供需关系,即更多的消费者和投资者倾向于选择环保产品和服务,从而对那些没有适应市场变化的企业造成影响。例如,汽车行业面临从传统燃油车向电动车转型的压力,导致未能及时转型的企业市场份额减少。

(4)声誉风险。声誉风险与气候变化密切相关,已成为影响企业形象的重要因素。随着社会对气候变化的关注度不断提升,客户和社区越来越关注企业在向低碳经济转型中的表现。企业若能够积极采取措施减少碳排放并推动环境可持续发展,将有助于提升其在公众心中的声誉。反之,如果企业未能有效应对气候变化、减少碳足迹,甚至参与环境破坏,则可能遭遇公众的强烈抵制,削弱企业的市场地位。

二、气候变化风险的影响

在当前全球经济与社会快速发展的背景下,气候变化已不再是遥远的环境问题,而是切实影响企业、社会和环境的关键因素,其影响范围之广、程度之深,使得它不仅改变了传统的风险管理框架,而且重新定义了企业与社会可持续发展的路径。因此,有必要深入分析和评估气候变化风险带来的潜在影响,并阐明将其作为单独的一项实质性议题予以讨论的内在逻辑。

(一)气候变化推动 ESG 理论发展

从理论上讲,气候变化作为环境保护的重要议题,在 ESG 理论中占据了核心位置,并且被视为推动该理论发展的关键因素之一。ESG 投资的基本目标是将环境、社会和治理因素系统性地纳入企业战略与投资决策过程,从而有效识别、评估和管理潜在的风险,推动可持续发展。在这一框架下,气候变化具有特殊的重要性,因为它不仅对企业的环境绩效有直接影响,还与企业的财务健康和长期可持续性息息相关。近年来,全球范围内极端天气事件的频发及其所引发的财务与运营风险,也凸显了气候变化在企业管理与投资决策中的重要性。这种风险的管理涉及广泛且复杂的跨领域挑战,包括物理风险,以及政策变化、技术进步、市场波动等造成的转型风险。正因如此,业内专家普遍认为,气候变化已成为当前全球议程的首要议题。此外,从更广泛的理论视角来看,气候变化不仅是推动 ESG 理论演进的重要驱动力,也是全球经济与社会发展的关键挑战之一。基于这些原因,在 ESG 框架下,深入探讨并应对气候变化风险能够在减缓气候变化负面影响的同时进一步推动 ESG 理论的深入发展。

(二)气候变化的双重重要性

根据双重重要性原则,气候变化不仅会对企业价值产生重要影响,还会对经济、社会和环境产生重大影响。表 9-1 具体展示了不同类型气候风险产生的潜在影响。

表 9-1　　　　　　　　　　　　气候变化相关风险及其影响

分类	气候变化风险	内容	潜在影响
物理风险	短期风险	极端天气事件比如飓风、洪涝和干旱等突发事件引起的风险	导致企业生产能力下降、运营成本和资金成本上升、收入减少;造成现有资产的注销和提前报废;导致保险费提高以及极端天气高发地区资产可投保险种减少的可能性;对人类的健康和安全构成威胁
物理风险	长期风险	气候模式的长期转变比如海平面上升、平均温度变化和降雨模式变化等引起的风险	
转型风险	政策和法律风险	限制温室气体排放;现有产品和服务的强制要求和监管;诉讼风险	因合规成本、保险费增加造成的运营成本上升;由于政策变动,现有资产的资产减值和提前报废;由于罚款和判决,产品和服务的成本增加或相应需求减少
转型风险	技术风险	对现有产品和服务的低排放量替代品;对新技术的投资失败;向低排放技术转换的成本	对现有产品和服务的需求减少;在全新和替代技术方面的研发支出增加;因采用新方法和流程带来的成本上升
转型风险	市场风险	市场信号的不确定性;消费者偏好和行为的变化	由于消费者偏好的转变,商品和服务的需求减少;由于收入组合和来源的变化,收入减少;资产的重新定价(如化石燃料的储备、土地估值、证券估值)
转型风险	声誉风险	某些行业的污名化;利益相关方的担忧增加或负面反馈	商品或服务的需求减少;生产能力下降(如计划审批拖延、供应链中断等);由于劳动力管理和规划(如吸引和挽留员工)的负面影响,收入减少

资料来源:课题组参照《气候相关财务信息披露工作组建议》整理。

(1)财务重要性。从财务重要性的角度来看,作为 ESG 风险的一部分,气候变化风险因其高度不确定、非线性和影响持续而广泛等特性而引起了投资机构与企业管理者的高度关注,并通过一系列传导渠道,影响经济和金融体系,极易带来金融体系系统性、结构性问题。第一,气候变化尤其是极端天气事件对实体经济造成重大损失,导致企业经营成本上升,影响经济增长目标。根据世界气象组织发布的《2020 年气候服务状况报告》,在过去 50 年中,全球发生超过 1.1 万起气候相关自然灾害,致使 200 万人丧生,经济损失高达 3.6 万亿美元。第二,气候变化增加了自然灾害的频率和严重程度,不仅影响保险企业、银行等金融机构的资产和负债状况,还会导致房地产、基础设施和农业等高风险领域的资产贬值,最终引发全球范围内的债务违约。第三,为应对气候变化风险,世界各国纷纷出台低碳转型的相关政策,但同时也不可避免地会影响相关行业的经营发展,引起市场波动。例如,对化石能源的限制将导致相关碳密集型企业经营困难,而消费者和投资者转向低碳产品和投资也可能引发市场对资产的重新定价,造成股价波动。

(2)影响重要性。从影响重要性的角度来看,气候变化关乎人类生存,极端天气、海平面上升等恶性事件会逐渐从环境问题演变为对人类社会的重大挑战。首先,全球变暖导致的海平面上升、森林火灾频发、极端天气增多等现象破坏了原本稳定的生态系统,进一步加剧了生物多样性的减少。其次,水资源的减少、土地的荒漠化和农业产出的降低直接影响了全球粮食安全和经济稳定,导致粮食产量下降,价格上涨,增加了社会不稳定因素。此外,极端天气、空气污染以及由气候变化引发的传染病传播,正在增加全球公共卫生的挑战。尤其是在气候变化敏感的地区,温度上升和极端天气频率的增加导致老年人、儿童和其他易感人群的健康状况进一步恶化。由此可见,气候变化不仅涉及环境问题,而且成为一个复杂的全球性挑战,对社会、经济和公共健康产生了深远影响。在 ESG 报告中将气候变化作为单独议题进行讨论,不仅能够提高对这些风险的认识,还能为制定更有效的应对措施提供指导,以确保全球可持续发展的未来。

(三)气候风险管理的实践意义

在实践层面上,国际可持续准则理事会(ISSB)、欧洲财务报告准则咨询组(EFRAG)和美国证券交易委员会(SEC)在可持续发展披露准则或规则的制定中,均将气候相关披露准则作为优先议题,这主要出于以下三方面的考虑:第一,通过要求企业详细披露与气候变化相关的财务风险、战略应对措施以及减缓和适应计划,监管机构和标准制定者希望提升企业对气候风险的认识,促使其将气候变化纳入企业的核心战略决策。第二,从实操角度看,气候变化风险的显著性和可测量性使其成为企业和投资者讨论和管理 ESG 风险的切入点。例如,一些洪涝、飓风、海平面上升等气候灾害均可通过科学数据和气候模型评估,使得企业能够量化和管理这些风险对企业造成的影响,同时也为投资者提供了更具透明度和一致性的 ESG 评估依据。第三,气候变化议题的高度可感知性和广泛影响力,容易成为公众和市场关注的焦点,进而影响企业的声誉和市场定位。在这种背景下,企业不仅需要遵守强制性的披露要求,还需要通过主动的气候行动和透明的信息披露来增强与利益相关者的信任关系,所以将气候变化作为优先议题有利于自下而上地敦促企业重视 ESG 活动。总而言之,相较其他议题而言,气候变化自身容易感知和便于测量的特性使其成为推动 ESG 理念实施的重要切入点。

第三节　国内外准则中的气候变化风险

作为 ESG 中的最具代表性的议题,气候变化风险的重要性首先在国际国内相关准则中得到了充分体现。所有相关的机构和准则,在制定 ESG 相关规范时,都会将气候变化风险作为一个代表性的议题,因此,本节我们首先梳理一下国内外相关准则中的气候变化风险,看看这些国内外准则如何界定气候变化风险,如何设置其披露标准和其他监管措施。

一、代表性国际准则

(一)总体趋势

在全球对气候变化风险日益关注的背景下,气候信息披露标准的演变经历了多个关键阶段。2003 年,全球报告倡议组织(Global Reporting Initiative,GRI)发布了首个气候变化模块,作为针对企业的气候变化信息披露准则。该模块为企业提供了如何报告温室气体排放、能源使用和应对气候变化策略的指导,标志着气候变化开始成为企业社会责任报告的重要组成部分,也为后来的气候信息披露标准奠定了基础。2010 年,联合国环境规划署(UNEP)发布的《气候信息披露框架》更加全面地帮助企业披露与气候变化相关的风险和机遇,包括如何披露温室气体排放报告,评估气候风险,与现有的财务标准保持一致,以及促进与投资者及其他利益相关者的沟通。随后,在国际社会的共同努力下,联合国气候变化大会(COP21)于 2015 年在法国巴黎召开,并通过了《巴黎协定》,承诺将全球气温升幅控制在工业化前水平以上低于 2℃,最好是 1.5℃之内。同年 12 月,金融稳定理事会(Financial Stability Board,FSB)又牵头成立了气候相关财务信息披露工作组(TCFD),旨在为投资者、贷款机构、保险企业和其他利益相关者提供关于气候相关风险的全面信息。

然而,随着全球对气候变化影响的认识加深,各方逐渐认识到,需要一个更具全球影响力和执行力的机构来进一步推动这一领域的发展。于是,FSB 在 2024 年正式要求 ISSB 承担起对全球企业气候相关财务信息披露状况的监控职责。这一职责的转移标志着全球气候相关信息披露从倡议阶段走向了更为制度化和规范化的阶段。ISSB 不仅要继续完善和推广 TCFD 的框架,还要帮助投资者和其他利益相关方评估和应对气候变化带来的财务风险。ISSB 所制定的《国际财务报告可持续披露准则第 2 号(IFRS S2)——气候相关披露》也从 2024 年 1 月 1 日生效,它将代替 TCFD 建议成为企业披露气候相关财务信息的标准。图 9-1 展示了气候变化相关信息披露标准的发展历程。

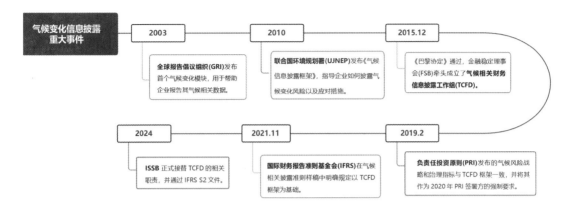

图 9-1　气候变化信息披露重大事件时间轴

(二)代表性国际组织

(1)全球报告倡议组织。全球报告倡议(GRI)成立于1997年,是一个国际独立组织,致力于帮助商业组织、政府以及其他机构梳理并认识其业务活动在重要的可持续发展议题上产生的潜在影响,包括气候变化、人权、腐败等。GRI标准是全球首个可持续发展报告标准,也是目前全球使用最广泛的可持续发展报告和披露标准。气候变化就是其中一个重要议题,它涉及企业活动对气候系统的影响,以及气候系统变化对企业运营和战略的影响。2023年11月21日,GRI发布新的气候变化和能源标准(Climate Change and Energy Standards)草案,旨在使企业能够披露其气候变化转型计划和行动,以及与气候相关的能源转型倡议。为了与其他可持续发展报告倡议保持一致,GRI已与负责制定《欧洲可持续发展报告准则》的欧洲财务报告咨询组(EFRAG)、国际财务报告准则基金会的国际可持续发展准则委员会(ISSB)以及一些国家标准制定者合作,并审查草案。①

(2)可持续发展会计准则委员会。可持续发展会计准则委员会(SASB)成立于2011年,是一家位于美国的非营利组织,致力于制定一系列针对特定行业的ESG披露指标,帮助企业披露与财务表现相关的可持续发展信息。与其他标准相比,SASB标准的一个显著特点是其行业特定的标准设计。它在传统行业分类系统的基础上,根据企业的业务类型、资源强度、可持续影响力和可持续创新潜力等推出了一种新的行业分类方式,并将企业划分为11个部门和77个行业。2018年,SASB正式发布了第一套全球适用性可持续发展会计准则,为各行业制定了具体的报告框架,涵盖ESG的多个关键领域,比如温室气体排放、水资源管理和员工福利等。

SASB针对气候变化的披露要求主要涵盖四个领域:第一,温室气体排放。企业应报告其运营过程中产生的直接和间接温室气体排放量,以及所采取的减排策略和设定的目标。不同

---

① 参考来源:https://ohesg.com/criteria/gri.html。

的行业可能需要提供特定的排放数据和减排方案,特别是高排放行业如能源、交通和制造业。第二,能源管理。对于能源密集型行业,企业需披露其能源消耗总量、能源使用效率(如能源强度),以及可再生能源的使用比例等信息。第三。物理风险管理。企业应说明其针对气候变化引发的物理风险(如洪水、飓风、极端高温等)的管理措施,包括这些风险可能对运营产生的影响,以及企业为应对这些挑战所制定的计划。第四,转型风险和机遇。企业需要揭示因政策变化、市场需求波动和技术革新所带来的转型风险和机遇。例如,碳定价机制或能源政策的调整可能影响企业的成本结构和市场定位。总体而言,SASB 标准为各行业提供了针对气候相关信息披露的主题和指标,并与其他国际气候披露标准保持协同性。[①]

(3)气候相关财务信息披露工作组。随着《巴黎协定》的正式生效,各国纷纷加速了向低碳经济的转型进程,气候变化产生的直接后果以及转型过程中的风险和潜在机遇,引起了全球各界的广泛关注。在金融市场领域,确保资产定价的合理性对于维护金融系统的稳定性和提高资产配置效率具有核心作用。因此,气候相关风险与机遇的准确评估,依赖于市场参与者获取及时且精确的信息披露,这对于金融市场健康发展至关重要。为此,金融稳定理事会(FSB)于 2015 年 12 月由 G20 成员发起,其成立了气候相关财务信息披露工作组(TCFD),旨在为企业提供关于气候变化的披露框架,帮助投资者进行有效的风险评估和资产定价。从成员构成来看,TCFD 的成员具有一定的国际代表性,并涵盖了银行、保险、资产管理企业、养老基金、大型非金融企业、会计和咨询企业等,得到了数百家金融机构的支持。[②]

自 2017 年起,TCFD 每年都会发布一份状况报告来反映各国企业的披露情况。如表 9-2 所示,根据其推出的 TCFD 披露框架,企业应围绕治理、战略、风险管理和目标四个领域披露,并分析气候变化风险对企业产生的财务影响。具体而言,治理方面要求管理层明确地将气候变化议题纳入企业治理的程序,并加强董事会的监督职责。战略方面通过识别现存的或潜在的气候相关风险,来说明可能会对企业财务造成的冲击与影响。风险管理方面需要揭露组织审视、评估管理气候相关风险之流程,并将其所评估的架构整合至企业风险管理,从而分析企业是如何制定风险管理程序与 ESG 风险因子的。指标与目标方面则要求企业主动披露其管理气候相关风险所使用的指标,并与实际绩效和目标相对照。

表 9-2 TCFD 披露框架

支柱	含义	建议披露项
治理	披露机构与气候相关风险和机遇的治理	描述董事会对与气候相关风险和机遇的监督
		描述管理层在评估和管理与气候相关风险和机遇方面所起的作用

---

① 该部分主要参考了 SASB 的各行业标准,https://sasb.ifrs.org/standards/download。
② 参考资料:《气候相关财务信息披露工作组建议》。

续表

支柱	含义	建议披露项
战略	披露气候相关风险和机遇对组织业务、战略和财务规划的实际和潜在重大影响	描述组织在短期、中期和长期中识别的气候相关风险和机遇
		描述与气候相关风险和机遇对组织经营、战略和财务规划的影响
		在考虑到不同气候相关条件、包括 $2°C$ 或更低温度的情景下,描述组织战略的韧性
风险管理	披露组织如何识别、评估和管理气候相关风险	描述组织识别和评估气候相关风险的流程
		描述组织管理与气候相关风险的流程
		描述识别、评估和管理气候相关风险的流程如何纳入组织全面风险管理
指标和目标	披露用于评估和管理气候相关风险和机遇的重要指标和目标	披露组织根据其战略和风险管理流程,评估与气候相关风险和机遇所使用的指标
		披露直接排放(范围一)、间接排放(范围二)、其他间接排放(范围三)(如需)的温室气体(GHG)排放及相关风险
		描述组织用来管理与气候相关风险和机遇所使用的目标和绩效与目标的对照情况

资料来源:课题组参照 TCFD 公布的历年报告整理。

(4)国际可持续发展标准委员会。国际财务报告准则基金会(IFRS Foundation)于 2021 年在第 26 届联合国气候变化大会(COP26)上宣布成立国际可持续准则理事会(ISSB)。该组织的目标是为全球投资者提供高质量、统一的可持续发展信息披露标准,并聚焦于气候变化及其他可持续发展议题的信息需求。2023 年 6 月 26 日,ISSB 正式发布了两份重要文件:《国际财务报告可持续披露准则第 1 号(IFRS S1)——可持续相关财务信息披露一般要求》及《国际财务报告可持续披露准则第 2 号(IFRS S2)——气候相关披露》。这两项准则自 2024 年 1 月 1 日起生效,其实施时间将根据各国或地区的采用情况以及强制要求的安排而有所不同。这一里程碑式的发布标志着可持续发展信息披露从自愿性逐步迈向强制性的转变,推动了可持续发展报告在企业财务报告中的地位提升到同等重要的水平。

相应地,2023 年 10 月 12 日,气候相关财务信息披露工作组(TCFD)在其发布的年度状态报告中宣布"已完成使命并正式解散"。从 2024 年开始,TCFD 的监督职责将由 ISSB 接管。这表明《国际财务报告可持续披露准则第 2 号(IFRS S2)》已被确立为新的全球标准,用于指导企业在气候变化领域的财务信息披露,并替代了 TCFD 建议。表 9-3 展示了 IFRS S2 与 TCFD 的不同之处,总体来看,IFRS S2 仍延续了 TCFD 的基本框架,只是对具体的披露内容做出了进一步的要求,为全球各地气候相关信息披露提供了更加全面和统一的参考样本。

表 9-3 **IFRS S2 与 TCFD 的比较**

支柱	不同之处
治理	要求披露更详细的信息,例如,治理机构或个人对气候相关风险和机遇的责任如何反映在职权范围、授权、角色描述和适用于该机构或个人的其他相关政策中
战略	要求企业在识别气候相关风险和机遇时,考虑应用行业指南中的行业信息披露议题
	披露与企业商业模式和价值链相关的更详细的信息
	披露气候相关风险和机遇对财务方面的影响,最好使用定量和定性信息
	情景分析允许使用与企业情况相称的方法,不需要过高的成本和努力
风险管理	是否使用了气候情景分析方法,多大程度上整合到了企业的整体风险管理流程
	明确要求对识别、评估、排列和监控气候相关的风险与机会的过程进行额外披露
指标与目标	披露企业基于行业的与商业模式和活动相关的指标
	对合并会计组和不属于合并会计组的联营企业、合资企业、未合并子企业或关联企业范围一和范围二的温室气体排放量进行单独披露
	必须披露使用机遇运营地点方法统计的范围二温室气体排放量以及相关合同文书
	如果企业存在资产管理、商业银行或保险业务,则需披露关于投融资排放的范围三温室气体排放量
	在披露目标时,还需披露最近的气候变化国际协议对该目标的要求以及是否被第三方验证、监测目标进展的方法等;要求披露企业关于计划使用碳排放额度来实现温室气体排放目标的额外信息

资料来源:课题组参考网络资料整理。

(三)主要经济体

目前 TCFD 被纳入强制性准则的趋势愈加明显,世界上已有部分国家将 TCFD 建议纳入自身的政策法规相关体系。包括欧盟、巴西、日本、新加坡、瑞士、新西兰、英国在内的诸多国家均发布了与 TCFD 相关的建议报告,要求将其作为法规强制执行披露,具体内容如表 9-4 所示。

根据表 9-4,全球主要经济体在气候相关信息披露方面的政策逐渐趋向于更加规范化和强制化,体现了市场对透明度和可持续发展的需求。首先,欧盟在 2018 年发布的《非金融报告指令》以及随后推出的《企业可持续发展报告指令》(CSRD)中明确要求企业披露与 ESG 相关的各类信息,尤其是气候变化。根据欧盟委员会的分析,强化的信息披露将对企业风险管理带来积极影响,促进资金向可持续项目流动,进而推动整个社会向低碳经济转型。美国 SEC 于 2024 年正式通过的气候披露规则也要求上市企业在年度报告中详细披露气候相关信息,但同时考虑到部分企业面临的合规压力,删除了范围三温室气体排放相关的披露要求。英国金融行为监管局则在 2021 年发布了针对上市公司的气候信息披露指南,强调企业在财务报告中需要详细披露与气候变化相关的风险和机遇。此外,日本和新加坡近年来也相继出台了一系列政策法规,快速响应 TCFD 建议。总体而言,这些政策的制定与实施反映了各国在全球气候变化背景下责任意识的不断增强。随着气候变化问题的日益严峻,企业面临的财务和声誉风险逐渐增加。如果未能有效应对,企业可能面临资本流出和市场竞争力下降的困境。而各国监管政策的逐步完善,将有助于提升企业在气候变化领域的透明度,最终推动全球经济向低碳、可持续方向发展。

表 9—4 各国(地区)关于气候相关信息的披露标准

国家(地区)	相关政策
欧盟	2018 年,欧盟发布了《非金融报告指令》,要求大型上市企业披露与环境、社会和治理(ESG)相关的信息,包括气候信息;2021 年 4 月,欧盟委员会发布拟定的《企业可持续发展报告指令》(CSRD),以修改现有报告要求。欧盟委员会指出,报告要求应将现有标准和框架(包括气候相关财务信息披露工作组框架的标准和框架)纳入考虑范围
美国	2022 年 3 月 21 日,美国证券交易委员会(简称 SEC)发布了"加强和规范服务投资者的气候相关披露"提案。2024 年 3 月 6 日,SEC 正式通过该项提案,并发布最终版气候相关信息披露规则(以下简称气候披露规则),要求上市企业和申请上市企业在年度报告和申请上市登记表中披露气候相关信息。与此前发布提案相比,气候披露规则删除了范围三温室气体排放相关披露要求
英国	2020 年 11 月,英国财政大臣宣布,英国打算在 2025 年之前针对大型企业和金融机构强制实行气候信息披露要求。2020 年 12 月,金融行为监管局提出关于英国优质上市企业根据气候相关财务信息披露工作组的建议在合规或解释的基础上披露气候相关风险和机遇的新规则。2021 年 6 月,金融行为监管局发布了进一步提案,要求标准上市股票发行人也按照气候相关财务信息披露工作组建议进行信息披露,并提出资产管理企业、人寿保险企业以及受金融行为监管局监管的养老金供应商应按照气候相关财务信息披露工作组建议进行信息披露的要求
日本	2021 年 6 月,东京证券交易所根据日本专家委员会关于跟进《日本管理准则》和《日本企业治理准则》制定的提案,发布了《企业治理准则》修正本(以下简称《准则》)。根据《证券上市规则》修正本,《准则》要求某些上市公司按照气候相关财务信息披露工作组的建议,提高和增加气候相关财务信息披露的质量和数量。《准则》自 2021 年 6 月 11 日起生效
新加坡	2021 年 8 月,新加坡交易所监管企业提出了一个与气候相关财务信息披露工作组建议相一致的强制性信息披露路线图。从 2022 年开始,所有发行人均必须在合规或做出说明的基础上,采用与气候相关财务信息披露工作组建议相一致的报告方式。从 2023 年开始,金融、交通等主要行业的企业必须公开信息,到 2024 年,大部分行业的企业都必须公开信息

资料来源:课题组根据相关资料整理。

二、代表性国内准则

在全球范围内,气候变化信息披露标准的制定和实施正在不断加强。国际上众多的标准和指南为各国企业提供了气候变化相关信息披露的框架和要求,以促进透明度和信息的标准化。与此同时,面对全球气候变化挑战,中国也在积极推动国内气候变化信息披露的标准化进程,以适应国家的战略目标和市场需求。在这一背景下,了解中国关于气候变化信息披露的标准,对于企业合规和投资者了解企业的气候风险管理至关重要。

(一)国家层面

(1)《中国企业社会责任报告指南》。2022 年 7 月,由中国社科院研究团队编制的《中国企业社会责任报告指南》(CASS-ESG 5.0)正式发布,旨在指导中国上市企业更好地编制 ESG 报告,提高信息披露的透明度。该《指南》提出的框架涵盖了针对气候变化信息披露的具体要求,要求企业披露其温室气体排放量(包括直接排放和间接排放)和所采取的减排措施,以及如何识别和管理与气候变化相关的风险、应对气候变化的长期目标和策略等信息。CASS-ESG 5.0 的制定不仅为企业提供了标准化的报告框架,也为投资者和其他利益相关者提供了评估企业气候变化表现的有效工具。

(2)《关于转发〈央企控股上市企业 ESG 专项报告编制研究〉的通知》。2023 年 6 月,国务院国有资产监督管理委员会(国资委)下发《关于转发〈央企控股上市企业 ESG 专项报告编制研究〉的通知》,专门针对央企控股上市企业的 ESG 报告编制提出了新要求。该指标体系从环境、社会、治理三个维度展开,囊括 14 类一级指标、45 项二级指标以及 132 个三级指标,全面衡量央企控股上市企业在绿色经营和可持续发展道路上的表现。在气候变化方面,则强调了央企在温室气体排放、气候风险管理和低碳转型等方面的责任和义务。其具体要求包括:建议央企披露范围一、范围二和范围三的温室气体排放数据;披露央企应对气候变化相关风险的策略和措施;展示央企在推动低碳经济转型方面的努力,包括节能减排措施、可再生能源的使用,以及为实现国家"碳达峰、碳中和"目标所采取的行动。

(3)《企业可持续披露准则——基本准则(试行)》。2024 年 12 月 17 日,由财政部牵头制定的《企业可持续披露准则——基本准则(试行)》正式发布。该准则对企业的可持续信息披露做出了全面规范,涵盖总则、披露目标与原则、信息质量要求、披露要素、其他披露要求及附则六大部分,要求企业不仅披露其在环境、社会和治理等方面的可持续风险、机遇和影响,还要建立健全的数据收集、验证、分析、利用和报告等系统,确保可持续信息披露的质量。相较于 2024 年 5 月 27 日发布的《企业可持续披露准则——基本准则(征求意见稿)》,其整体结构并未改变,但考虑到减轻企业负担和提高披露效率的实际需求,就准则的适用范围、价值链定义、重要性原则与评估标准、中期报告简化披露和韧性评估方法进行了较大调整与变动。[①] 此外,财政部还表示我国可持续披露准则制定的总体目标是:2027 年可持续披露基本准则、气候相关披露准则相继出台;2030 年国家统一的可持续披露准则体系基本建成。

(二)证券交易所

(1)香港联交所。2019 年 12 月 18 日,香港联交所正式刊发新修订的《环境、社会及管治报告指引》(以下简称《香港 ESG 指引》)。《香港 ESG 指引》明确在环境范畴信息披露部分新增"气候变化"议题,要求企业"描述已经及可能会对发行人产生影响的重大气候相关事宜及其应对的行动",并且规定该议题遵守"不披露则解释"而非"建议披露"的原则。此外,联交所还于 2021 年 11 月 5 日专门刊发《气候信息披露指引》,作为对《香港 ESG 指引》新增"气候变化"议题的强化指南,表示将于 2025 年强制实施"符合 TCFD 的气候相关披

---

① 李晔:"五大核心改动,中国可持续发展迈出重要一步",第一财经研究院。

露"。但随着 IFRS S1 和 IFRS S2 的出台以及 TCFD 的职责被 ISSB 所接管,香港联交所与时俱进,对相关准则予以修改。2024 年 4 月,联交所发布了《有关优化环境、社会及管治(ESG)框架下的气候信息披露市场咨询的咨询总结》,并且经其修订的《上市规则》也于2025 年 1 月 1 日生效。为了最大限度地与 IFRS S2 的披露规定保持一致,联交所专门在《上市规则》附录的《ESG 守则》中增加 D 部分,用于披露气候信息。

(2)三大交易所。为推动上市企业更好地 ESG 信息,中国的三大交易所——上海证券交易所、深圳证券交易所和北京证券交易所,于 2024 年 2 月 8 日就《可持续发展信息披露指引》向社会公开征求意见,该指引采用强制披露与自愿披露相结合的方式,建立上市企业可持续发展信息披露框架,强化碳排放相关披露要求。2024 年 4 月 12 日,在中国证监会的统一部署和指导下,三大交易所正式对外发布了《上市企业自律监管指引——可持续发展报告(试行)》,该指引自 2024 年 5 月 1 日起实施。该指引要求上证 180 指数、科创 50 指数、深证 100 指数、创业板指数样本企业及境内外同时上市的企业应当最晚在 2026 年首次披露2025 年度可持续发展报告,并鼓励其他上市企业自愿披露。

总体来看,该指引与国际标准的框架基本保持一致,只是根据中国国情进行了一定的调整。在气候变化方面,首先,指引要求上市企业的披露内容应涵盖企业治理、战略规划、风险与机遇的管理,以及关键的绩效指标和目标设定等方面。其次,针对温室气体排放等环境数据的披露,指引要求企业采用公认的国际、国家或行业标准测量与计算数据,并建议企业聘请第三方机构核查数据,以提高数据的可靠性和可比性。如果某些定量指标难以披露,企业可以提供定性信息并解释原因,以确保信息披露的全面性和合理性。此外,上市企业还应当说明其应对气候变化的具体措施,例如,如何调整业务策略以降低碳足迹,如何通过技术创新来减缓气候变化的影响,以及企业在环境保护方面的长期目标和承诺。通过以上规定,交易所希望能够推动上市企业更加透明地披露气候变化相关信息,引导资本市场资源流向可持续发展和低碳经济方向,从而支持国家的绿色转型和高质量发展目标。

本节通过梳理全球和国内的气候变化信息披露标准,不难看出,当前的政策趋势是向强制披露靠拢,特别是在全球范围内的标准化和一致性方面取得了重要进展。以 ISSB 的《国际财务报告可持续披露准则第 2 号》(IFRS S2)为例,该准则自 2024 年起生效,要求企业针对气候变化风险进行详细披露。相比以往更多依赖企业自愿披露的框架,如 GRI、SASB 等,IFRS S2标志着气候信息披露进入了强制性时代,这给那些尚未建立完整气候风险管理体系的企业带来了极大挑战。与此同时,国际金融市场对气候变化信息的关注度也大幅提高,投资者逐渐将气候风险视为企业长期财务表现的重要指标。在中国,随着"双碳"政策的持续推进,企业正面临越来越严格的气候风险披露要求。2024 年作为中国 ESG 发展的重要时间节点,上海、深圳、北京三大交易所正式颁布《可持续发展信息披露指引》,强制要求部分样本企业披露气候变化相关信息,未来或将逐步覆盖全行业。总体而言,尽管不同国家的具体国情和发展阶段不一,其执行的政策标准也存在一定差异,但近年来政策标准朝着较为趋同的方向发展,大部分国家或地区接纳了 TCFD 的气候变化信息披露框架。在这种政策背景下,企业不仅需要提高气候风险管理的水平,还需将其战略调整与国家和国际的政策框架保持一致,披露标准的规范与统一将为衡量企业在应对气候变化领域的表现提供前提条件。

第四节　评级体系中的气候变化风险

评级机构在全球资本市场中扮演着至关重要的角色,其评级结果不仅影响投资者的决策,还直接关系到企业的融资成本和市场声誉。作为衡量企业可持续发展表现的重要工具,气候变化风险已经成为投资者和利益相关方关注的核心议题。接下来,我们将以国内外代表性的评级机构为例,探讨评级机构是如何在其评级框架中界定和评估气候变化风险的,以期为企业在应对气候变化风险时提供更具指导性的信息。

一、代表性国际评级机构

(一)总体概况

国外主流的评级机构主要包括 MSCI、富时罗素、晨星(Morningstar Sustainalytics)等,为了考察各机构是如何衡量企业在气候变化方面的表现的,本部分共选取了 7 家常见的评级机构予以展示。根据表 9—5 所示,部分机构将气候变化单独设置为一项实质性议题,并选取碳排放、气候风险与机遇、气候目标与实现等指标,并且绝大多数机构同时考虑了范围一、范围二以及范围三的温室气体排放情况,基本符合 TCFD 的框架建议。另一部分机构虽然没有将气候变化作为单独议题,但选取了很多与气候变化紧密相关的指标。例如,路孚特的环境维度下包括排放、创新、资源利用三个二级指标,包括温室气体的排放,企业在能源利用效率、环境治理体系以及环境创新等方面的表现,均与气候变化相关。不同于其他 ESG 机构,晨星在进行 ESG 风险评级时,是在子行业层面选取重要的 ESG 议题的。尽管在一般行业使用的 MEI(重要 ESG 议题)中没有"气候变化"的单独项,但设置了一些与气候变化相关的议题,包括企业如何处理其范围一和范围二的温室气体排放,评估企业在使用产品和服务过程中如何处理能源效率和温室气体排放,评估企业未管理的碳风险等。穆迪则在环境议题下的直接环境风险中设置了碳转型、物理气候风险三级指标,用于考察气候变化对企业当前和未来的影响。

表 9—5　　　　　　　　　国外评级机构关于气候变化议题的度量情况

评级机构	是否单独设置气候变化议题	具体衡量指标
MSCI	是	碳排放、气候变化脆弱性、影响环境的融资、产品碳足迹 4 项指标
CDP	是	治理、风险和机遇、商业战略、目标和表现等模块

续表

评级机构	是否单独设置气候变化议题	具体衡量指标
富时罗素	是	温室气体排放管理、碳足迹、气候目标设定与实现、气候风险管理与披露等多项底层指标
路孚特	否	—
晨星	否	—
穆迪	否	—
汤森路透	否	—

资料来源:课题组根据各评级机构的公开文件以及其他网络资料整理得到。

近年来,评级市场陆续推出了各具特色的气候转型指数,包括 MSCI 气候变化指数、富时全球气候指数、标普(S&P)推出的指数等。但其中针对中国市场的指数较少,仅 MSCI 推出了以 MSCI 中国 A 股人民币指数为基础的气候变化指数。

(二)代表性评级机构

(1)MSCI。MSCI(明晟)成立于 1986 年,是全球投资领域关键决策支持工具和服务的供应商。其 ESG 评级模型指标体系主要由 3 大范畴、10 项主题、35 个 ESG 关键议题和上百项指标组成。其中,气候变化作为关键议题之一,被 MSCI 认为是在投资市场可能成为跟 ESG 一样重要的单独议题。为了考察企业在应对气候变化方面的表现,MSCI 共设置了碳排放、气候变化脆弱性、影响环境的融资、产品碳足迹 4 个三级指标。根据 MSCI 的 ESG 评级模型,企业在各议题上的得分主要由风险管理和风险暴露两部分构成。

具体地,MSCI 在评估企业的气候变化风险管理能力时,重点关注战略与治理、具体措施与计划以及实际绩效等方面,例如,对企业与减缓气候变化相关的产品和/或减轻和客户风险的激励措施进行评估、使用数学模型模拟气候变化的影响等。在此基础上,MSCI 会根据企业所涉及的争议事件、行业标准的遵循程度和信息披露水平,对其得分进行调整,最终得到企业的管理得分介于 0～10 分,10 分代表最佳实践,0 分表示缺乏管理。而在风险暴露方面,MSCI 则采用 ESG 风险敞口模型,考察企业可能面临的风险程度。风险暴露得分由业务板块风险暴露得分、地理位置风险暴露得分和企业特定风险暴露得分三部分组成。其中,业务板块风险暴露得分根据企业各业务部门对气候变化的脆弱性加权平均计算;地理位置风险暴露得分主要考察企业运营所在地区的气候变化脆弱性;企业特定风险暴露得分则基于特定财务数据予以评估。同理,风险暴露评分也采用 0～10 分制,分数越高,代表风险越大。[①] 此外,为了更深入地评估气候变化对企业估值的潜在影响,MSCI 还推出了气候风险估值模型(Climate VaR),帮助投资者识别在气候变化最坏情境下资产的风险状况,并

---

① 参考资料:MSCI ESG Research LLC. MSCI ESG Ratings Methodology;Climate Change Vulnerability Key Issue。

发掘创新的低碳投资机会。

（2）CDP。CDP 是一家专注于企业环境信息披露的国际非营利组织，以其全球性的环境披露平台著称，并主要通过问卷形式收集信息。在问卷设计上，CDP 过去将其调查内容分为气候变化、水资源安全及森林保护三个主题，其中气候变化问卷因覆盖范围广和影响深远而备受关注。一般地，该问卷涵盖 16 个模块，包括基础信息模块和多个核心模块，分别涉及治理、风险与机遇、商业战略、目标与绩效、排放核算方法、排放数据与分解、能源使用、碳定价以及参与和生物多样性等内容。此外，为响应供应链管理需求，部分模块仅针对接收到供应链合作伙伴请求的组织开放。近年来，CDP 持续优化其问卷结构，2022 年宣布将逐步采用 ISSB 的气候披露标准；2024 年首次尝试将气候变化、水资源管理和森林保护的问卷整合为一体，同时确保企业仍可单独获得气候变化方面的评分。这一调整旨在更好地反映环境议题之间的相互关联，满足市场对高效和一致性气候披露的需求。

在评分机制上，CDP 会为所有被邀请企业进行评估，无论其是否回应问卷。评分分为 A 到 F 多个等级，未提交问卷的企业将被评为 F，而提交问卷的企业则根据其环境管理表现分为 D（披露）、C（认知）、B（管理）和 A（领导力）4 个等级。D 等级侧重评估问卷的完整性，C 等级则反映企业对环境问题的理解与评估深度，B 等级考察企业在政策实施和行动计划上的表现，而 A 等级则关注是否采取具有行业标杆意义的最佳实践。[①]

二、代表性国内评级机构

(一)总体概况

近年来，随着国家"双碳"政策的逐渐落实以及人们对气候变化问题重视程度的提高，国内绝大多数 ESG 评级机构单独设置了气候变化实质性议题，并在衡量企业气候变化方面采取了一系列科学的方法和常用指标。如表 9－6 所示，这些机构通常关注企业在气候变化中的表现，包括温室气体排放、气候风险管理、气候风险与机遇识别、低碳转型策略以及气候变化适应能力等多个维度。即使有个别机构并未单独设置气候变化议题，也在环境维度下选取了排放物（包括温室气体排放）、节能减排措施等与气候变化相关的指标。但在具体的测算过程中，各机构选取的三级指标略有差异，比如华证、商道融绿、妙盈科技等选取多项指标计算企业得分，而中证只选取了"碳排放"一项指标；在关于温室气体排放的测算上，华证考虑了范围一、范围二、范围三的排放量和排放强度，而 Wind 只考虑了范围一和范围二。

表 9－6　　　　　　　　国内评级机构关于气候变化议题的度量情况

评级机构	是否单独设置气候变化议题	具体衡量指标
华证	是	温室气体排放、碳减排路线、应对气候变化、海绵城市、绿色金融等

---

① 参考资料：《2022 年城市介绍》(2022 Cities Scoring Introduction)。

续表

评级机构	是否单独设置气候变化议题	具体衡量指标
商道融绿	是	温室气体排放、碳强度、气候变化管理体系等
Wind	是	气候变化管理体系与制度、气候变化管理目标与规划、温室气体排放总量等8项指标
妙盈科技	是	气候变化风险与机遇识别、气候变化风险与机遇应对、CDP表现等8项指标
中证	是	碳排放
中金	是	气候变化风险与机遇识别、气候变化管理架构、气候变化情景分析、气候变化目标、气候风险应对措施等
中财绿金院	否	—

资料来源：课题组根据各评级机构的公开文件以及其他网络资料整理得到。

此外，一些机构还逐步开发出针对气候变化的专门产品和工具，以满足市场对气候风险管理的日益增长的需求。比如，商道融绿考虑到国内A股上市企业自主披露的气候变化相关数据存在披露不足、口径参差不齐等问题，先后开发了企业碳足迹模型、物理风险模型和气候情景模型。为了提供直观易用的企业气候表现评估和投资优化工具，鼎力也开发了鼎力气候评级（GSG Climate Rating）及相应气候投资策略，从"碳风险"和"绿色机遇"两个维度进行评估。

（二）代表性评级机构

（1）华证。上海华证指数是一家独立的第三方专业服务机构，专注于为各类资产管理机构提供服务。其开发的ESG评级体系采用了"支柱—主题—指标"的模型结构，体现了自下而上的评估方法，用于计算企业在不同维度的ESG得分。在评估企业应对气候变化的表现时，华证指数设立了多级指标，包括温室气体排放、碳减排路径和气候变化应对策略等。其中，"温室气体排放"指标基于企业提供的范围一、范围二和范围三的排放数据，结合国际通行的核算方法计算。"碳减排路径"指标评估企业是否制定了明确的减排目标和计划，包括时间表、具体措施及其实施效果。此外，为全面评估上市公司的碳排放管理水平，华证ESG评价体系还考虑了企业在供应链碳排放披露与管理、产品碳足迹信息公开、碳捕集与封存技术的应用，以及是否通过第三方认证等方面的表现。"气候变化应对策略"指标则关注企业在适应和缓解气候变化方面的策略和行动，例如风险评估和应急响应计划等。同时，华证ESG评级体系考虑到行业差异性，为各行业选取了具有代表性的指标。例如，在金融行业，增加了绿色金融议题指标；在房地产行业，增加了海绵城市建设议题指标；在公用事业和原材料行业，增加了碳捕集与封存技术的议题指标，以衡量其低碳可持续发展能力。[①]

（2）商道融绿。商道融绿作为国内最早发布上市企业ESG评级的机构，其于2015年推出的ESG评级体系从环境、社会、企业治理三个维度，使用14项实质性议题来衡量企业的ESG表现。在"应对气候变化"方面，商道融绿选取了包括温室气体排放、碳强度、气候变化

---

① 参考资料：《华证ESG评级详解之环境篇》。

管理体系在内的多项通用指标,并根据企业所处的行业增加了行业特定指标。在评估企业的气候风险暴露时,商道融绿综合考虑行业基准风险和企业自身风险,根据气候风险事件、行业基准风险和 Beta 系数,对相关指标进行评分,最终加权得出风险暴露分数。此外,商道融绿还专门针对气候变化开发了 PANDA 碳中和数据平台,该平台从企业碳管理、碳足迹、气候变化风险暴露及机遇水平角度,对目标企业应对气候变化水平进行评估,并分析了企业的内部管理水平、运营活动对气候的影响,以及所面临的气候相关风险和机遇。[①]

第五节 企业披露中的气候变化风险

在深入探讨了国内外关于气候变化信息披露的准则和要求,以及评级机构的衡量方法后,本部分将聚焦于"企业实践中的气候变化风险"。在全球气候变化背景下,企业不仅面临物理风险的挑战,还需应对长期的气候模式转变。这要求企业不仅在业务运营中融入可持续发展理念,更需在信息披露上展现出透明度和责任感。因此,本部分将聚焦中国 A 股上市企业在气候变化信息披露方面的实践与成效,分析其在 ESG 报告中的表现。具体而言,我们将中国 A 股上市企业披露的泛 ESG 报告作为研究样本,从披露数量和披露质量两个角度深入分析,并在此基础上对比不同行业和市值的企业的表现。系统性分析 ESG 报告,不仅有利于考察企业对气候变化问题的重视程度,而且可以通过与披露标准相对比,寻找未来的改进方向。

一、气候变化关键词

在具体的研究中,我们采用了文本分析法,首先,从巨潮资讯网上爬取了 2019—2023 年中国 A 股上市企业发布的泛 ESG 报告(包括 ESG 报告、社会责任报告、可持续发展报告等)。接着,我们通过查阅国际组织、第三方评级机构、数据库等权威来源的资料,筛选出 28 个与气候变化相关的种子词。进一步以 2023 年的 ESG 报告为语料库,使用 Word2vec 模型对这些种子词进行了扩展,经过人工筛选后,最终得到了 57 个与气候变化相关的词汇(见表 9—7)。基于这些扩展后的词汇,我们开展了一系列后续分析工作。

表 9—7   气候变化相关词汇

主题	种子词	扩展词
气候变化	气候变化、气候风险、气候监督、气候管理、气候变迁、气候行动、气候恶化、气候紊乱、气候灾害、应对极端天气、极端气候事件、气候协议、巴黎协议、全球变暖、海平面上升、温室效应、温室气体、二氧化碳、碳排放、碳足迹、碳中和、碳达峰、双碳、节能减排、净零排放、化石燃料、煤炭、可再生能源	自然灾害、巴黎协定、COP28、SBTi、IPCC、GWP、暖化、平均气温、洪涝、洪水、干旱、飓风、热浪、升温、极热、CO_2、碳循环、碳强度、碳减排、碳化物、低碳、降碳、减碳、负碳、零碳、脱碳、能源消耗、节能降耗、火力发电

---

① 参考来源:https://syntaogf.com/pages/panda。

二、披露情况分析

(一)披露数量

(1)披露率变化。在整理得到与气候变化相关的词汇后,我们以企业在 ESG 报告中是否提及这些词汇作为判断标准,若某企业在其发布的报告中出现了词典中的任一词汇,则认为该企业披露了气候变化相关议题。基于此,我们分析了 2019—2023 年中国 A 股上市企业关于气候变化议题的披露率变化情况(如图 9-2 所示)。首先,从 2019 至 2023 年,发布 ESG 报告的上市企业数量出现了显著增长,由 2019 年的 1 010 家增至 2023 年的 2 162家,年均增长率为 28.5%。其次,绝大多数报告中出现了与气候变化相关的信息。截至2024 年 7 月,共有 2 162 家中国 A 股上市企业披露了 2023 年的 ESG 报告,其中 2 111 家提及了气候变化,披露率超过 97%。进一步地,有 1 407 家上市企业的报告中直接出现了"气候变化"这一关键词。总体而言,随着监管力度的加强和市场的认知提升,中国 A 股上市企业在 ESG 报告中的气候变化信息披露率显著提高。尤其是上证 180 指数、科创 50 指数等样本企业,积极响应交易所的披露要求,展示了较高的透明度和责任感。然而,仍需关注中小企业在信息披露方面的不足,应鼓励其加强相关实践。

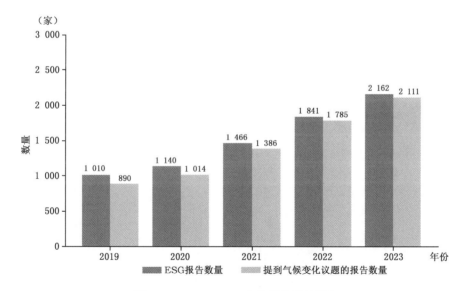

图 9-2 2019—2023 年气候变化披露率

考虑到不同交易所对 ESG 报告的标准不同,我们使用 CSMAR 提供的数据,将"ABH股交叉码"与发布 ESG 报告的上市企业股票代码相匹配,进一步判断了在发布 ESG 报告的上市企业中有多少家属于 A+H 股。以 2023 年的披露情况为例(见图 9-3),结果发现,在2 162 家上市企业中,有 145 家企业同时在 A 股和港股上市,并且仅有两家上市企业在 ESG报告中未出现与气候变化相关的词汇,其余均提到了气候变化相关信息。由此可见,近年来随着香港联交所对 ESG 报告披露标准的逐步加强,绝大多数在中国香港上市的企业提高了对气候变化信息披露的重视程度,并将其反映在其 ESG 报告的编制中。

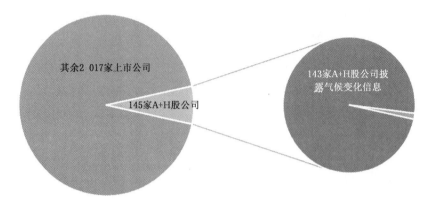

图 9-3　不同交易市场的分布情况

(2)词频分析。为了更加直观地展示各关键词在企业 ESG 报告中的分布情况,我们以 2023 年报告为例,制作了气候变化相关词汇的词云图(如图 9-4 所示)。进一步地,我们还通过制作横向柱形图来展示各关键词的出现频数,从而探究近年来热门关键词的变化情况。根据图 9-5 可知,2023 年 ESG 报告中气候变化关键词出现频数最高的前五位是:低碳、气候变化、温室气体、碳排放和二氧化碳,且大部分关键词与"碳"紧密相连。此外,我们还对其他年份的关键词进行了统计。如表 9-8 所示,各年的热门关键词存在较大的相似之处,除 2019 年的热门关键词中包含节能降耗和能源消耗外,2020—2023 年 ESG 报告的前五位高频词完全相同,只是不同年份的排名略有差异。

图 9-4　气候变化关键词云图

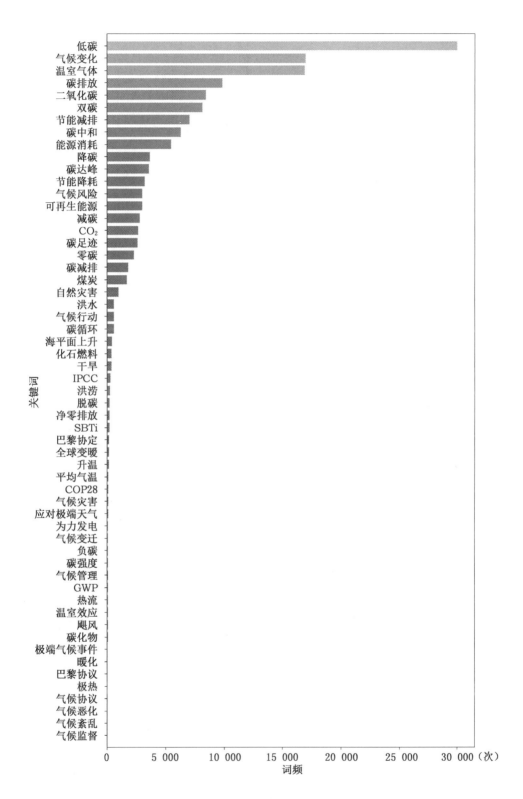

图9—5 2023年气候变化关键词的频数统计

表 9-8   2019—2023 年热门关键词统计

年份	热门关键词
2019	节能减排、低碳、温室气体、节能降耗、能源消耗
2020	低碳、节能减排、温室气体、气候变化、二氧化碳
2021	低碳、温室气体、碳中和、气候变化、节能减排、碳排放
2022	低碳、气候变化、温室气体、碳排放、节能减排
2023	低碳、气候变化、温室气体、碳排放、二氧化碳

(二)披露内容与框架

(1)与准则的一致性。我们主要是以其是否参考了 TCFD 的披露框架以及三大交易所的指引为例来阐述。

第一,是否参考 TCFD 披露框架。TCFD 作为气候变化领域具有指导性的国际组织,其提出的披露框架被国内外众多企业所采用。为了考察中国 A 股上市企业在信息披露方面与国际准则的一致性,我们对 2023 年中国 A 股上市企业的 ESG 报告进行文本分析,判断其是否在披露气候变化相关信息时参考了 TCFD 的披露框架。结果显示,在 2 162 份报告中,共有 359 份报告参考了 TCFD 标准,并且经过验证,这些报告中均出现了与气候变化相关的词汇。但需要注意的是,在这 359 份明确声明参考 TCFD 标准的报告中,并非所有报告都是严格按照治理、战略、风险管理、指标和目标四个维度来对气候变化信息进行披露的。而一些报告虽然没有参考 TCFD 标准,但在实际披露时遵循了这四个维度。此外,随着 TCFD 的职责于 2024 年被 ISSB 所接管,一些企业在披露气候变化信息时也参考了 IF-RS S2 标准,但和其他国际标准相比(比如 66.6% 的企业使用了 GRI 标准;48.9% 的企业参考了 SDGs),占据的比例相对较小,仅有不到 4%。

第二,是否参考了交易所的指引。为了进一步规范上市企业可持续发展相关信息的披露,引导上市企业践行可持续发展理念,推动上市企业高质量发展,北京、深圳、上海三大交易所于 2024 年正式发布了《上市企业自律监管指引——可持续发展报告(试行)》,一些企业在编制 2023 年的 ESG 报告时也在一定程度上参考了指引文件的要求。因此,我们继续考察了 ESG 报告与国内准则的一致性。如图 9-6 所示,在本报告统计的 2 162 家上市企业中,有 1 157 家在上交所上市,其中 98 家企业在报告中明确参考了《上海证券交易所上市企业自律监管指引第 14 号——可持续发展报告(试行)》;有 987 家在深交所上市,其中 76 家企业在报告中明确参考了《深圳证券交易所上市企业自律监管指引第 17 号——可持续发展报告(试行)》;有 18 家在北交所上市,其中 10 家企业在报告中明确参考了《北京证券交易所上市企业持续监管指引第 11 号——可持续发展报告(试行)》。

(2)识别潜在风险。一般情况下,气候变化风险被划分为物理风险和转型风险两个类别。但是在对企业 ESG 报告进行分析时,我们发现一些企业也将物理风险称为实体风险,另有一

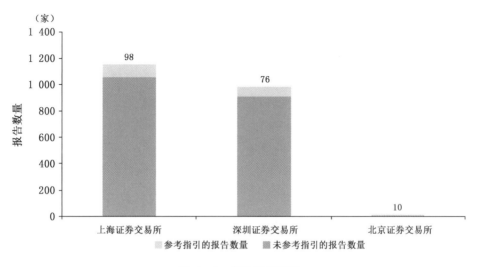

图9-6　指引参考情况

些企业虽然提到了气候变化风险,但并未进一步予以识别。因此,我们在提取出现"气候变化风险""气候风险"等与风险有关的词汇的报告后,又进一步考察了哪些报告在真正意义上识别了气候变化潜在风险的类别,而非简单提及。结果如图9-7所示,共有763份报告关注了气候变化带来的风险,其中492家企业进一步识别了两种风险类别,536家企业识别了物理风险或实体风险,501家企业识别了转型风险,而216家企业并未识别风险类型。

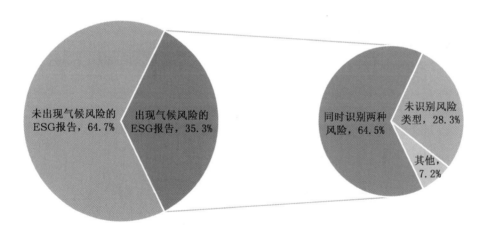

图9-7　气候变化风险识别情况

(3)气候变化情景分析。情景分析是指在给定一组特定的假设和约束条件下,通过考虑各种可能发生的未来状态(情景)来评估一系列假设结果的方法,其适用于对中长期、影响时间不确定或复杂难以评估的风险进行打分。而将其运用在气候领域,则有助于帮助企业更好地理解并应对潜在的气候风险与机遇。因此,我们考察了在ESG报告中使用"气候变化情景分析方法"的企业,结果显示,有 117 家企业在进行气候风险管理时使用了情景分析的方法。

(4)披露范围。在当今全球气候变化与环境可持续性议题日益凸显的背景下,企业作为社会经济发展的重要参与者,其 ESG 表现已成为衡量其综合竞争力和长期价值的关键指标。其中,温室气体排放作为评估企业环境绩效的核心要素之一,不仅关乎企业自身的绿色发展路径,也是气候变化领域的核心指标。我国三大交易所在 2024 年发布的指引文件中也针对该信息的披露问题提出了更高的要求。基于此,我们深入分析了中国 A 股上市企业 ESG 报告中关于温室气体排放的披露情况,尤其是关于量化信息的披露率。首先,我们识别出在 ESG 报告中关注了温室气体排放或二氧化碳排放的企业,发现一共有 1 582 家企业,占比达到 73.2%,可见上市企业对温室气体排放问题的重视度之高。进一步地,我们发现尽管一些企业在其制定的应对气候变化战略中提到了温室气体或披露范围,但并未披露具体的数字,而"指引"建议,披露主体应当核算并披露报告期内的温室气体排放总量,并将不同温室气体排放量换算成二氧化碳当量吨数。如图 9-8 显示,我们在分析后发现共有 718 家企业在报告中以"吨二氧化碳当量"为标准单位披露。在此基础上,我们还考察了关于范围一、范围二以及范围三排放量的披露情况,其中一共有 237 家企业同时披露了三个范围的排放情况,但近 80% 的企业同时披露了范围一和范围二的排放情况。

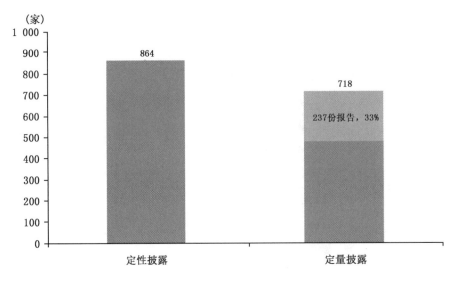

图 9-8 温室气体排放信息的披露情况

(三)披露中存在的问题

为了更好地反映企业在气候变化信息披露方面的表现,本节采用文本分析的方法,从披露数量和披露质量的角度对企业的泛 ESG 报告进行了深入分析。总体来看,近年来中国 A 股上市企业在气候变化信息披露方面取得了明显进展,绝大多数企业均关注了气候变化问题,尤其是那些气候变化风险敞口较大的行业以及在市场中占有较大份额的企业。然而,尽管披露数量有所提升,但披露质量和规范程度仍有待提高。例如,2023年中国A股上市企业中有97%的企业提及气候变化相关信息,但真正实现定量披露的企业数量较少。一些企业缺乏足够的资源和技术支持,导致其无法进行全面的碳排放量化与风险评估。这一现象主要体现在以下几个方面:

第一,从准则发展来看,国内外准则正朝着趋同方向发展,并在近两年内发生了较大改进,但由于企业的披露工作具有一定的滞后性,故披露时参照来源不一,且部分企业并未采取标准的气候变化信息披露框架,在一定程度上缺乏对潜在气候风险的识别过程和应对措施。

第二,在具体的识别过程中,仅有约5%的企业使用了情景分析方法,然而,情景分析是一种评估气候变化影响的重要工具,国内三大交易所在指引中均鼓励披露主体采用情景分析等方式进行气候适应性评估,并详细披露关键假设与分析过程。

第三,尽管超过70%的企业关注温室气体排放问题,但其在定量披露方面仍有显著提升的空间,如一些企业未能提供具体的排放数据,并且在披露单位和格式上缺乏一致性。这不仅降低了信息的透明度,增加了投资者获取关键信息的难度,还影响了信息的可比性,使得不同企业之间的气候表现难以有效比较。进一步讲,目前国内大部分企业还不具备实现全口径和全范围披露的能力,与IFRS S2中的披露规定差距较大。因此,为了提升整个市场的气候风险披露水平,政府和监管机构应进一步加强政策引导与激励机制。例如,碳市场的进一步完善将使企业能够通过碳交易缓解部分排放压力,并促进技术创新。此外,可以借鉴国际经验,推行更多的扶持政策,以增强气候变化信息的披露,从而帮助中小企业建立有效的气候风险管理体系。

总之,随着中国市场对气候变化的认识加深,中国A股上市企业对气候变化风险的重视度将进一步提升。企业必须更加注重气候风险管理与信息披露,以应对全球日益严格的气候政策,并通过强化气候风险管理,增强其在全球供应链中的竞争力。

第六节　本章小结

本章深入探讨了气候变化风险对全球企业的深远影响,从研究背景、政策标准到评级机构和企业实践,全面分析了不同主体在应对气候变化领域所扮演的角色。首先,气候变化作为全球性挑战,已成为各国政府、企业和投资者不可忽视的核心议题,各经济体和监管机构逐步规范和强化了气候信息披露要求。特别是随着ISSB的IFRS S2准则在全球范围内的推行,气候相关信息披露进一步制度化,未来将成为企业财务披露的一个重要组成部分。其次,在政策的推动下,评级机构也不断完善其ESG评级方法,将气候变化风险视为企业可持续发展的关键指标之一。代表性的评级机构,如MSCI、CDP、商道融绿、华证等,普遍将碳排放、气候风险管理和低碳转型等气候变化相关指标纳入评级体系,为投资者提供了重要的参考,并敦促企业主动将气候变化纳入战略考量。就中国 A 股上市公司而言,尽管近年来随着"双碳"政策的推进,上市公司在气候变化信息披露方面取得了显著的进展,披露率显著上升,但仍存在信息不一致、不透明的问题,即披露质量参差不齐。因此,三大交易所在 2024 年正式发布《可持续发展信息披露指引》,对上市公司的碳排放和气候风险信息披露提出了更高的要求,尤其是在温室气体范围一和范围二的排放核算上。

在未来,全球气候变化风险信息披露将继续趋向规范化和一致化,而企业在气候变化方面的披露深度和透明度则将成为其竞争力的重要体现。因此,企业需要从政策导向和市场需求出发,深入挖掘并积极应对各种潜在的气候风险,不断提升其风险管理能力。同时,评级机构也将进一步推动 ESG 评级标准发展,确保投资者能够根据 ESG 评分对企业在气候变化领域的表现做出客观判断。总而言之,只有各方共同努力,在应对气候变化问题上展现出足够的主动性和前瞻性,才能实现全球的可持续发展。

第十章　代表性行业：新能源汽车

本章提要　新能源汽车作为全球汽车产业转型升级的重要力量，在推动 ESG 实践领域扮演着至关重要的角色。本章旨在深入探讨新能源汽车行业实质性议题界定的现状、不足，并提出改进建议。本章第一节从汽车行业基本特征切入，阐释新能源汽车为传统汽车行业带来的新变革，进而讨论构建新能源汽车行业 ESG 评级体系的必要性和重要性。第二、三、四节分别以国际准则、评级机构、代表性新能源车企为研究对象，分析不同主体如何定义新能源汽车行业实质性议题。第二节聚焦国际准则如何为汽车行业提供通则性议题指导和参考框架。第三节关注国内外评级机构识别汽车行业重要议题的异同。第四节基于代表性新能源汽车企业主动披露的 ESG 报告，比较不同性质的企业在实质性议题上的关注点和重要性排序。从横向角度评估哪些议题对企业发展至关重要，哪些对利益相关方具有重大影响，以及哪些议题具有双重重要性；同时，从纵向角度出发，分析企业对实质性议题定义的演变及其背后动因。第五节结合三个主体的 ESG 实践，探讨当前汽车行业在 ESG 议题上的不足，并提出界定和完善 ESG 议题的建议，以期为完善新能源汽车行业 ESG 评级体系提供有益的参考和启示。

第一节　行业基本情况

当前，全球正在经历新一轮科技革命和产业变革，电动化、网联化、智能化成为汽车产业的发展潮流和趋势。在这一背景下，汽车产业作为国民经济的重要支柱，其转型升级对于国家经济的持续健康发展至关重要。推进新能源汽车产业发展是中国由汽车制造大国向汽车制造强国转变的关键路径，也是顺应全球汽车产业发展潮流、应对气候变化、促进可持续发展的关键战略措施。中国始终坚持纯电动驱动的战略方向，不断加强技术创新和产业布局。自 2012 年国务院发布《节能与新能源汽车产业发展规划（2012—2020 年）》以来，中国在新能源汽车领域取得了显著成就，并成为全球汽车产业转型升级的重要力量。中国新能源汽车产销量在 2015—2023 年连续 9 年居世界首位，产业进入叠加交汇、融合发展新阶段。为了支持新能源汽车产业的高质量发展，2020 年国家发展和改革委员会制定了《新能源汽车产业发展规划(2021—2035 年)》,以接续推动产业发展。

新能源汽车不仅引领汽车产业变革,也成为推动 ESG 实践的重要力量,为全球实现低碳经济和可持续发展提供了新的路径和解决方案。新能源汽车作为 ESG 理念的先行者,在 ESG 评价体系中占据着举足轻重的地位。本节将从汽车行业的特征出发,引申到新能源汽车如何重塑整个汽车生态系统,进而说明建立新能源汽车行业 ESG 评价体系的重要性。

一、汽车行业的特征

汽车行业是全球制造业中规模最为庞大的行业之一,涉及钢铁、橡胶、塑料、电子等多个相关产业链,具有技术密集、劳动密集、资本密集、供应链复杂、政策导向等特征。技术密集表现为汽车行业需要持续的研发投入以满足消费者对安全性、舒适性和环保性能的日益增长的需求。劳动密集体现在汽车行业为社会提供了从制造、销售、维修到研发等各个环节的大量就业机会。此外,汽车行业还是一个资本密集型行业,需要大量资金用于购买先进的生产设备、原材料和进行技术创新。最后,政策对汽车行业的影响尤为显著,环保政策、税收政策和产业政策等都可能对行业发展轨迹产生深远的影响。因此,汽车行业的健康发展需要综合考虑技术创新、劳动力市场、资金投入和政策环境等多方面因素,以确保其在全球经济中持续发挥关键作用。

二、新能源汽车的新变革

随着汽车行业的"新四化"——电动化、智能化、网联化、共享化技术的革新与迭代,以及原材料创新、能源结构优化和生产工艺升级,汽车行业正在经历一系列新变革。低碳生活风潮、智能辅助驾驶技术发展和行业共享化趋势预期将改变用车市场,消费者或将从汽车资产购买者转向环保车辆使用者,为汽车行业带来业务转型,新能源汽车取代传统燃油车成为必然趋势。

(一)动力系统的变革

新能源汽车采用非常规的车用燃料驱动,替代了传统汽车的内燃机,如纯电动汽车使用电池作为动力来源,混合动力汽车同时使用电池和传统燃料,燃料电池电动汽车使用氢燃料等。这提高了能源利用效率,有效降低了碳排放和环境污染。

(二)供应链的变革

新能源汽车供应链包括上游的镍、钴、锂等原材料开采、电机与电控系统生产(包括电动机、发电机、电控系统)、充电设备和传感器等关键零部件制造、电池和芯片等核心零部件制造,中游的整车制造,以及下游的充电设施建设与回收再利用。新能源车企为了解决"缺芯少电"问题,捍卫自己在供应链的话语权,逐步与原料开采商、电池制造商和互联网企业等建立战略合作关系,寻求上下游整合。为了减少零件运输成本和应对地缘政治风险,许多新能源汽车制造商开始在主要市场附近建立生产基地和电池制造厂,例如特斯拉在美国、中国和欧洲都建立了超级工厂。我国新能源车企对核心零件的争夺推动了新能源汽车市场供应链整合和全球化布局,深度融入全球产业链和价值链体系。

(三)市场竞争格局的变革

新能源汽车市场正在经历竞争格局的重塑,新兴企业和传统企业都在积极谋划布局。新能源造车新势力如特斯拉、蔚来、小鹏、理想等企业,凭借其创新的商业模式和领先的技术优势迅速崛起,成为市场的重要参与者,与传统燃油汽车企业展开竞争。与此同时,互联网、半导体等科技巨头跨界进入汽车行业,苹果、谷歌等科技巨头在新能源汽车领域的自动驾驶技术方面取得了一些显著的突破。此外,随着全球能源结构转型,传统汽车制造商如大众、通用、丰田等也纷纷加快了电动化的步伐推出多款电动车型,并积极建设电池工厂和充电基础设施,以提升自身在新能源汽车市场的竞争力。

(四)公司治理结构的变革

新能源车企在股权和公司治理结构上具有较高的灵活性和创新性,会通过多样化的融资手段和战略合作实现其发展目标。融资方面,新兴新能源车企属于资金和技术高密集型企业,更依赖外部融资。由于政府对新能源车提供了各种形式的补贴和政策支持,新能源车企融资较为激进,杠杆率和债务率较高。控制权方面,新能源车企的创始人或创始团队通常持有较高比例的公司股份,以保持对公司的控制权和战略决策的影响力。这与传统车企通常由多个大股东或机构投资者持股的情况有所不同。治理结构方面,相比于传统车企,新能源车企的管理层级较少、组织结构更扁平化、决策流程更高效,这使其更能适应快速变化的市场环境和技术进步。

(五)汽车产品属性的变革

新能源汽车相对于燃油车被赋予了更多的科技属性。技术进步使汽车不再局限于交通工具,而是拓展成为智能移动终端。新能源汽车集成了先进的自动驾驶辅助、智能导航、语音交互等功能,极大丰富了驾驶体验。同时,新能源汽车的环保性能满足了现代社会对于低碳、绿色出行的需求,其零排放特性对改善环境质量具有重要意义。

这一系列新趋势将共同推动汽车产业格局的重塑,引领行业向更加智能、环保和高效的方向发展。

三、建设新能源汽车 ESG 评级体系的重要性

在迈向"双碳"目标进程中,中国的汽车企业正站在时代前沿,以 ESG 为引领,开启中国低碳、绿色、可持续发展的新篇章。ESG 评价也日益成为连接企业与消费者、投资者的桥梁,帮助各方更好地理解和评价新能源汽车产业的社会价值和发展前景。未来 ESG 监管与披露机制将全面普及,资本会长期青睐 ESG 表现优异的车企。本节将从环境、社会、治理三个角度讨论新能源汽车面临的 ESG 新风险与建立 ESG 评级体系的重要性。

（一）环境（E）

新能源汽车技术的直接贡献包括减少温室气体排放、助推能源结构转型、对抗全球气候风险，但同时，新能源汽车制造也带来了新的环境问题。首先，新能源汽车制造过程中需要大量的锂、钴、镍等稀有金属，如果没有 ESG 标准，难以确保企业在开采和处理不可再生资源过程中会遵循环境保护标准、减少生态破坏。其次，废旧电池的生产和报废处理会对环境产生影响。过去十年，我国新能源汽车爆发式增长，新能源电池回收利用专业委员会预测，截至2027年，我国新能源车动力电池累计退役量将达到 114 万吨。最后，新能源汽车虽然不直接排放污染物，但如果所需电力来自化石燃料电厂，则整体碳排放量可能仍然较高。建立完善的 ESG 评级体系有助于评估和提升汽车行业在生产、使用和回收过程中的环境表现。

（二）社会（S）

社会影响方面，新能源汽车电池失火、刹车失灵、用户数据泄露、节假日充电难事件屡见报端，引发公众对人身安全和信息安全的担忧。劳工权益方面，小鹏、蔚来、比亚迪等新能源车企纷纷出海开拓市场，国际用工问题不可避免，尤其是在主要负责原材料开采的发展中国家，侵犯劳工权利事件高发。ESG 标准的讨论有助于企业识别上下游供应商是否存在社会层面的 ESG 风险，从而倒逼全球企业改善员工的工作条件，确保生产安全，同时保障工人权益。

（三）治理（G）

随着新能源汽车补贴退坡，新能源车企也面临财务风险。ESG 准则要求企业进行信息披露，增强企业的公信力和透明度，促使企业在制定战略时考虑长期可持续性，平衡短期利益和长期发展。ESG 框架下的企业治理强调合规和反腐败，ESG 信息披露要求促使企业在经营过程中遵守法律法规，维护市场秩序。同时，ESG 也能帮助企业更好地识别和管理与各利益相关者（如投资者、客户、供应商、社区等）之间的关系，降低经营风险。

各大新能源汽车企业已经积极践行 ESG 理念，努力将其融入产品研发、生产制造、市场营销等各个环节，以实现企业的长期可持续发展。然而，尽管 ESG 理念在汽车行业得到了广泛的认同和应用，在实际操作中仍面临着一些挑战。特别是随着汽车行业新技术的快速变革，现有 ESG 评价体系在确定汽车行业的实质性议题时，往往落后于行业的发展步伐，一些新兴技术变革和商业模式尚未被充分纳入评价体系，这在一定程度上限制了 ESG 评级体系对汽车行业的指导和促进作用。

为了解决这一问题，本章节剩余部分将分别从国际准则、评级机构、新能源车企三个主体出发，详细阐述其对新能源汽车行业实质性议题的界定。之所以讨论实质性议题，是因为 ESG 实质性议题是 ESG 评级体系的核心，对评级体系建设起到指导作用，有助于企业和投资者聚焦关键问题。

第二节 国内外准则中的新能源汽车行业实质性议题

本节选取了 SASB、GRI 和《中国汽车行业 ESG 信息披露指南》，前两项标准在全球 ESG 评级中享有高度认可，第三项标准具备鲜明的中国特色，旨在讨论国内外准则如何为新能源汽车行业提供通则性议题指导和参考框架。

一、SASB 准则

SASB 准则将可持续性主题分为环境、人力资本、社会资本、商业模式和创新以及领导力和治理五个"可持续性维度"，帮助汽车实体企业披露与可持续性相关的风险和机遇信息。表 10-1 展示了 SASB 对汽车行业一系列关键实质性议题的定义，表中"下划线加粗议题"是 SASB 认为汽车行业中相对重要的实质性议题。这些议题属于汽车行业的通用性重要议题，被各大 ESG 评级机构广泛应用于 ESG 评级。这些信息可以合理预期影响汽车行业实体的现金流、融资渠道或资本成本，影响期限可能是短期、中期或长期。本报告将分别阐述其重要性，后文不再赘述。

表 10-1   SASB 对汽车行业的实质性议题定义

环境	社会资本	人力资本	商业模式和创新	领导力和治理
温室气体排放	人权与社区关系	**劳动实践**	**产品设计和生命周期管理**	商业道德
空气质量	客户隐私	员工健康与安全	商业模式弹性	竞争行为
能源管理	数据安全	员工参与度、多样性和包容性	供应链管理	法律和监管环境的管理
水和废水管理	访问和可负担性		**材料采购和效率**	突发事件风险管理
废物和危险材料管理	**产品质量与安全**		气候变化的物理影响	系统性风险管理
生态影响	客户福利			
	销售实践和产品标签			

资料来源：SASB 官网。

第一，产品质量与安全。产品质量和安全对于汽车制造商至关重要。如果车辆在出售前未能检测到缺陷，一旦发生召回，不仅会带来巨大的经济损失，还会损害品牌声誉、减少收入和增长潜力，同时增加企业的运营风险和资本成本。因此，确保车辆的安全性并在发现问题时迅速响应，是降低监管风险和客户诉讼的关键。评判这一领域的指标包括与安全相关的缺陷投诉总数以及报告期内自愿或非自愿召回的车辆总数等。

第二，劳动实践。汽车行业产业链的全球布局意味着企业可能在劳工权益保护不足的国家运营。有效管理薪酬和工作条件等问题可以预防罢工事件,减少生产中断、收入损失和运营风险。那些在劳工权益管理上表现出色的汽车制造商可以通过提升工人的生产效率来增强其业务的长期财务可持续性。评判这一领域的指标包括根据集体协议雇用的在职人员百分比、停工次数和总闲置天数等。

第三,燃油效率与排放。鉴于机动车在温室气体排放中占有显著比例,燃油效率和排放控制成为汽车行业的重要议题。提高燃油效率、推广零排放车辆、混合动力车辆和插电式混合动力车辆是减少对气候变化影响的关键措施。评判这一领域的指标包括燃油效率、售出的零排放车辆数量以及混合动力和插电式混合动力车辆的数量等。

第四,原料采购。汽车行业对稀土金属和其他关键材料的依赖,凸显了原料采购的重要性。这些材料往往缺乏替代品,且来源国可能面临地缘政治的不确定性,加之全球对这些材料需求的增长,可能导致供应风险和成本上升。有效的风险管理对于保障供应链的稳定性至关重要。

第五,资源使用效率与回收利用。汽车制造过程中对大量材料的需求和可能产生的废物,要求企业关注资源使用效率和回收利用。通过设计创新、流程和技术改进,企业可以减少对环境的影响、降低成本,并缓解资源稀缺带来的价格波动。在生产过程中提高材料效率,包括减少废料、再利用或回收废料和报废车辆,是实现经济效益和环境效益双赢的策略。评判这一领域的指标包括制造业废物总量、回收百分比等。

SASB 准则中包含的披露议题和相关指标是制定者认为对投资者可能有用的信息。然而,进行实质性判断和确定的责任在于企业实体,国际标准只能为汽车行业提供了一个粗浅的评估框架,帮助企业识别和管理那些对其长期成功至关重要的可持续性风险和机遇。

二、GRI 准则

GRI 准则是由相互关联的多套标准组成的模块系统。报告流程基于三套标准:GRI 通用标准(适用于所有组织)、GRI 行业标准(适用于特定行业)和 GRI 议题标准(关于具体议题的披露项)。虽然 GRI 暂时没有出台适用于汽车行业的行业标准,但通用标准提供了一套全面的指标体系,覆盖财务表现、碳排放、员工权益、供应链管理和反腐败措施等多个维度。通过遵循 GRI 标准,汽车企业能够构建一个更加负责任和可持续的经营模式,增强其在投资者和社会各界中的信誉。

表 10—2 展示了 2019—2022 年广汽集团在向新能源企业转型的过程中,披露 GRI 议题的变化。四年间,广汽集团由不透明转为公开披露的项目集中在明确利益相关方范围、与利益相关方磋商得出何种重要实质性议题、使用原材料的回收状况、供应商选择。作为转型中的传统燃油企业,GRI 准则增强了广汽集团信息披露的透明度,推动广汽集团关注利益相关方,并披露相关 ESG 实质性议题,从而更好地管理 ESG 风险和机遇,提升运营效率、降低成本并创新业务模式。

表 10—2　　　　　　　　　　　**2019—2022 年广汽集团披露 GRI 议题的变化**

一般披露项目	编号	描述	2019 年	2020 年	2021 年	2022 年
管治	102-19	授权	未披露			
	102-21	就经济、环境和社会议题与利益相关方进行的磋商	未披露			
	102-26	最高管治机构在制定宗旨、价值观和战略方面的作用	未披露			
	102-30	风险管理流程的效果	未披露			
利益相关方参与	102-40	利益相关方群体列表		未披露		
	102-43	利益相关方参与方针		未披露		
	102-44	提出的主要议题和关切问题		未披露		
	102-46	界定报告内容和议题边界		未披露		
	102-47	实质性议题列表		未披露		
物料	301-1	所用物料的重量或体积	未披露			
	301-2	所使用的回收进料	未披露			
供应商环境评估	308-1	使用环境标准筛选的新供应商		未披露		
雇用	401-3	育儿假		未披露		
供应商社会评估	414-1	使用社会标准筛选的新供应商		未披露		

资料来源:课题组整理。

三、《中国汽车行业 ESG 信息披露指南》

对中国汽车行业来说,制定兼具国际化视野和中国特色的汽车行业 ESG 标准和评级规则是必然趋势。2023 年 12 月,中国汽车工业协会组织正式发布了《中国汽车行业 ESG 信息披露指南》《中国汽车行业 ESG 评价指南》《中国汽车行业 ESG 管理体系要求及使用指南》,是中国汽车行业首套 ESG 标准。该系列标准根据新时代发展特征,结合汽车行业特点和实际情况,为企业提供了一套具有中国特色的 ESG 信息披露指标体系,旨在指导企业如何更高质量地进行 ESG 信息披露,以促进企业的可持续发展和提升企业竞争力。其中,《中国汽车行业 ESG 信息披露指南》(以下简称《指南》)阐述了中国汽车行业 ESG 核心议题(见表 10—3),以及实质性议题分析流程。汽车企业在进行实质性议题分析时,应当遵循四步骤流程。第一步,要求车企理解自身运营背景,考虑适用的法律法规要求,以及汽车行业在地方、区域和全球层面面临的环境和社会挑战。第二步,识别企业活动和业务对环境和社会造成的实际和潜在影响,包括负面和正面影响、短期和长期影响。第三步,评估这些影响的重大程度,对它们进行优先级排序,并采取必要的行动来解决影响。第四步,将所有影响按照从最重大到最不重大的顺序排列,并设定一个分界点,以确定哪些最重大影响议题需要优先披露。

表 10－3　　　　　　　　　　中国汽车企业 ESG 核心主题及议题

维度	主题	议题
环境（E）	E1：环境管理	E1.1　环境保护战略与规划
		E1.2　环境管理体系
		E1.3　环境保护
	E2：气候变化	E2.1　气候风险管理
		E2.2　温室气体排放
	E3：资源使用	E3.1　能源管理
		E3.2　水资源管理
		E3.3　其他资源管理
	E4：排放物管理	E4.1　废气排放
		E4.2　废水排放
		E4.3　有害废弃物排放
		E4.4　无害废弃物排放
		E4.5　其他排放
	E5：自然资源保护	E5.1　生物多样性与生态保护
社会（S）	S1：产品责任	S1.1　产品安全
		S1.2　产品质量
		S1.3　科技创新
	S2：客户关系	S2.1　客户权益
		S2.2　负责任营销
	S3：员工权益	S3.1　招聘与就业
		S3.2　薪酬与福利
		S3.3　民主管理与沟通
		S3.4　员工培训与发展
		S3.5　职业健康和安全生产
	S4：供应链管理	S4.1　供应商管理
		S4.2　经销商管理
	S5：社区参与	S5.1　社区参与
		S5.2　社区公益

续表

维度	主题	议题
治理(G)	G1:组织概况	G1.1 战略与文化
		G1.2 组织架构及运营区域
		G1.3 主营业务
		G1.4 规模和影响力
		G1.5 组织及其供应链的重大变化
	G2:企业治理	G2.1 ESG 治理架构
		G2.2 ESG 战略
		G2.3 ESG 绩效考核
		G2.4 ESG 风险管理
		G2.5 遵守商业道德
		G2.6 利益相关方沟通

资料来源：中国汽车工业协会官网。

《指南》涵盖了 12 个主题(一级指标)、39 个实质性议题(二级指标)和 97 个三级指标。相较于其他国际准则，《指南》有以下三个特点。第一，综合性。《指南》不仅包括了传统的 ESG 指标，还扩展到汽车行业特有的议题，如科技创新、运营区域和供应链变化，为中国汽车企业提供了一个更全面的评估框架。此外，《指南》强调将 ESG 因素纳入企业治理结构和绩效考核体系，实现了企业治理与绩效考核的整合。第二，国际性。尽管具有本土特色，《指南》也考虑了与国际标准的兼容性，便于跨国经营的汽车企业和国际投资者之间的沟通和理解。第三，前瞻性。《指南》通过引入引领性指标，鼓励企业在某些领域进行创新和领先实践，这有助于推动行业的持续改进和长期可持续发展。

第三节 评级中的新能源汽车行业实质性议题

ESG 评级机构在制定行业实质性议题并对行业企业进行 ESG 评级时，通常遵循以下关键步骤：首先，识别行业特征，了解运营模式和 ESG 风险；其次，基于行业和企业运营情况，参考国际准则，从而确定对企业价值和可持续性有重大影响的实质性议题。最后，通过企业报告、第三方审计等途径收集数据，进行综合评估分析，依据结果制定评级标准，划分企业 ESG 表现等级。于是，为了保证同行业内所有企业的 ESG 评分有横向可比性，每个评级机构内部为每个行业制定的实质性议题和具体评分指标是一致的。在一些情况下，一家公司可能会面临独有的环境或社会关键议题，而这些问题并不适用于该公司所在行业内的其他公司。评级机构也会为公司制定特定关键议题，并调整议题权重。例如，妙盈科技为比亚迪单独设置了生物多样性议题。

本部分选择国际国内两个评级机构对汽车行业制定的实质性议题进行分析,探究各评级机构在制定实质性议题时有何差异。

一、MSCI

MSCI 在全球范围内具有较高的知名度和影响力,其评级标准和方法被广泛认可。MSCI 对各行业的实质性议题定义包含 10 个主题、25 个实质性议题,其中汽车行业的 14 个重要性议题为表 10-4 中"下划线加粗议题"。

表 10-4　　　　　　　　　　MSCI 关于汽车行业的 ESG 实质性议题

范畴	主题	关键议题			
环境 (29%)	气候变化	**产品碳足迹(15.7%)**	碳排放		
	自然资源	水资源压力	原材料采购		
	污染物与废弃物	**有害排放和废弃物^{CS}(0.4%)**	包装材料与废弃物	电子废弃物	
	环境机遇	**在清洁技术领域的机遇(12.9%)**	在绿色建筑领域的机遇		
社会 (37.2%)	人力资本	**员工管理(16.2%)**	**人力资本发展^{CS}(0.4%)**	健康和安全	供应链劳工标准
	产品责任	**产品安全和质量(20.3%)**	隐私和数据安全	**化学品安全^{CS}(0.2%)**	消费者金融保护
	利益相关方异议	有争议的采购			
	社会机遇	在营养与健康领域的机遇	**社区关系^{CS}(0.1%)**		
治理 (33.8%)	公司治理	**所有权及控制**	**薪酬**	**董事会**	**会计**
	商业行为	**商业道德**	**税务透明**		

注:(1)括号内为该议题的行业平均权重。MSCI 对所有公司在进行 ESG 评级时都包含治理层面的所有议题,所以并未给出治理范畴每个议题的权重。(2)CS 上标代表这是一个特定公司的特殊议题。

资料来源:MSCI 官网。

MSCI 在环境范畴特别强调产品碳足迹、有害排放和废弃物、在清洁技术领域的机遇。在社会范畴,MSCI 标准重视产品质量和安全、员工管理、人力资本发展、化学品安全与社区关系,这与消费者对企业社会责任的期望相符。在治理范畴,MSCI 重视公司治理和商业道德实践对投资者的影响。总的来说,MSCI 的实质性议题具有全面性、长期性。第一,全面性。全周期碳足迹提供了一种更为系统和深入的方法来理解和管理企业的碳排放,相比于上述国际标准宽泛地在环境维度设置碳排放和温室气体排放,产品碳足迹议题的设置无疑推动企业更加关注其上游产品的环境影响,在供应链中使用产品和服务时减少碳足迹,促进整个供应链的低碳转型。第二,长期性。MSCI 侧重分析企业对关键风险或机遇的暴露程度如何,以及公司管理关键风险或机会的能力如何。MSCI 对公司创新能力、战略发展举措和清洁技术产生的收入进行评估,鼓励企业投资于清洁技术,体现了其对企业长期价值的创造。

二、妙盈科技

妙盈科技对汽车行业的实质性议题定义及各议题的平均权重如表10—5所示。环境维度方面,妙盈科技强调污染防治和资源利用效率,尤其关注企业在碳中和、节能减排方面的实际行动。社会维度方面,妙盈科技关注产品质量、员工福利和供应链管理等,强调企业在社会责任上的履行,特别是在供应链的 ESG 表现上。治理维度注重公司治理结构与风险管理。

表 10—5　　　　　　　　妙盈科技关于汽车行业的 ESG 实质性议题

范畴	关键议题			
环境 (38.71%)	环境管理(6.85%)	温室气体排放(6.8%)	水资源(6.76%)	污染物(3.94%)
	能源消耗(3.51%)	废弃物(3.49%)	气候变化(3.48%)	物料消耗(2.96%)
社会 (34.33%)	产品责任(10.29%)	供应商管理(10.15%)	劳工管理(5.4%)	职业健康与安全 (5.3%)
	员工参与度与多样性(2.06%)	社区影响(1.13%)		
公司治理 (26.95%)	商业道德(8.04%)	公司治理信息 (7.89%)	风险管理(7.63%)	ESG 治理(3.39%)

注:括号内为该议题的行业平均权重。

资料来源:妙盈科技官网。

议题设置上,妙盈科技的实质性议题相比于 MSCI 更丰富翔实,且由于各行业的实质性议题一致,因此,行业间存在可比性。对比 MCSI 和妙盈科技对汽车行业的实证议题定义可以发现,二者在侧重点上有明显差异。除了产品责任是两大评级机构共同的首位实质性议题外,MSCI 更强调员工管理、产品碳足迹和清洁技术,而妙盈科技更专注于供应链风险的管理、商业道德和公司治理。在适用性方面,MSCI 提供了一种更为广泛和标准化的全球视角,适合于全球范围内的企业和投资者。而妙盈科技则更加聚焦于特定行业的技术应用和本土市场需求,尽管其国际认可度和透明度相对较低,但作为国内评级机构,其供应链数据可得性更高,由此,妙盈科技能够针对供应链实行更严格的风险监控和评级分析。妙盈科技在特定领域的深入分析和管理工具可能更符合某些企业的特定需求。

因此从本质上讲,评级机构的评级系统主要侧重于 ESG 议题中的财务重要性。其目的是支持投资者的 ESG 整合和筛选策略,帮助投资者在考虑环境、社会和治理因素的同时,实现财务目标和可持续投资。

第四节　代表性新能源车企实质性议题分析

针对个体企业而言,并非所有 ESG 议题对企业来说都是同等重要的,因此,每个企业都会根据 GRI 标准提供的实质性议题矩阵分析法来确定要披露的实质性议题,并评估各个议题的相对优先级。实质性议题矩阵通常以二维坐标系的形式呈现,横轴表示对企业自身发展的重要性,纵轴表示对利益相关方的重要性,距离原点越远越重要。这种可视化方法可以快速识别哪些议题需要优先关注,并据此分配资源和制定策略。接下来,本节报告将企业分为中国港股、中国 A 股和美股企业,根据企业主动披露的 ESG 报告分析每个企业的实质性议题矩阵,并讨论哪些议题对企业发展重要,哪些议题对利益相关方重要,哪些议题是有双重重要性的。

行业中国港股上市公司主要包括蔚来(09866.HK)、理想汽车(02015.HK)、小鹏汽车(09868.HK)、吉利汽车(0175.HK),中国 A 股上市公司主要包括上汽集团(600104.SH)、广汽集团(601238.SH)、比亚迪(002594.SZ)、长城汽车(601633.SH)、金龙汽车(600686.SH)、北汽蓝谷(600733.SH),美股上市公司主要包括特斯拉(TSLA)。[①] 本节分别选取小鹏汽车和蔚来汽车、广汽集团和比亚迪、特斯拉分别作为中国港股、中国 A 股和美股的代表性上市企业。

在中国新能源汽车行业的新兴力量中,小鹏汽车和蔚来汽车以其在智能驾驶技术、电动车设计和研发方面的显著竞争力而脱颖而出。这两家企业的市场表现和产品创新能力,为投资者提供了一扇洞察中国新能源汽车行业发展趋势的窗口。转观中国 A 股市场,广汽集团和比亚迪在传统汽车制造基础上实现成功转型。比亚迪作为全球电动汽车和电池制造的领军企业,在技术创新和市场扩张方面的卓越成就使其在中国 A 股市场的新能源汽车板块中独树一帜。在美股市场,特斯拉以全球电动汽车生产和销售的领先地位,成为新能源汽车行业的标杆性企业。特斯拉不仅推动了全球向可持续能源的转型,更以其创新的商业模式和颠覆性技术,引领了整个行业的发展方向。

经过综合考量,本节根据企业在市场中的领导地位、创新能力以及对行业的影响力选出五个代表性企业。它们的发展和业绩不仅映射出新能源汽车行业的发展趋势,也为整个汽车行业的转型与升级提供了示范和引领。深入分析这些企业主动披露的 ESG 实质性议题,对于理解和探索新能源汽车市场 ESG 评价体系的演进方向具有重要意义。

一、ESG 实质性议题排序情况

(一)对企业重要的议题

表 10-6 分别选取了五家企业 2022 年 ESG 报告中对企业最重要的十个议题。由表 10-6 可知,产品品质和安全、客户满意度、合法合规经营、信息安全和绿色产品五个议题是企业认定地对自身发展重要的实质性议题。其中,前三个议题(产品品质和安全、客户满意度、合法合规经营)是所有行业的通用重要性议题,信息安全和绿色产品议题是新能源汽车市场独特的重要实质性议题。

---

① 本节提到的汽车企业除上汽集团外均在多地上市,为简化分析,本节将各企业按正文所述上市地进行分类。

表 10—6 　　　　新能源整车上市公司实质性议题重要性排序——对企业自身重要程度

议题重要性排序	中国港股		中国 A 股		美股
	小鹏汽车	蔚来汽车	广汽集团	比亚迪	特斯拉
1	产品品质与安全	电池全生命周期管理	合规经营	经营业绩	产品安全与质量管理
2	劳工管理	产品质量与安全	产品质量与安全	温室气体排放管理	有道德的商业行为、诚信、透明
3	企业管制	可持续充换电服务	风险管理	绿色产品	公司品牌和使命
4	商业道德	员工薪酬与福利	企业管治	客户隐私保护	顾客满意度、信任度和忠诚度
5	客户服务与满意度	职业健康与安全	信息安全和隐私保护	技术创新	可再生能源
6	排放物管理	信息安全与隐私保护	产品创新与知识产权	知识产权	员工工作场所安全
7	绿色技术与产品	战略规划	客户满意度	产品品质	公司的知识产权、创新和研发
8	多元化及平等机会	科技创新与研发	供应链管理	公司治理	数据保护和网络安全
9	员工培训与发展	突发事件与危机管理	商业道德	绿色运营	公司财务健康状况
10	信息安全与隐私保护	合规经营	职业健康与安全	薪酬福利	员工招募、留任和培养

注:绿色、黄色、蓝色、紫色分别代表企业将该实质性议题定义为环境议题(E)、社会议题(S)、治理议题(G)、经济议题。彩色效果详见二维码。

资料来源:课题组整理。

表10—6 彩色效果

　　随着智能汽车与自动驾驶的发展,数据安全对车企甚至是对整个汽车行业都提出了更高的挑战。多次信息泄露事件敲响新能源汽车行业数据安全警钟。例如,2021 年 4 月上海车展特斯拉女车主"车顶维权"事件中,特斯拉公开行车数据,让公众的部分视线聚焦于行车数据与个人隐私上。2021 年 6 月,大众汽车表示有 330 万名客户的信息遭泄露。2021 年 10 月,丰田汽车表示 29.6 万用户个人信息被泄露。2022 年 12 月,蔚来部分用户数据遭窃取,被黑客勒索 225 万美元等额比特币。2021 年 8 月,《关于加强智能网联汽车生产企业及产品准入管理的意见》和《汽车数据安全管理若干规定(试行)》出台,加快了智能汽车数据安全监管进程,信息安全重要程度在新能源车企中大幅提升。

　　将汽车企业类型划分为新兴企业和转型中的传统车企识别议题重要性。电池技术创新和员工管理是新兴车企的重要实质性议题,而绿色技术和产品、温室气体排放和资源有效利用是转型中车企的重要实质性议题。其主要原因如下,新兴车企通常将技术创新放在重要位置,因为它们需要通过技术创新来区别于竞争对手,迅速响应并占领新市场。同时,技术创新可以提高公司的技术壁垒和市场价值,从而吸引更多投资。新兴车企更依赖高技能的劳动力推动技术创新和公司成长,因此员工的招聘、培训和管理是关键。而由于传统车企仍然有部分燃油车生产线,故其仍需在减少温室气体排放和提高资源使用效率方面采取行动,以减少对环境的影响。在欧盟"禁燃"时间表正式生效后,2035年成为燃油车的最后红线。对于传统车企而言,电动化转型还面临着政策与市场压力,为了跟上全球汽车产业转型的浪潮,传统车企必须加强对绿色技术和产品的投入,以适应市场对新能源汽车的需求。

表10-7展示了对企业最不重要的五个实质性议题。社区公益与志愿服务、自然资源保护(生物多样性、气候变化、水资源管理)等议题对企业的重要性较低。首先,企业在进行投资决策时,往往优先考虑能带来直接财务回报的项目。而社区公益与自然资源保护的投资回报周期较长,短期内影响不明显,且难以量化。其次,企业在面临多方利益相关者的需求时,更倾向于满足对业务影响更大的利益相关方的要求。表10-7中利他性议题面临的利益相关方的具体要求和压力相对有限,所以尽管这些议题对提升企业形象有帮助,但在激烈的市场竞争中,这些因素在企业战略中的重要性相对较低。

表10-7　　　新能源整车上市公司实质性议题重要性排序——对企业自身重要程度

议题重要性倒序	中国港股		中国A股		美股
	小鹏汽车	蔚来汽车	广汽集团	比亚迪	特斯拉
1	水资源管理	生物多样性保护	社会公益与志愿服务	社会公益	社区参与与经济发展
2	风险及危机管理	水资源管理	应对气候变化	能源管理	重大事件、灾难援助、疫情
3	社会公民与慈善事业	社区参与与公益	员工培训与发展	经销商管理	人口贩卖、强迫劳动
4	职业健康与安全	应对气候变化	助力经济发展	资源管理	劳资关系
5	资源使用效率	废弃物管理	生物多样性保护	客户关怀	生物多样性保护、自然资源保护

注:绿色、黄色、蓝色、紫色分别代表企业将该实质性议题定义为环境议题(E)、社会议题(S)、治理议题(G)、经济议题。彩色效果详见二维码。

资料来源:课题组整理。

表10-7　彩色效果

(二)对利益相关方重要的议题

在讨论什么议题对利益相关方是重要的这一话题之前,首先要明确企业认定的利益相关方是谁。从企业自己披露的 ESG 报告中可以得出,企业认为董事、管理层、员工、客户、投资者、合作方、政府及监督机构、非政府组织、教育机构、环境顾问、媒体、公众、社区与环境等都属于利益相关方。企业在确定利益相关方后,在日常运营中采取问卷形式收集来自利益相关方的意见,作为重要性议题的筛选依据。企业会根据实质性原则对调研结果进行统计和分析,再根据各项议题的风险程度给予其不同的权重。由此可见,企业自身价值观会极大影响重要性议题的判断。如果企业认为社会性议题更重要,其会发放更多的问卷给公众、环境顾问和非营利组织,提高对应利益相关方的占比和权重,那么重要性议题会出现更多具有正外部性的社会和环境议题。

综合各企业 ESG 报告,产品品质和安全、客户满意度、技术创新、员工权益和可持续发展是对利益相关方的重要议题。社会公益与志愿服务、公司治理和自然资源保护(包括生物多样性、气候变化、水资源管理)对利益相关方的重要性较低。

(三)具有双重重要性的议题

实质性议题矩阵促使新能源车企决策者平衡内外部利益相关方的需求和期望,与利益相关者思维融合、相向而行。图 10-1 展示了新能源整车代表性上市公司的一般性实质性议题矩阵。综合企业和利益相关方两个维度和两个重要性,产品品质和安全、客户满意度、绿色产品、技术创新具有双重重要性,信息安全和公司治理对公司的重要性较高,员工权益和可持续发展对利益相关方的重要性较高,社区公益与志愿服务、自然资源保护的重要性对两个主体的重要性都相对较低。最终结果显示企业通过实质性议题矩阵识别出了汽车行业具有双重重要性的议题,实质性议题矩阵的披露是正和博弈,对社会整体利益具有整合性。

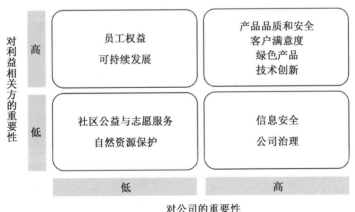

资料来源:课题组整理。

图 10-1 新能源汽车行业上市公司实质性议题矩阵

二、与评级机构披露的实质性议题的差别

接下来,本报告根据小鹏汽车主动披露的2020—2022年《环境、社会及管制报告》,比较新兴新能源车企的议题变化(见表10—8),以及企业自己披露的实质性议题和评级机构认定的重要议题有何区别。

小鹏汽车在MSCI ESG评级中连续四年保持全球车企最高评级,其2024年获得MSCI ESG全球最高评级"AAA"级,体现了其在ESG方面的行业领先成就。三年间,产品质量与安全、劳工管理始终是小鹏汽车的核心议题。2020年,小鹏汽车并未对各个议题进行ESG维度划分。随着小鹏汽车从初创阶段向成熟阶段过渡,企业规模和业务范围的扩大导致企业面临的风险也更加复杂,企业需要加强对风险和危机管理的关注。2021年,小鹏汽车开始划分议题维度并根据企业自身发展需要和行业特征新增了众多议题,如商业道德、气候变化、绿色技术与产品、排放物管理、科技创新与知识产权、企业管制、员工培训与发展、多元化及平等机会、社会公民与慈善事业、风险及危机管理等。2022年,小鹏汽车在ESG方面的关注点有所扩展和深化,商业道德、企业管制、信息安全与隐私保护、绿色技术与产品的重要性上升。

表10—8　　　　　　　　小鹏汽车2020—2022年实质性议题重要性的变化

小鹏汽车	2020年	2021年	2022年
核心议题	产品质量与安全	产品质量与安全	产品品质与安全
	绿色产品	劳工管理	劳工管理
	信息安全与隐私保护	商业道德	商业道德
			客户服务与满意度
非常重要议题	资源使用效率	气候变化	企业管治
	产品规划与创新	供应链管理	绿色技术与产品
	客户服务与沟通	绿色技术与产品	信息安全与隐私保护
	人才保留与吸引	资源使用效率	排放物管理
	合规经营	职业健康与安全	气候变化
	供应链管理	排放物管理	员工培训与发展
	职业健康与安全	科技创新与知识产权	科技创新与知识产权
		信息安全与隐私保护	供应链管理
		企业管治	资源使用效率
		员工培训与发展	职业健康与安全
		客户服务与满意度	多元化及平等机会

续表

小鹏汽车	2020 年	2021 年	2022 年
重要议题		多元化及平等机会	社会公民与慈善事业
		社会公民与慈善事业	风险及危机管理
		风险及危机管理	水资源管理
		水资源管理	

资料来源:课题组整理。

　　截至 2024 年 3 月 31 日,妙盈科技对小鹏汽车的 ESG 评级与各议题权重分配如表 10—9 所示。权重最高的议题分别是供应商管理、产品责任、公司治理、气候变化与污染排放等。除产品品质外,妙盈科技与小鹏汽车认定的核心议题排序差异较大。关注重点方面,小鹏汽车更侧重回应利益相关方关切,如劳工管理和客户满意度,妙盈科技将供应商和公司治理放在前列,评级思路符合大部分投资者的 ESG 价值观,即从获取最大投资收益的角度,理解企业在 ESG 方面面临的风险大小。从双重重要性视角出发,由于报告面向的群体不同,新能源车企自身披露的实质性议题更偏重影响重要性,而评级机构更偏向财务重要性。

表 10—9　　　　　　　　　　妙盈科技对小鹏汽车的 ESG 评分

议题	权重	评分	排名	行业平均
环境	38.13%	70.12	14	47.91
气候变化	6.25%	40.72	12	42.49
温室气体排放	6.25%	65.42	15	22.73
废物	6.25%	88	22	39.05
环境管理	6.25%	77.4	11	49.56
污染物	6.25%	74.49	16	55.68
能源消耗	3.13%	74.73	15	38.74
水资源	3.13%	74.38	17	33.94
物料消耗	0.63%	71.43	17	30.04
社会	33.75%	66.57	25	53.62
供应商管理	9.38%	70	18	50.34
产品责任	9.38%	64.71	34	63.37
劳工管理	4.69%	82.01	11	60.27
员工参与和多样性	4.69%	63.48	14	38.24
职业健康与安全	4.69%	61.72	34	55.92
社区影响	0.94%	13.33	51	29.89

续表

议题	权重	评分	排名	行业平均
公司治理	28.13%	63.01	23	48
公司治理信息	7.03%	32.42	65	42.25
ESG 治理	7.03%	74.9	4	32.31
商业道德	7.03%	85.8	26	72.67
风险管理	7.03%	58.9	32	40.38

资料来源:妙盈科技官网。

第五节　新能源汽车行业实质性议题中的不足与建议

一、新能源汽车行业实质性议题披露中存在的不足

汽车行业 ESG 的标准化和体系建设仍面临诸多挑战,主要有以下三点不足。

第一,供应链风险多维考量不足。新能源汽车行业对稀有材料存在高依赖性,如锂、钴等,使企业面临供应链地理分布、地缘政治风险和环境破坏的多重挑战。2020 年,特斯拉在刚果民主共和国采购钴的过程中被指控涉及人权问题,显示出供应链风险的现实影响。2021 年,上海疫情防控期造成物流中断、零部件短缺,多个新能源整车制造商难以按时生产和交付。疫情暴露了全球供应链的脆弱性,重新评估和调整供应链管理策略以增强供应链韧性日趋重要,但国际标准对供应链 ESG 风险缺乏关注,目前议题关注点在原料采购。评级机构中,MSCI 将有争议的采购纳入评级体系,相对国际准则有所改进。企业落脚点则更加具体,比如小鹏汽车在 ESG 报告中指出,小鹏汽车会从质量、商务、交付三个维度定期对供应商绩效进行评价和审核。量化指标方面,2021 年,小鹏汽车对供应链管理的可持续性设置了三项 KPI:供应商培训覆盖率和参与数量、供应商审核覆盖率和参与数量、使用环保材料和循环包装的供应商占比,并覆盖了所有的一级供应商。但即使企业是三大主体中最有供应商数据可及性的主体,企业也会因为供应商的道德风险问题而不能全面管理供应链 ESG 风险。

第二,技术适应性不足。虽然全球范围内有诸多 ESG 通则可以使用,但目前通则的不足在于垂直行业适用性较差,没有考虑到新能源汽车行业特有的风险和挑战。汽车行业正经历电动化、网联化、智能化和绿色化的快速发展,新能源车企的公司治理结构、财务风险与传统车企也存在显著差异,这些趋势难以在传统 ESG 议题中得到全面体现。因此,需要在 ESG 体系中构建与时俱进的评级体系,以适应行业技术的迭代和进步。例如,蔚来汽车的三地上市策略,增加了治理的复杂性,扩大了财务风险,这需要在 ESG 议题中充分考虑。

第三,可比性不足。当前三个主体的可比性都相对欠缺。无论是国际准则的制定,还

是评级机构的评级,都存在较大分歧。此外,从表 10－6 也可以看出企业对于每个议题的
ESG 属性分类混乱,对重要议题暂时没有统一标准,导致横向不可比,给投资者造成困难。
企业自身披露的报告中也倾向于披露对自己有利的议题指标,部分企业难免存在"漂绿"
嫌疑。

二、新能源汽车行业实质性议题披露建议

本节通过分析国际准则、评级机构、汽车企业的实质性议题定义,考虑行业特性、各个
企业的异质性与中国特色,对汽车行业的实质性议题提出以下改进建议。

第一,完善供应链的指导性指标。汽车行业供业链条长,在空间上分布较分散,供应链
的复杂性要求汽车行业的 ESG 标准不仅要关注原材料采购,还要涵盖供应链中所有合作伙
伴的环境影响、社会贡献和治理结构,确保链条的可持续性。现有议题只考虑到了最上游
的材料采购,如何评价整个供应链上下游的可持续性,需要更详细的指标指导,以降低企业
内遭受业务中断的风险。随着电动汽车数量的增加,下游产业链的电池回收和二次利用成
为一个重要议题。ESG 的废弃物排放议题可以包含更多关于电池生命周期管理和回收的
具体指标,以及进一步强调汽车行业通过循环经济原则减少资源浪费,实现"报废整车—拆
解—分类回收—新车"循环。通过 ESG 议题进行原材料和电池回收等绿色壁垒风险预警迫
在眉睫,2024 年 4 月,欧盟委员会根据新《电池法规》提出了计算电动汽车电池碳足迹的规
则草案,包括碳足迹计算、最高碳足迹限额、电池回收最低含量、可持续采购、透明度和消费
者信息等重要议题。草案指出制造商需要计算并报告电动汽车电池的碳足迹,并为电池设
计一个可通过二维码访问的数字护照。二维码将提供该电池从原材料提取到生产、使用、
最终回收整个生命周期的碳排放、电池材料组成和回收信息。草案也为电池中的关键材料
(如钴、锂、镍和铅)设定了最低回收含量。

第二,加强企业协同参与。《中国汽车行业 ESG 信息披露指南》是由行业内民间协会牵
头,车企主动参与编制的,行业垂直性较好。汽车企业深谙行业关键议题,深知行业发展需
要关注的实质性议题。国际标准和评级机构需要与各行业专家和企业更频繁地沟通以适
应新技术,比如新型电池技术的快速迭代问题,以及自动驾驶、人工智能在车辆系统中的应
用带来的信息安全风险。为了加强新能源汽车动力蓄电池回收利用管理,政府、国际组织
和企业也参与其中形成合力。2018 年中信部出台《关于印发〈新能源汽车动力蓄电池回收
利用管理暂行办法〉的通知》,2023 年欧盟也发布了《电池与废电池法规》,理想、小鹏汽车等
新能源车企在其环境、社会和公司治理(ESG)报告中回应了动力电池回收的关切。评级机
构应与时俱进更新相关议题,企业也应尽早披露可量化的废旧电池回收标准。

第三,增强透明度和可比性。准则需要进一步统一议题属性、名称和评级指标以提高
企业间数据可比性。评级机构也需要协调各类准则和政策,确保企业在全球范围内能够遵
循一致的 ESG 标准,规避因标准差异而产生风险。有必要督促企业提高信息披露透明度,

并建立统一的行业 ESG 评级体系,以弥合企业和评级机构在 ESG 评估上的分歧。2024 年 4 月 12 日,上海、深圳和北京三大证券交易所发布的《上市公司可持续发展报告指引(试行)》旨在规范企业的 ESG 披露行为,防止虚假披露和"漂绿"行为。新能源车企作为行业主体也应该将非财务信息与财务报告之间的联系纳入考虑,提升报告质量,讨论为企业带来长期价值的独特因素,以说明企业如何创造和保持商业价值。同时应进行独立第三方鉴证,以增强 ESG 报告的可信度。

第六节　本章小结

本章详细探讨了新能源汽车行业在 ESG 实践中的关键议题,并针对这些议题提出了改进建议。首先,新能源汽车作为全球汽车产业变革的重要推动力,对促进低碳经济和可持续发展起到了关键作用。新能源汽车不仅改变了传统汽车行业的格局,还为 ESG 的进一步实践开辟了新的方向,尤其是其在电池回收与材料利用效率等方面表现突出。其次,本章分析了不同主体对新能源汽车行业实质性议题的界定,包括国际准则、评级机构和新能源企业的 ESG 报告。国际准则(如 SASB、GRI)为汽车行业提供了广泛的议题框架,涵盖了环境保护、社会资本和公司治理等重要领域。评级机构通过评估企业面临的风险和机遇,确定其实质性议题的优先级。不同评级机构在议题侧重点上有所不同,MSCI 更关注碳足迹和技术创新,妙盈科技则更注重供应链管理和商业道德。代表性新能源企业的 ESG 报告展示了各企业对实质性议题的不同排序,企业通常优先考虑产品质量与安全、客户满意度和技术创新等问题。同时,信息安全和员工权益也在利益相关者中得到了高度关注。最后,本章提出了当前新能源汽车行业在 ESG 评级体系方面的不足,特别是在供应链风险管理、技术适应性和评级标准一致性等方面存在的挑战。为此,建议进一步完善供应链管理的指标体系,增强企业在 ESG 议题上的协作,并提升信息披露的透明度和一致性。这些措施将帮助新能源汽车行业更好地实现可持续发展目标,并为完善 ESG 评级体系提供宝贵的借鉴。

第十一章　代表性企业:贵州茅台

本章提要　本章首先深入分析了中国 A 股(下称"A 股")白酒企业在 ESG 信息披露方面的现状,发现其披露表现普遍较差。接着,本章详细梳理了 A 股白酒企业的 ESG 评分现状,揭示出 A 股白酒企业在国际评级中普遍得分较低,而在国内评分较高的现象,并探讨了评分差异的潜在原因。在对整个行业进行综合评估后,我们重点关注白酒行业的龙头企业——贵州茅台在 ESG 领域所面临的挑战,行业特性与 ESG 表现存在天然冲突,同时在 ESG 评级驱动下,贵州茅台在国际市场的表现也不尽如人意,作为行业领军者,贵州茅台未能充分展现出与其地位相符的 ESG 责任感。接下来,本章通过纵向分析展示了贵州茅台在 ESG 实践方面的成就,包括自上而下的管理革新、信息披露质量的全面提升以及产业链的 ESG 整合。此外,通过横向比较,将贵州茅台与四家 A 股市值领先的白酒企业进行对照,展示了在实质性议题的识别与具体成效方面的差异,从外部视角对贵州茅台的 ESG 表现进行行业内部定位。最后,指出贵州茅台在实质性议题的披露方面仍存在不足。

第一节　白酒企业的 ESG 发展现状

中国白酒行业作为传统特色和资源密集型产业,对国民经济,尤其是区域经济的发展具有重要推动作用。其产业链涵盖作物种植、生产销售及大众消费,涉及广泛利益相关方,面临多重环境与社会影响。在全球可持续发展背景下,白酒企业需将战略与运营管理和社会可持续发展紧密结合,积极融入 ESG 理念。尽管大部分企业已发布 ESG 报告,但因信息披露标准不一,整体透明度和可比性仍有不足;在评级方面,国际机构(如 MSCI)的评分普遍偏低,而国内评级则相对较高。

一、贵州茅台基本概况

贵州茅台酒股份有限公司成立于 1999 年 11 月 20 日,由中国贵州茅台酒厂(集团)有限责任公司联合其他七家单位共同发起。公司总部位于贵州省茅台镇,主要从事茅台酒及其系列产品的生产与销售,是国内白酒行业的龙头企业。其核心产品"贵州茅台酒"不仅是世界三大蒸馏名酒之一,也是集国家地理标志产品、有机食品和国家非物质文化遗产于一体的白酒品牌。

作为中国白酒行业的标杆,除了生产销售茅台酒,茅台集团还涉足饮料、食品、包装材料生产、防伪技术开发及信息产业相关产品的研发。2023 年度,公司实现营业收入 1 476.9 亿元,净利润 747.3 亿元。其中,茅台酒系列产品包括飞天茅台、五星茅台等,占总营收的85.71%;茅台王子酒、茅台迎宾酒等其他系列酒占 13.97%;其余业务仅占 0.32%(如图 11-1 所示)。

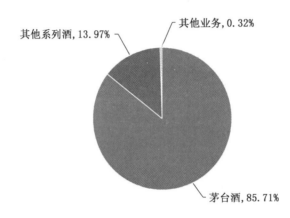

资料来源:贵州茅台 2023 年年度报告。

图 11-1　贵州茅台 2023 年主营收入构成

二、白酒企业的 ESG 信息披露状况

(一)ESG 报告发布情况

近年来,白酒企业的 ESG 信息披露逐渐增加。自 2006 年泸州老窖发布首份社会责任报告以来,白酒上市企业陆续开始披露 ESG 相关报告。这些 ESG 独立报告主要有两种名称:环境、社会及公司治理(ESG)报告和社会责任报告,尽管名称上存在差异,但其实质内容是一致的。表 11-1 展示了 20 家白酒企业 2006—2023 年 ESG 独立报告的发布情况。

表 11-1　　　　　　　　　白酒企业 ESG 独立报告发布情况

公司简称	2006 年	2007 年	2008 年	2009 年	2010 年	2011 年	2012 年	2013 年	2014 年	2015 年	2016 年	2017 年	2018 年	2019 年	2020 年	2021 年	2022 年	2023 年
贵州茅台																√	√	√
五粮液			√	√	√	√	√	√	√	√	√	√	√	√	√	√	√	√
泸州老窖	√		√	√	√	√	√	√	√	√	√	√	√	√	√	√	√	√
洋河股份							√	√	√	√	√	√	√	√	√	√	√	√
山西汾酒							√	√	√	√						√	√	√
今世缘																√	√	√

续表

公司简称	2006年	2007年	2008年	2009年	2010年	2011年	2012年	2013年	2014年	2015年	2016年	2017年	2018年	2019年	2020年	2021年	2022年	2023年
顺鑫农业													√	√	√	√	√	√
古井贡酒							√	√	√	√	√	√	√	√	√	√	√	√
迎驾贡酒																	√	√
口子窖																		√
水井坊														√	√	√		
酒鬼酒																	√	√
皇台酒业																		
老白干酒																√	√	√
天佑德酒													√	√	√			
伊力特					√	√	√	√	√									
金种子酒																		
金徽酒									√	√		√	√	√	√	√	√	√
岩石股份															√	√	√	
舍得酒业					√	√	√	√	√	√	√	√	√	√				√

资料来源:Wind,作者整理。

然而,信息披露存在不平衡的现象。大型企业如贵州茅台、五粮液等在年报和社会责任报告中,较为详尽地披露了ESG相关信息。然而,中小企业的披露水平参差不齐。同时,现阶段白酒上市公司企业的ESG披露重点信息和指标重点集中于公司治理方面,包括管理体系升级、智慧平台、人才培养以及供应商管理等;以头部企业为代表的绝大部分酒类企业在社会公益上表现极为突出,在捐资助学、乡村振兴、解决就业以及抗震救灾等方面积极贡献力量,投入大量人力和资金支持公益事业;环境方面的信息披露大多符合国家相关标准,但在国际标准的对接和具体环境数据披露上,仍需进一步规范和完善。

(二)披露依据和参考标准

目前,部分中国白酒企业上市公司发布ESG报告,但ESG报告的编制依据和参考标准不尽相同,其中通用的参考文件是全球可持续发展标准委员会的《可持续发展报告标准》(GRI Standards)、中国社会科学院《中国企业社会责任报告编写指南》(CASS-ESG5.0)、国际标准化组织《ISO26000:社会责任指南(2010)》和中国国家标准《社会责任报告编写指南》(GBT36001-2015)等。此外,上市公司发布ESG报告还需结合《深圳证券交易所上市公司规范运作指引》《深圳证券交易所上市公司自律监管指引第1号——主板上市公司规范运作》、上海证券交易所《上市公司自律监管指引第1号——规范运作》与中国证监会《上市公司治理准则》及香港联交所《企业管治守则》《环境、社会及管治报告指引》等国内各监管机构发布的ESG披露政策文件。

(三)指标差异与口径

由于国内各交易所对ESG报告披露内容、议题及格式等无统一规定,仅有指引性的建议,因此,各家酒企上市公司的ESG报告内容全部为自主设计,对于关键信息并没有像欧美市场一样有统一的编码和制式,呈现出报告内容、格式参差不齐的情况,特别是披露指标存在差异、数据口径不一致等问题。

(四)负面信息的披露

总体而言,企业对负面信息的披露较为保守,且 ESG 报告缺乏鉴证,信息披露的全面性和真实性有待提升。

三、白酒企业的 ESG 评分现状

(一)国际 MSCI 评级偏低

截至 2024 年 8 月,全球权威指数机构 MSCI 公布了 ESG 评级结果。[①] A 股共有 20 家白酒上市企业,其中 14 家被纳入 MSCI ESG 评级体系。在这些具备评级分数的 14 家白酒上市公司中,ESG 评级以 B 级和 CCC 级为主,分别有 6 家企业获得 B 级评级,4 家企业获得 CCC 级评级,两者合计占比近七成。此外,还有 2 家企业获得 BBB 级评级,2 家企业获得 BB 级评级。在被评级的企业中,如表 11－2 所示,贵州茅台和水井坊的 ESG 评级最高,均为 BBB 级,属于"平均水平"档次;泸州老窖和洋河股份被评为 BB 级,同样处于"平均水平"。五粮液、山西汾酒等 6 家企业被评为 B 级,今世缘、迎驾贡酒等 4 家企业则被评为CCC 级,均处于"落后水平"。

表 11－2　　　　　　　　中国白酒上市企业 MSCI ESG 评级与分项得分

公司简称	2024 年 8 月 ESG 评级	2023 年 7 月 ESG 评级	变动趋势
贵州茅台	BBB	B	↑
五粮液	B	B	—
山西汾酒	B	B	—
泸州老窖	BB	B	↑
洋河股份	BB	BB	—
古井贡酒	B	B	—
今世缘	CCC	CCC	—
迎驾贡酒	CCC	CCC	—
舍得酒业	CCC	B	↓
水井坊	BBB	BB	↑
口子窖	B	CCC	↑
酒鬼酒	B	B	—

---

① MSCI ESG 评级是目前全世界范围内认可度最高、使用范围最广的 ESG 评级体系,评级结果从低到高依次为CCC、B、BB、BBB、A、AA、AAA 共七级。

公司简称	2024 年 8 月 ESG 评级	2023 年 7 月 ESG 评级	变动趋势
老白干酒	CCC	CCC	—
顺鑫农业	B	B	—

资料来源:MSCI 官网,本报告整理。

与 2023 年 7 月的 MSCI 评级结果相比,5 家白酒企业的 ESG 评级发生了变化。贵州茅台的评级连升两级,从 B 级提升至 BBB 级;泸州老窖从 B 级上升至 BB 级;水井坊由 BB 级提升至 BBB 级;口子窖从 CCC 级上调至 B 级。唯一降低评级的是舍得酒业,其评级由 B 级降至 CCC 级。

长期以来,中国白酒企业的国际 ESG 评级普遍偏低。与国内其他行业相比,白酒企业的 MSCI ESG 评级相对落后。截至 2024 年 5 月,数据显示,在被 MSCI 纳入 ESG 评级的 A 股 667 家上市公司中,评级为 BB 级及以上的公司有 256 家,占比 38.38%;而白酒企业中评级为 BB 级及以上的公司占比仅为 14.29%,远低于 A 股整体水平。

此外,与全球饮料企业(包括白酒和葡萄酒企业)相比,A 股白酒企业在 MSCI ESG 评级中的表现处于中等偏下水平。如图 11-2 所示,截至 2024 年 5 月,在 MSCI ESG 评级覆盖的全球 101 家饮料行业公司中,BBB 级企业占比为 9%,BB 级企业占比为 11%,B 级和 CCC 级企业合计占比为 30%。相比之下,A 股白酒企业在 MSCI ESG 评级中均处于饮料行业的后 42%。

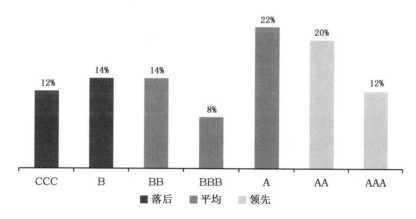

资料来源:MSCI 官网。

图 11-2　MSCI 全球饮料行业 ESG 评级分布情况

(二)国内评级偏高

然而,与 MSCI 不同,国内 ESG 评级体系对白酒行业的评价较为正面。根据 2024 年 5 月的数据,当前白酒企业的整体 ESG 评级并不低。表 11-3 展示了截至 2024 年 5 月,3 家国内评级机构对 A 股上市白酒企业的 ESG 评级情况。

表 11－3   A 股上市白酒企业的 ESG 评级情况

证券简称	Wind ESG 评级	华证 ESG 评级	商道融绿 ESG 评级
贵州茅台	A	BBB	A－
五粮液	BBB	BBB	A－
泸州老窖	BBB	BBB	B＋
洋河股份	A	BBB	B＋
山西汾酒	BB	BB	B＋
今世缘	A	BBB	A－
顺鑫农业	A	BB	B＋
古井贡酒	A	BB	B＋
迎驾贡酒	BB	B	B
口子窖	BB	B	B－
水井坊	A	BBB	A－
酒鬼酒	BBB	B	B＋
皇台酒业	B	CC	B－
老白干酒	BBB	BB	B
天佑德酒	BBB	B	B
伊力特	BB	B	B
金种子酒	BB	B	B
金徽酒	BBB	BB	B＋
岩石股份	BB	CCC	B＋
舍得酒业	A	BBB	A－

资料来源：Wind。

（三）国内外 ESG 评级差异的原因分析

与其他行业相比，白酒企业在 MSCI ESG 评级上相对滞后，这与 ESG 的历史和文化因素密切相关。早期的社会责任投资基金便剔除了酒精类企业，而在西方，烈酒常因"酗酒""酒驾"等负面形象而被视为有"原罪"的行业。

在全球饮料行业中，A 股白酒企业的 ESCI 评级处于中等偏下水平。根据 MSCI 标准，白酒企业的环境、社会和公司治理三大维度权重分别为 40％、25％和 35％（如表 11－4 所示），其中水资源管理、包装废物处理和碳足迹为关键议题。传统生产工艺对水资源和能源的依赖，使得环境指标成为评价的重点。

表 11－4　　　　　　　　　MSCI 白酒与葡萄酒行业 ESG 评级关键指标权重

维度	环境			社会		公司治理					
指标	水资源压力	产品碳足迹	包装材料及废弃物	产品安全与质量	健康与安全	董事会	薪酬	公司所有权	会计	商业道德	税务透明度
权重	20％	10％	10％	15％	10％						
合计	40％			25％		35％					

资料来源：MSCI 官网。

国内评级机构以 Wind 为例，如表 11－5 所示，在 Wind 的 ESG 得分标准中，争议事件和管理实践各占 30％和 70％。管理实践进一步细分为环境、社会和公司治理三个维度，分别占总得分的 28％、16％和 26％。在具体的评分指标上，环境得分（总占 28％）涉及废水、水资源、废气、气候变化和能源五个方面，权重分别为 8％、6％、6％、4％和 4％，强调了白酒与葡萄酒行业在资源管理和污染控制方面的关注。社会维度则关注客户、供应链、产品与服务及发展与培训，权重为 6％、4％、4％和 2％，反映了企业在业务中处理利益相关者关系的能力。公司治理维度包括董监高、股权及股东、ESG 治理等方面，其中董监高的权重为 7.2％，突出了高层管理在企业治理中的作用。

表 11－5　　　　　　　　　Wind 白酒与葡萄酒行业 ESG 评级关键指标权重

ESG 综合得分(100％)					
争议事件(30％)					
管理实践(70％)					
环境(28％)		社会(16％)		公司治理(26％)	
指标	权重	指标	权重	指标	权重
废水	8％	客户	6％	董监高	7.2％
水资源	6％	供应链	4％	股权及股东	4.8％
废气	6％	产品与服务	4％	ESG 治理	4.8％
气候变化	4％	发展与培训	2％	税务	3.6％
能源	4％			审计	3.6％
				反贪污腐败	1.3％
				反垄断与公平竞争	0.7％

资料来源：Wind。

通过对比 MSCI 与 Wind 对白酒与葡萄酒行业 ESG 评级的关键指标权重可以看出，MSCI 更强调水资源压力这一议题，权重高达 20％，而在 Wind 的评级中，水资源仅占 6％。此外，MSCI 评分体系中产品碳足迹的权重为 10％，而国内评级仅为 4％。这种实质性议题权重的差异导致同一企业在 Wind 中可能表现较好，而在 MSCI 中评分较低。因此，中国白酒企业要提升国际 ESG 评级,需在理解各评级体系差异的基础上,改善管理实践和提高透明度。

进一步深入来看,中国白酒企业在提升其 ESG 评级中面临的挑战不仅仅是内部管理和技术改进问题,还有外部的文化和认知差异。例如,在社会责任方面,国内白酒企业在公益活动和社区支持等方面做出了显著贡献,但这些努力在国际评级中的识别度和评价标准上仍存在差距,国际机构不能完全理解中国企业在诸如共同富裕、疫情防控及乡村振兴等方面的具体措施及成果。此外,中国白酒企业在披露环保措施、社会责任项目执行细节及其成效等方面的信息不够全面和透明,限制了评估机构对其全面性和效果的准确评价。这些因素共同作用,影响了中国白酒行业在全球 ESG 评级中的表现。同时,国际评级机构也应考虑到地方特色和行业特点,以实现更公正的评价。

第二节　贵州茅台的 ESG 挑战

作为中国白酒行业的龙头企业,贵州茅台在市场上享有极高的声誉。然而,随着全球可持续发展理念的普及,茅台的 ESG 表现逐渐成为外界关注的焦点。作为行业领军者,茅台未能充分展现出与其地位相符的 ESG 责任感。由于行业特性及其产品在市场上的"理财"属性,茅台曾引发诸多 ESG 争议。

一、行业特性与 ESG 表现的天然冲突

(一)赤水河污染危机

贵州茅台的生产依托于赤水河的生态环境,正如其董事长所强调的,赤水河为茅台酒提供了关键水源。然而,茅台镇既是酱香型白酒产业的重要支柱,也在经济发展与生态保护之间承受双重压力,其快速发展已对赤水河及其支流水质造成了严重影响。

近年来,中央生态环境保护督察组多次报告指出,流域内部分白酒企业因违法建设和非法排污,对生态环境构成严重威胁。尽管赤水河干流水质总体稳定,但仁怀市茅台镇的多个支流水质已降至劣 V 级,即使采取了关停企业和升级环保设施等整改措施,生态恢复仍面临重重挑战。

(二)营销策略引发质疑

贵州茅台作为中国高端白酒代表,其营销策略在激烈竞争与消费者觉醒背景下备受关注。贵州茅台宣传中主张适量饮用有助健康,并提出"茅台护肝论",声称其产品可防止肝纤维化和肝硬化,但这些说法缺乏科学依据,因而引发广泛质疑。五粮液董事长曾公开批评贵州茅台宣传不负责任,指出无证据证明其产品能预防肝病。同时,世界卫生组织已将酒精列为一类致癌物,研究显示即便少量饮酒也会增加多种癌症风险。

(三)茅台酒的腐败危机与治理挑战

2020 年 7 月 15 日,《人民日报》"学习小组"发布文章披露,茅台酒频繁出现在腐败案件中,甚至被视为官场腐败的"硬通货"。该报道引发市场对贵州茅台价值的重新评估,导致其股价大跌近 8%,并使白酒板块市值蒸发约 3 352 亿元人民币。这一争议暴露了贵州茅台治理结构的深层问题。尽管其品牌享有卓越声誉,但营销和销售体系却频繁暴露出高层贪腐问题,反映出内部监督机制形同虚设,无法有效遏制不正之风。此外,茅台酒的稀缺性和高价值使其不仅仅作为商品存在,更成为资本流通的工具,这种现象扭曲了其文化象征,并使其在腐败交易中沦为筹码,从而带来重大的道德和法律风险。

二、ESG 评级对贵州茅台全球市场的影响

2021 年 7 月,MSCI 将贵州茅台的 ESG 评级定为最低级"CCC"①(如图 11-3 所示),成为全球市值 TOP20 公司中评级最低的案例,引发国际关注。

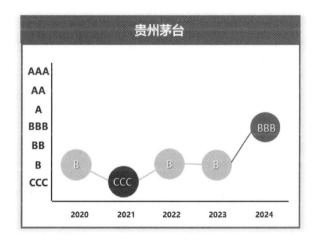

资料来源:MSCI 官网。

图 11-3 2020—2024 年贵州茅台 MSCI ESG 评级变化

2021 年 7 月,MSCI 评级发布后,部分海外基金因在 2021 年一度减持贵州茅台的股票,这一情况被部分投资者归因于贵州茅台的低 ESG 评级。如图 11-4 所示,减持行为对贵州茅台的股价产生了明显影响。

然而,国内投资者对 ESG 评级的关注度较低,其强劲业绩和深厚市场影响力使股价保持稳定并实现反弹。国内大型机构和零售投资者对贵州茅台的忠诚度高,对其公益活动和地方支持给予积极评价,部分缓解了国际评级的负面影响。据图 11-5 显示,截至 2024 年

---

① MSCI 对 CCC 评级做出的解释为:一家公司因敞口大(high exposure)和未能管理重大 ESG 风险(failure to manage significant ESG risks)而导致其处于同业落后水平。

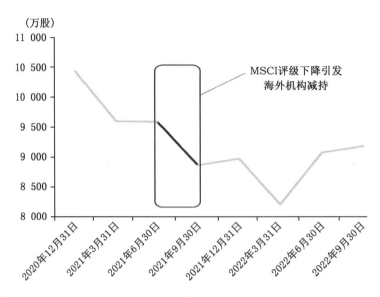

资料来源:Wind。

图 11－4 海外机构投资者对贵州茅台持股数量

一季度,在 31 只披露重仓证券的纯 ESG 基金中,有 7 只重仓贵州茅台。由此可见,尽管 MSCI 评级曾影响部分外资投资决策,但贵州茅台凭借卓越品牌力和稳定业绩,长期仍被视为具有投资价值的优质资产,其市场地位在国内外均得到体现。

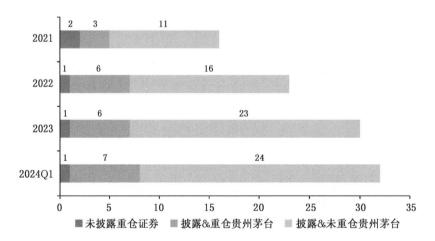

资料来源:Wind。

图 11－5 国内纯 ESG 主题基金重仓贵州茅台情况

2024 年 8 月,贵州茅台的 ESG 评级再次迎来转机,MSCI 将其评级提升两级至"BBB",成为中国白酒行业最高评级,反映出其在环境、社会和公司治理三大领域的显著改善。此次提升不仅展示了茅台在水资源管理、产品碳足迹等方面的行业领先表现,也证明了其可持续发展战略的有效落地,获得了国际权威机构的认可。

第三节　贵州茅台 ESG 实践的纵向分析

一、自上而下的管理革新

在企业治理与可持续发展的领域中,自上而下的 ESG 战略制定与管理革新显得尤为关键。在 2023 年 ESG 报告①中,贵州茅台成立 ESG 推进委员会,同步设立环境、社会、治理三个分委会和 9 个工作小组,对标国际规范和先进实践,按照议题识别、整体规划、融入实施、改进创新四个步骤,系统梳理核心议题和重点项目,建立 ESG 实质性议题矩阵,优化公司整体的 ESG 管理体系,充分发挥管理机制效能,ESG 管理水平有效提升。

(一)ESG 战略目标推动

贵州茅台的 ESG 战略旨在将可持续发展理念融入公司运营,建立以"五线"为核心的体系,即现代产业协调发展、绿色生态共生、改革创新、品牌文化建设以及风险防范。这一体系贯穿于公司的业务、文化与传播。具体目标包括:完善公司治理与风险管理,确保稳健经营;坚持高标准质量管理和工艺创新,推动行业发展;推进绿色生态模式,实现"双碳"目标;促进品牌价值共创和利益共享。

(二)ESG 治理架构改革

2023 年,贵州茅台在其 ESG 治理结构上进行了根本性改革,建立了明确的"决策　管理—执行"三级架构。如图 11—6 所示,董事会作为最高决策机构,下设 ESG 推进委员会,由总经理担任主任委员。此外,公司还成立了专注于环境、社会与治理的三个分委会,并通过设立办公室和专项工作小组,确保 ESG 事务的有效执行。此外,公司将 ESG 相关指标纳入经理层绩效考核,确保安全、环保和企业管理等方面的行为与公司的整体目标保持一致。

(三)实质性议题识别流程优化

贵州茅台在 ESG 战略中,将实质性议题的识别与定义作为核心步骤。2021 年,贵州茅台首次发布的 ESG 报告简要列出了公司治理、经济责任、环境责任和社会责任四大类别共 24 个维度,构建了初步的实质性议题框架(如图 11—7 所示)。然而,该报告未详细说明各议题的来源,也未明确是否充分反映利益相关者的观点,其重要性评估存在一定的模糊性。

2022 年,尽管报告的格式进行了调整,议题被重新分类为管治、环境和社会三大领域,包括了 26 个小维度,显示了对分类的细微调整和内容的扩展,但是,这种简单的列举方式未能有效地突出这些议题的战略重要性。新增的 6 个小维度(如经营业绩和品牌建设)以及取消的维度(如可持续发展管理等)虽展现了议题的变化,但其重要性难以衡量。

---

① 2024 年 4 月 2 日,贵州茅台 2023 年环境、社会与公司治理(ESG)报告发布。

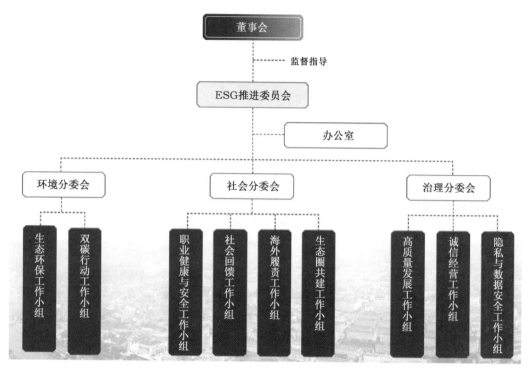

资料来源：贵州茅台 2023 环境、社会与公司治理（ESG）报告。

图 11－6　贵州茅台 ESG 治理架构

贵州茅台结合公司发展战略和实际运营情况，以及国内外社会责任发展趋势、行业特性，梳理出与企业经营活动最为相关、利益相关方最为关注的议题，将其作为公司社会责任工作及社会责任沟通的重点，进一步推动公司可持续发展。

资料来源：贵州茅台 2023 环境、社会与公司治理（ESG）报告。

图 11－7　2021 年贵州茅台 ESG 报告实质性议题

2023 年，贵州茅台在其 ESG 报告中对议题的识别和重视程度有了显著提升。通过行业标准参考、媒体监测、问卷调查和会议沟通，公司从内外部各方面广泛收集信息，获得了超过 13 000 份有效反馈。基于这些数据，公司制定了一个以可持续发展的重要性和利益相关方关注度为坐标的实质性议题矩阵，重新组织评估了 17 个小维度，显著提升了对每个议题重要性的精确描述（如图 11－8 所示）。

实质性议题识别流程

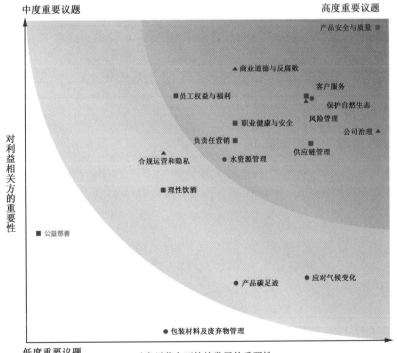

资料来源:贵州茅台 2023 环境、社会与公司治理(ESG)报告。

图 11—8 2023 年贵州茅台实质性议题流程和矩阵

贵州茅台在实质性议题识别方面的系统性和参与性显著提升。如表 11-6 所示,从 2021 年仅简单列举议题,到 2023 年通过广泛问卷调查和利益相关方反馈,贵州茅台形成了清晰的实质性议题矩阵。

表 11-6　　　　　　　贵州茅台 2021—2023 年实质性议题识别演进

	2021 年	2022 年	2023 年
关键实质性议题的识别	两行文字及简单列举	三行文字及简单列举	(1)披露了整个实质性议题识别的流程和结果;(2)向内外部各利益相关方发放问卷,共计收回有效问卷 13 419 份;(3)按照重要性绘制出实质性议题矩阵

资料来源:作者整理。

二、ESG 信息披露质量全面提升

2021—2023 年,贵州茅台在 ESG 信息披露方面取得了显著进展,披露质量全面提升。2021 年的 ESG 报告篇幅为 47 页,结构简易,主要以图片展示信息,数据披露较少且内容较为浅显。到了 2023 年,报告篇幅增至 117 页,结构变得系统且清晰,内容以结构化文本和图表形式呈现,数据披露不仅更具体和详尽,而且深度也有显著提高,使得整体理解更加深入。

表 11-7　　　　　　贵州茅台 2021 年与 2023 年 ESG 报告内容对比

	篇幅	结构	内容质量	数据披露	数据深度
2021 年	47 页	简易	图片为主	较少	浅显
2023 年	117 页	系统、清晰	结构化文本和图表	更具体、详尽	理解更深入

资料来源:作者整理。

(一)水资源管理的透明度提升

对于白酒企业而言,水资源和环境对于酿酒品质的影响至关重要。对贵州茅台而言,水不仅仅是自然生态的一部分,更是企业生存与发展的核心资源。从贵州茅台主要产品水足迹图(如图 11-9 所示)中可以看出,原材料获取阶段与生产过程阶段都产生了大量的水资源使用。

2021 年至 2023 年,公司通过技术升级和系统优化,持续降低水资源的消耗。2021 年,公司在茅台产区和义兴产区共计减少用水约 500 万立方米。2022 年,通过系统升级,公司进一步减少了 201.57 万吨水资源的使用,并将水资源消耗强度降至 0.7 吨/万元营收。2023 年,茅台产区和义兴产区的节水效率分别实现了 7.5% 和 2.5% 的提升。公司在生产环节节省了 23.2 万立方米水资源,在非生产环节节省了 16.7 万立方米水资源。这些数据在公司连续三年的 ESG 报告中逐步披露,反映了贵州茅台在水资源管理方面的持续努力和改进。

在 2023 年 ESG 报告中,贵州茅台进一步强调了水资源管理的重要性,并显著提升了相

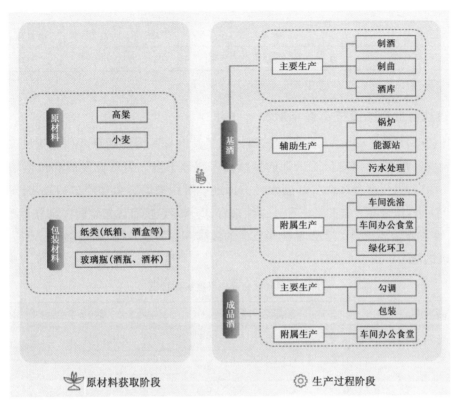

资料来源:贵州茅台2023环境、社会与公司治理(ESG)报告。

图11－9　贵州茅台主要产品水足迹

关信息的披露质量。如表11－8所示,2023年披露的多项水资源管理数据在过去两年中并未公开。数据显示,公司对水资源的总消耗量持续减少,从2022年的892.11万立方米下降至2023年的847.96万立方米,降幅达4.95%。

表11－8　　　　　　　　　　**2022年与2023年贵州茅台水资源管理数据对比**

指标	单位	2023年	2022年	同比变动比率
中水回用量	万立方米	19.70	19.14	2.92%
新鲜水抽取量	万立方米	658.50	701.95	−6.19%
新鲜水抽取强度	万立方米/百万工业总产值	0.007 9	0.009 2	−14.13%
总抽取水量	万立方米	658.50	701.95	−6.19%
水循环利用率	/	87.70%	82.05%	5.02%
新鲜水消耗量	万立方米	847.96	892.11	−4.95%
新鲜水消耗强度	万立方米/百万工业总产值	0.009 8	0.011 7	−16.24%
水资源消耗总量	万立方米	847.96	892.11	−4.95%

续表

指标	单位	2023 年	2022 年	同比变动比率
水资源消耗密度	万立方米/百万工业总产值	0.009 8	0.011 7	−16.24%

资料来源：贵州茅台 2023 环境、社会与公司治理(ESG)报告。

(二)社会责任维度披露逐年增加

在社会(S)维度，贵州茅台的数据披露体现了其在提升客户满意度和优化供应链管理方面的表现。此外，公司对员工培训的持续投入突显了对人力资源发展和价值增长的重视。总体而言，贵州茅台在执行社会责任方面展示了积极的努力和明显的进步。然而，如表 11－9 所示，从披露数据的频率和连续性来看，贵州茅台仍有改进空间。部分关键数据直到 2023 年才开始披露，且 2022 年某些数据的披露存在间断，这些因素影响了评估其长期 ESG 表现的能力。

表 11－9　　　　　　　　　贵州茅台社会责任维度披露数据

披露维度	披露数据指标	2023 年	2022 年	2021 年
客户	客户投诉数量(次)	9 957		
	每百万营收客户投诉数量(次/CNY)	0.067		
	客户满意度(%)	97.65		88
供应链	供应商总数	432		502
发展与培训	员工培训覆盖率(%)	98	100	
	人均培训时长(小时)	43	42	

资料来源：Wind，作者整理。

三、产业链的 ESG 整合

如图 11－10 所示，白酒产业作为资源密集型行业，涵盖了从作物种植到最终消费的长产业链，连接着原料供应商、生产者、经销商及广泛的消费者群体，涉及了多方面的 ESG 责任实践。

资料来源：作者整理。

图 11－10　贵州茅台产业链

(一)上游:原料采购与供应商管理

在原料方面,公司依赖数千吨高粱和小麦,涉及农业可持续发展。公司采用"公司＋地方政府＋供应商＋合作社或农户"的高粱基地管理模式,助力建设示范基地,为农户免费提供绿肥种子和有机肥,并进行高粱种植培训和有机认证投入,不断提升种植标准。2023年,公司种植面积达420平方千米,收储原料14.14万吨,带动12万户农户增收。在责任采购方面,公司遵循"公开、公平、公正"的原则,依照《采购管理办法》对所有采购活动进行严格监管,并设立采购信息发布平台以确保透明度。在供应商管理上,公司严格执行《供应商管理办法》,通过供应商准入、分级管理和评估流程,确保供应能力和产品质量符合要求。同时,公司针对原料及包装材料供应商制定专项管理计划,对包装材料供应商开展质量调查和现场检查,并组织培训以提升其生产管理和质量意识。

(二)下游:经销商合作与供应链优化

公司与经销商合作维护市场秩序,通过制定《总经销商产品(品牌)管理指导原则》和《经销体系市场宣传推广管理办法》,规范经销商的市场行为,并组织培训提升其产品推广和营销能力,推动销售数字化转型。同时,公司协同经销商推广第三代专卖店、营销平台及门店管理系统。

此外,公司推出的"i茅台"平台利用云计算、大数据和物联网技术,直接触达终端消费者,实现精准营销和"一瓶一码"的价格管控,并结合品牌文化元素提升消费者互动。该平台的应用改善了供应链管理,涉及原材料需求预测、库存管理和实时监控等方面,促进了与供应商的数据共享和沟通,提升了供应链的透明度和可追溯性。

第四节　贵州茅台实质性议题的横向比较

第三节对贵州茅台内部的ESG实践及其成果进行了全面探讨,涵盖了从公司治理到环境管理等多个维度。本节将分析视角转向外部,依托已披露且可量化的实质性议题数据,通过对比分析,进一步评估贵州茅台在ESG表现方面如何在行业内及更广泛的市场中展现出差异化优势与领导地位。

一、实质性议题识别[①]

(一)酒类行业代表性企业

2024年5月1日,上海、深圳和北京三大证券交易所联合发布的《可持续发展报告(试行)指引》正式生效。根据该新规,上证180、科创50、深证100、创业板指数的样本公司以及

---

① 　实质性议题识别及下述实质性议题比较标题均基于A股市值前五的白酒企业进行比较。这五家企业分别是贵州茅台、五粮液、山西汾酒、泸州老窖和洋河股份。

境内外同时上市的企业均被纳入 ESG 报告的强制披露范围,要求最迟于 2026 年首次披露 2025 年度的可持续发展报告。截至 2024 年 5 月,A 股上市公司中已有 11 家白酒企业被列入强制披露名单。本节选取了市值排名前五的白酒企业(详见表 11－10),并对其在环保、能耗和社会公益方面的表现进行了横向对比分析。

表 11－10　　　　　　　　贵州茅台与同业的市值、营业收入及净利润对比

序号	公司	2023 年年底总市值(亿元)	营业收入(亿元)			2021—2023 年总营收 CAGR	归母净利润(亿元)			2021—2023 年归母净利润复合增长率
			2021 年	2022 年	2023 年		2021 年	2022 年	2023 年	
1	贵州茅台	21 682	1 062	1 241	1 477	18%	525	627	747	19%
2	五粮液	5 446	662	740	833	12%	234	267	302	14%
3	山西汾酒	2 815	200	262	319	26%	53	81	104	40%
4	泸州老窖	2 641	206	251	302	21%	80	104	132	29%
5	洋河股份	1 656	254	301	331	14%	75	94	100	16%

资料来源:作者整理。

(二)酒类行业实质性议题

在 ESG 实质性议题的披露方面,全球性标准如 SASB 和 MSCI 为酒行业提供了详尽的框架和指南。如表 11－11 所示,SASB 特别列出了酒行业的核心议题,包括能源管理、水资源管理、负责任的饮酒与营销、包装生命周期管理以及原料供应的环境与社会影响。同时,MSCI 在其《饮品行业报告》中将饮品行业的实质性议题根据重要性排序,包括水压力、产品安全与质量、产品碳足迹、职业健康与安全、包装材料与废弃物。此外,全球最大的洋酒公司帝亚吉欧(Diageo)连续五年在 MSCI ESG 评级中获得最高级别 AAA,其 ESG 报告涵盖五大议题:防止使用有害酒精;确保负责任的酒类营销、零售;缓解或适应气候变化;包容并赋予妇女、少数群体和代表性不足群体的权利;确保获得清洁水、环境卫生。

表 11－11　　　　　　　　　　酒类行业实质性议题

SASB	MSCI《饮品行业报告》	帝亚吉欧
能源管理	水压力	防止使用有害酒精
水资源管理	产品安全与质量	负责任的营销、零售
负责任的饮酒与营销	产品碳足迹	气候变化
包装生命周期管理	职业健康与安全	少数群体的权利
原料供应的环境与社会影响	包装材料与废弃物	清洁水、环境卫生

资料来源:作者整理。

(三)代表性企业实质性议题对比

分析全球性标准与酒业巨头普遍关注的实质性议题,可以发现水资源管理、负责任的

营销和碳足迹是行业内被广泛关注的主要议题。在中国的五家白酒企业中,除山西汾酒之外,其余四家已将实质性议题按照对企业发展的重要性和对利益相关方的影响程度在坐标矩阵(图 11-8)上进行了排序并进行了可视化展示。这些企业将矩阵划分为三种不同的区域,分别代表高度重要、中度重要和低度重要,清晰突出各议题的重点关注和处理的紧迫性。表 11-12 汇总了四家白酒企业的高度重要实质性议题与山西汾酒的实质性议题。

表 11-12　　　　　　　　　　　　A 股市值前五白酒企业实质性议题对比

			实质性议题			
重要性	贵州茅台	五粮液	泸州老窖	洋河股份	山西汾酒	
高度重要议题	产品安全与质量	质量与食品安全	食品质量与安全	职工健康与安全	经济	业绩表现
	公司治理	生态治理	数字化建设	员工权益与福利		现金分红
	客户服务	零碳酒企	信息安全	产品安全与质量保证	环境	绿色低碳
	保护自然生态	水资源管理	排放物与废弃物	水资源管理		水资源管理
	风险管理	职工健康与安全	党建引领	品牌建设与保护		排放与废弃物管理
	商业道德与反腐败	商业道德	文化弘扬	商业道德	社会	食品安全与质量
	供应链管理	守法合规	职业安全与健康	客户服务与权益保障		员工权益与健康安全
	职工健康与安全	排放物与废弃物				科技与产品创新
	员工权益与福利	客户服务				供应链管理
	负责任营销	公司治理				客户满意度
	水资源管理					文化传承
					治理	商业道德与反腐败
						合规治理
						信息披露透明

资料来源:作者整理。

通过对实质性议题的重要性排序,我们可以发现产品的质量与安全是中国白酒企业普遍关注的核心议题。在贵州茅台、五粮液和泸州老窖中,该议题均被排在高度重要议题的第一位重要性上,洋河股份也将其放在高度重要议题中。虽然山西汾酒未进行明确的重要性排序,但依然提到产品质量与安全的议题。

在贵州茅台、五粮液和洋河股份中,水资源管理被视为高度重要议题。这一议题在

SASB 的酒行业主要指标中得到强调,且在 MSCI 的"饮品行业报告"及国际大型酒企中同样受到重视。相比之下,泸州老窖对水资源管理的重视程度相对较低。然而,虽然五粮液在实质性议题排序中高度重视水资源管理,但在信息披露方面,与山西汾酒类似,五粮液并未提供具体的水资源定量数据。这表明,虽然企业在战略上认识到水资源管理的重要性,但在数据透明度和披露细节上仍有待加强。这种缺乏定量数据的披露可能会影响利益相关方对企业水资源管理效果的评估和信任。

综上所述,全球酒业巨头和国际标准普遍关注的核心议题包括水资源管理、负责任营销和碳足迹。就这三个国际核心议题而言,A 股市值前五的白酒企业中,贵州茅台、五粮液和洋河股份将水资源管理视为高度重要的议题;其中,只有贵州茅台将负责任营销列为高度重要议题;而碳足迹并未被这五大白酒企业视为核心关注点。此外,国内白酒巨头普遍关注产品的质量与安全这一议题。

二、代表性实质性议题的表现对比

(一)水资源管理

目前,尽管多数企业已采取节水措施,但公开水资源使用数据的公司寥寥无几;此外,缺乏统一标准使得各企业对水资源消耗的定义各不相同,导致数据横向比较存在局限。如表 11-13 所示,2023 年贵州茅台、洋河股份和泸州老窖的水资源消耗量分别为 847.96 万吨、602.55 万吨和 327.55 万吨。然而,由于定义和测量标准的差异,这些数据的直接对比并不准确。同时,五粮液和山西汾酒在近两年的 ESG 报告中均未披露其总用水量。即便对同一企业进行纵向比较,信息不一致的问题依然存在。例如,泸州老窖 2022 年宣称用水量较上年度下降 50%,但其仅公布了下降比例,未提供具体数据;再加上 2021 年数据缺失,导致 2022 年的实际用水量难以精确计算。

表 11-13 A 股市值前五白酒企业的水资源消耗量

		2023 年	2022 年	2021 年
水资源消耗	贵州茅台	水资源消耗总量:847.96 万立方米	水资源消耗总量:892.11 万立方米	
	五粮液	无定量数据	报告期内,循环水/再生水量合计:131.10 万立方米	
	泸州老窖	取自各种水源的新鲜水量:327.55 万吨	水资源消耗量降低:50%	公司生产酿造单位产品取水量远低于国家标准取水定额要求
	洋河股份	水资源消耗量:6 025 480 吨	水资源消耗量:5 255 654 吨	
	山西汾酒	无定量数据	无定量数据	

资料来源:作者整理。

(二)温室气体排放

温室气体排放是 ESG 报告的关键环境指标,直接关系到中国实现碳达峰与碳中和目标。2024 年 5 月 29 日,国务院印发《2024—2025 年节能降碳行动方案》,提出 2024 年单位 GDP 能源消耗和二氧化碳排放分别降低约 2.5% 和 3.9%。在所选的五家白酒企业中,除山西汾酒外,其余均披露了温室气体排放数据。虽然山西汾酒设定了整体及阶段性降碳目标,但其近年 ESG 报告中未披露具体数据。随着数据透明度要求提高,贵州茅台和泸州老窖于 2023 年首次公开二氧化碳排放数据(见表 11—14),使得通过同比变化追溯 2022 年的排放情况成为可能。图 11—11 显示,这两家企业的排放量均显著下降;而持续披露数据的五粮液和洋河股份的 2023 年排放量较 2022 年有所增加。

表 11—14　　　　　　　　　　A 股市值前五白酒企业的温室气体排放量

		2023 年			2022 年		
		范围一	范围二	范围三	范围一	范围二	范围三
温室气体排放	贵州茅台	244 895	9 883	—	256 166	56 701	—
	五粮液	400 809	51 756	7 825	381 100	103 000	13 500
	泸州老窖	133 430			160 411		
	洋河股份	535 681			507 758		
	山西汾酒	无定量数据					

注:单位为吨二氧化碳当量;2022 年贵州茅台与五粮液数据未披露,根据 2023 年数据及同比变动率估算得出。

资料来源:各公司 ESG 报告。

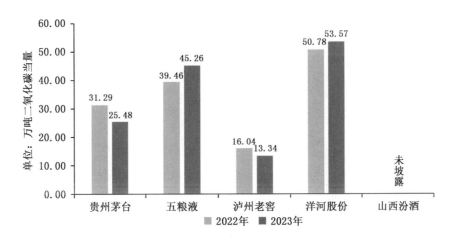

资料来源:公司 ESG 报告。

图 11—11　A 股市值前五白酒企业温室气体排放量(范围一+范围二)

　　为了便于横向对比,如图 11-12 所示,将排放总量与企业的生产规模相关联,通过计算每单位营业收入对应的温室气体排放量,可以大致比较各企业的排放强度。在 2023 年,贵州茅台在四家白酒企业中碳排放强度最低。具体来说,贵州茅台每获得 100 万元营收,仅排放 1.73 吨二氧化碳当量。相比之下,洋河股份的排放强度则最高,同样的营收额会产生 16.17 吨二氧化碳当量,是贵州茅台的近 9 倍。

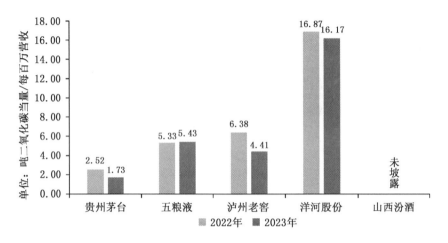

资料来源:公司 ESG 报告。

图 11-12　A 股市值前五白酒企业温室气体排放强度(范围一+范围二)

(三)社会公益

　　五家酒企秉持"以企业之力,回馈社会"的责任理念,积极投身于各类公益活动。如图 11-13 所示,在这些企业中,贵州茅台的捐赠额显著高于其他企业。2023 年,贵州茅台的捐赠额超亿元,但同比呈下降趋势。

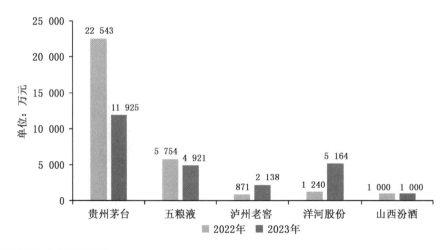

资料来源:公司年度报告。

图 11-13　A 股市值前五白酒企业的对外捐赠

第五节 贵州茅台实质性议题披露存在的问题

一、贵州茅台 ESG 治理的现状评估

(一)治理架构的实际表现不足

根据 2023 年 ESG 报告,贵州茅台构建了"决策—管理—执行"三级治理架构,并将相关指标纳入管理层绩效考核。然而,公司在 ESG 治理方面的实际成效尚不明显。尽管其董事会被定为 ESG 事务的最高决策机构,但其年度报告中未具体披露相关活动和成果,令外界难以评估治理架构的实际效能。仅展示治理结构图,无法充分体现贵州茅台在 ESG 领域的真实承诺和实践。

(二)反腐败信息披露的不足与选择性报告问题

在反腐败议题的量化方面,虽然贵州茅台的数据有所改善,但信息披露仍显不足。根据表 11－15 的数据,其腐败与贿赂事件发生次数由 2021 年的 6 起上升至 2022 年的 8 起,2023 年降至 2 起。然而,公司未按 GRI 标准披露四项关键反腐败信息(见表 11－16),包括确认的腐败事件总数及性质、因腐败被处分或解雇的员工总数、因腐败违规导致合同终止或未续订的业务伙伴数量,以及报告期内涉及腐败行为的公开诉讼案件及其审理结果。这些信息缺失凸显了公司在反腐败信息披露方面的不足,亟待改进以符合国际标准。

表 11－15　　　　贵州茅台 2021—2023 年腐败与贿赂事件发生次数

公司	年份	ESG 维度	议题	发生次数
贵州茅台	2021	公司治理	腐败与贿赂事件	6
	2022	公司治理	腐败与贿赂事件	8
	2023	公司治理	腐败与贿赂事件	2

资料来源:Wind。

表 11－16　　　　　　　　　GRI 议题标准:反腐败

GRI 议题标准:反腐败 披露项 205－3
1.经确认的腐败事件的总数和性质
2.经确认事件(其中员工由于腐败被开除或受到纪律处分)的总数
3.经确认事件(其中因与腐败有关的违规事件,与业务伙伴的合同终止或未续订)的总数
4.报告期内,对组织或其员工的腐败行为的公开诉讼案件及审理结果

资料来源:《GRI 标准》。

此外,在高层腐败事件的披露上,贵州茅台存在选择性报告的问题,这可能损害企业的

信誉。例如,董事长高卫东落马事件未在 ESG 报告中得到充分披露,显示出公司倾向于只报道正面信息,而忽视负面问题,这种做法可能损害企业信誉和投资者信任。

(三)信息披露的真实性考量

茅台集团在其 ESG 报告中承诺"坚持公开、竞争、择优原则,杜绝一切形式的歧视",但官网招聘广告中的年龄限制与此不符,从而引起了对茅台 ESG 信息真实性的质疑。这反映了内部政策与外部披露之间的差距,突显了公司在监督和审核机制上的不足。

二、水资源管理数据的现状评估

在分析贵州茅台的水资源管理现状时,首先可以看到公司在减水/节水和水资源消耗方面的具体数据:2021 年,公司在茅台产区和义兴产区共计减少用水约 500 万立方米。随后的 2022 年,公司通过系统升级,进一步减少了 201.57 万吨水资源的使用,并将水资源消耗强度降至 0.7 吨/万元营收。2023 年,茅台产区和义兴产区的节水效率分别实现了 7.5% 和 2.5% 的提升。公司在生产环节节省了 23.2 万立方米水资源,在非生产环节节省了 16.7 万立方米水资源。同年,公司水资源的消耗总量从 2022 年的 892.11 万立方米减少至 847.96 万立方米,降幅达到 4.95%。

然而,这些数据在分析时暴露出了一些问题。

(一)数据不具有可比性

从减水/节水数据来看,一是单位问题,2021 年披露减水单位为万立方米,到了 2022 年单位变为万吨,到了 2023 年,单位变成百分比。二是对减水主体的界定问题。在 2021 年与 2023 年,数据强调的是在茅台产区和义兴产区年降低用水量,而 2022 年则指的是通过系统升级的减水量。同时,2023 年披露的在生产环节节水 23.2 万立方米,在非生产环节节水 16.7 万立方米的相关数据并没有可比对象。

从水资源消耗量来看,也存在单位问题。2022 年,公司只是简单披露了水资源消耗强度为 0.7 吨/万元营收。2023 年报告披露 2023 年水资源消耗总量为 847.96 万立方米。为了能将 2022 年与 2023 年的数据进行对比,需要查阅年报,寻找 2022 年营收为 1 2409 984 万元,再乘以 2022 年水资源消耗强度为 0.7 吨/万元营收,才能得出贵州茅台在 2022 年共消耗水资源 868.7 万吨(868.7 万立方米)。2023 年报告中也披露了 2022 年的水资源消耗总量,为 892.11 万立方米,与我们计算出的 868.7 万立方米,只存在些许误差。

(二)数据不具有持续性

贵州茅台在 2021 年和 2022 年仅提供了模糊的减水数据,而直到 2023 年,公司才正式明确披露了具体的耗水量和节水成果,包括用水情况绩效、节水目标、节水措施和绩效。贵州茅台在 2021 年至 2023 年中简单的节水数据上都未做到可比性与持续性,未来能否持续 2023 年披露的结果仍需进一步关注与考量。

(三)造酒耗水量远远超过了国家标准

2022 年报告披露其水资源消耗强度为 0.7 吨/万元营收。通过计算,贵州茅台在 2022 年共消耗水资源 868.7 万吨,再按 2022 年实际产能:贵州茅台酒 56 810 吨、系列酒 35 075 吨,合计约 9.19 万吨,每吨茅台酒的耗水量约 94.53 吨。2023 年共消耗水资源 847.96 万吨,再按 2023 年实际产能:贵州茅台酒 57 204 吨、系列酒 42 937 吨,合计约 10.01 万吨,每吨茅台酒的耗水量约 84.71 吨。

2023 年,贵州茅台的酿酒耗水量同比 2022 年下降了 10.39%,但仍显著高于国家标准要求(如表 11-17 和表 11-18 所示)。白酒行业的生产取水量涉及多项国家标准:一是国家标准化管理委员会发布的《取水定额第 15 部分:白酒制造》,其由全国节水标准化技术委员会归口,主要起草单位包括中国食品发酵工业研究院、中国酒业协会白酒分会、中国标准化研究院、水利部水资源管理中心等;另一标准为原国家环境保护总局在 2007 年发布的环境保护行业标准《清洁生产标准白酒制造业》(HJ/T402-2007)。

表 11-17　　　　贵州茅台造酒耗水量与《取水定额第 15 部分:白酒制造》对比

2022 年造酒耗水量	2023 年造酒耗水量	现行《取水定额第 15 部分:白酒制造》规定取水量	备注
94.53 立方米/千升	84.71 立方米/千升	现有企业原酒≤51 立方米/千升	1 吨=1 千升 =1 立方米
		现有企业成品酒取水量≤7 立方米/千升	
		新建、扩建、先进企业原酒≤43 立方米/千升	
		新建、扩建、先进企业成品酒≤6 立方米/千升	

资料来源:贵州茅台 2023 环境、社会与公司治理(ESG)报告。

表 11-18　　　　《清洁生产标准白酒制造业》规定浓(酱)香型白酒取水量

2022 年造酒耗水量	2023 年造酒耗水量	《清洁生产标准白酒制造业》规定浓(酱)香型白酒取水量	备注
94.53 吨/千升	84.71 吨/千升	一级清洁≤25 吨/千升	1 吨=1 千升 =1 立方米
		二级清洁≤30 吨/千升	
		三级清洁≤35 吨/千升	

资料来源:贵州茅台 2023 环境、社会与公司治理(ESG)报告。

(四)数据展示"无凭无据"

贵州茅台在展示环境绩效数据时未提供相关的比较基准或计算方法等关键信息,同时缺乏第三方机构鉴证。

三、能源消耗数据的现状评估

2021 年,贵州茅台披露了按每千升产量计算的综合能耗、电量和天然气消耗强度数据,而 2022 年则将单位更改为每万元营收的能源消耗强度,仍包括上述三项。2023 年,公司仅披露了综合能源消耗总量。由于各年度的单位不同,且公司未提供具体的营收和产量数据,我们需要通过官方渠道获取相关数据(如表 11-19 所示)。通过贵州茅台年度报告所披露的营业收入与产量,可以将不同单位的能源强度数据转换为可比的总量数据,从而进行年度间的对比。

表 11-19　　　　　　　　　　　贵州茅台能源消耗披露数据

2021 年[营业收入:10 619 015.48 万元,产量:8.47 万吨(约 84 700 千升)]			
	披露值	总量换算值	强度换算值
综合能耗强度	1 630.83 千克标煤/千升	138 131 吨标煤	0.01 吨标煤/万元营收
电量消耗强度	1 124.56 千瓦时/千升	95 250 232 千瓦时	8.97 千瓦时/万元营收
天然气消耗强度	1 300.61 立方米/千升	110 161 667 立方米	10.37 立方米/万元营收
2022 年[营业收入:12 409 984.38 万元,产量:9.19 万吨(约 91 900 千升)]			
	披露值	总量换算值	强度换算值
万元营收综合能耗	0.01 吨标煤/万元营收	124 100 吨标煤	1 350.38 千克标煤/千升
电量消耗强度	6.68 千瓦时/万元营收	82 898 696 千瓦时	902.05 千瓦时/千升
天然气消耗强度	8.18 立方米/万元营收	101 513 672 立方米	1 104.61 立方米/千升
2023 年[营业收入:14 769 360.50 万元,产量:10.01 万吨(约 100 100 千升)]			
	披露值	强度换算值	强度换算值
综合能耗	155 444.00 吨标煤	0.01 吨标煤/万元营收	1 552.89 千克标煤/千升

资料来源:贵州茅台 2023 环境、社会与公司治理(ESG)报告。

如表 11-19 所示,贵州茅台在 2023 年未披露电量和天然气的消耗强度数据,导致相关记录中断,无法进行有效比较。根据已公布的综合能源消耗量,2022 年相较前一年有所下降,但 2023 年该数值再次回升。这种变化表明公司在能源消耗方面仍面临波动,亟需进一步优化节能措施。

第六节　本章小结

中国白酒行业作为资源密集型产业,涵盖从作物种植到生产销售的长产业链,涉及众多利益相关方,面临多重环境和社会挑战。尽管 A 股白酒企业发布 ESG 报告的数量有所增加,但其信息披露的质量和深度参差不齐:大型企业披露较为详尽,而小型企业则存在明显差异;同时,因国内缺乏统一的 ESG 报告标准,各企业在报告内容和关键信息的披露上采用自主设计,导致信息全面性和一致性不足,尤其在负面信息披露方面较为保守且缺乏外部鉴证,影响了信息的真实性。

在 ESG 评级方面,国际评级机构(如 MSCI)对中国白酒企业的评级多为 B 级或 CCC 级,明显低于全球饮料行业平均水平,而国内评级机构(如 Wind)的评价则相对较高。评级差异部分源于国际上对中国白酒行业因文化和历史因素普遍持负面看法,类似于化石能源和烟草行业,同时国际机构对企业在共同富裕、疫情防控和乡村振兴等方面的贡献了解不足,从而导致评价偏差。总体来看,A 股白酒企业在 ESG 信息披露和国际评级方面仍面临标准化和透明度的挑战,与全球领先企业存在一定差距。

尽管贵州茅台在市场上享有卓越声誉,其 ESG 表现却未能充分体现相应的责任担当。首先,作为酒类企业,水资源的使用与保护是核心议题,但贵州茅台在此方面的投入与其行业领导者地位并不匹配。其次,在公众健康意识日益增强的背景下,贵州茅台在推广高酒精度产品时需平衡商业利益与社会责任,避免加剧公共健康问题。其产品的稀缺性和高价值使其不仅作为商品存在,更成为资本流通工具,频繁出现在腐败案件中,暴露出其治理结构的深层次问题,增加了道德和法律风险,损害了企业声誉。尽管 MSCI 于 2024 年 8 月将贵州茅台评级上调至"BBB",使其成为中国白酒行业中评级最高的企业,但这一评级与国际领先企业相比仍存在较大差距。

综上所述,贵州茅台在 ESG 议题的披露上存在明显不足,特别是在治理、水资源管理和能源消耗等方面。公司亟需提升信息披露的全面性和透明度,以改善其国际形象,增强其竞争力。

第十二章 代表性企业:丽珠集团

本章提要 丽珠集团是集医药产品研发、生产、销售为一体的综合医药集团公司,基本业务涉及化学药、原料药等五大领域。公司积极推进国际化布局,境外业务规模稳定提升,对提升自身ESG表现的需求也逐渐增强。目前,丽珠集团的ESG评级在医药行业处于领先水平。本章选取MSCI、Wind、妙盈、华证、商道融绿5家评级机构,发现不同评级机构对丽珠集团的ESG评级存在一定分歧,但均呈现上升趋势,并从实质性议题、权重、测算指标三方面探究了出现分歧的原因。进一步地,本章探究了丽珠集团ESG评级的提升与其可持续发展水平的联系,并从ESG披露层面和ESG实践层面进行验证。我们发现,丽珠集团ESG评级的良好发展态势,不仅是为了"走出去"的表面工作,而且实实在在通过提升"废弃物管理""应对气候变化"等方面的ESG表现,推动企业的可持续发展。此外,本章发现丽珠集团的ESG评级提升呈现一定的偏向性,偏向于提升MSCI的ESG评级,分别在ESG披露层面和ESG实践层面均有所体现。最后,本章从财务重要性的角度出发,以人力资本回报率等财务指标为例,探究了丽珠集团的ESG表现如何影响其财务状况和可持续发展能力。

第一节 丽珠集团基本情况

一、企业简介

丽珠医药集团股份有限公司创建于1985年1月,是集医药产品研发、生产、销售为一体的综合医药集团公司,为A+H股上市公司。公司建立了覆盖国内市场的营销网络,与商业主渠道和数千家医院建立了稳定、良好的业务关系。随着质量体系的持续完善和提高、销售的快速增长、产能的不断扩大,丽珠集团已经跻身中国上市企业投资10强,最佳上市企业治理10强、广东省高新技术企业、广东省医药行业杰出贡献企业、中国制药工业(销售)百强企业第46名、广东省医药工业综合实力50强。2023年度,公司营业收入124.3亿元,净利润19.54亿元,研发投入 12.35 亿元,占营业收入的 9.94%。[①] 公司视研发创新为可持续发展的基石,持续关注全球新药研发领域新分子和前沿技术,基于临床价值、差异化前瞻布局创新药及高壁垒复杂制剂,聚焦消化道、辅助生殖、精神、肿瘤免疫等领域,形成了完善的产品集群以及覆盖研发全周期的差异化产品管线。丽珠集团的发展历程如图 12-1 所示。

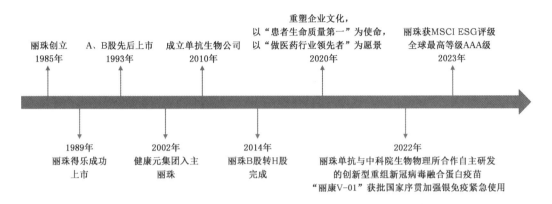

资料来源:丽珠集团官网,丽珠医药集团股份有限公司(livzon. com. cn)。

图 12-1　丽珠集团发展历程

目前,丽珠集团的基本业务主要涉及化学药领域、原料药领域、中药领域、生物药领域以及体外诊断试剂领域。2023 年丽珠集团营业收入构成如图 12-2 所示,其中,化学制剂占比最高,超过 50%,其次是原料药,约占 1/4。

化学药是丽珠集团的核心业务,以创新药+高壁垒复杂制剂驱动发展。其核心发力点是消化道领域,有丽珠得乐、艾普拉唑系列等产品,临床应用超 10 年,市场覆盖广且口碑良好。消化道领域的另外一个重磅产品 P-CAB 创新药即将申报临床。在技术上,丽珠掌握了较高技术壁垒的微球制剂生产工艺,并建成长效微球技术国家地方联合工程研究中心,所开发的注射用醋酸亮丙瑞林微球是最早实现微球国产化的产品之一,打破了国外长期垄断的局面。

在原料药领域,公司聚焦高端特色原料药,产品在规模、质量等方面具有显著竞争优势,多个原料药及中间体产品在全球市场占有率领先。公司积极推进海外认证工作及国际市场开拓布局,加速国际化进程,日益成为全球医药界头部企业如辉瑞、梯瓦等企业的长期战略合作伙伴。

在中药领域,公司目前已搭建国家中药现代化工程技术研究中心和 4 个省级研发中心,并在山西浑源、甘肃陇西等地建设大规模中药材 GAP 种植基地,从研发、种植、生产、销售多维度进行中药全产业链布局。

在生物药领域,公司围绕自身免疫疾病、肿瘤及辅助生殖等领域,聚焦新分子、新靶点及差异化的分子设计,已建成广东省抗体药物产业化典型示范基地,建成抗体筛选与评价、

---

① 资料来源:《丽珠医药集团股份有限公司 2023 年度报告》,2024 年,第 38 页。

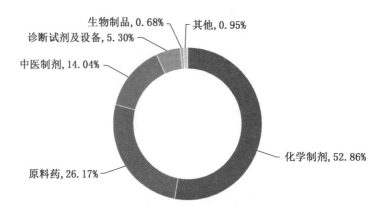

生物制品,0.68% 其他,0.95%

诊断试剂及设备,5.30%

中医制剂,14.04%

化学制剂,52.86%

原料药,26.17%

资料来源:《丽珠医药集团股份有限公司 2023 年度报告》。

图 12—2 丽珠集团 2023 年营业收入构成

细胞株筛选、规模化细胞培养、纯化、制剂、分析检测和质量控制一体化的技术平台。

在体外诊断试剂领域,公司围绕战略病种领域与科室的布局进行深耕,依托成熟产品线,平行开展多病种检测试剂的开发,目前拥有多重液相芯片、化学发光、分子诊断、原材料与基础研究、自动化设备等多个技术平台,在呼吸道传染病、重大传染病、药物浓度监测等领域市场占有率处于国内领先地位。

二、竞争优势

丽珠集团的核心竞争力主要体现在以下几个方面。

(一)强大的研发能力与国际化的研发理念

丽珠集团在化学制剂、中药制剂、生物制品、原料药及中间体、诊断试剂及设备等领域均有较强的研发能力及理念,建立了缓释微球研发平台和生物制品研发平台等特色技术平台。公司通过积极引进国内外资深专家和创新型人才、加大研发投入、发展海外战略等举措,围绕辅助生殖、消化、精神及神经、肿瘤免疫等领域布局,形成了清晰丰富的产品研发管线。

(二)多元化的产品结构和业务布局

丽珠集团产品涵盖多个医药细分领域,并在辅助生殖、消化道、精神、神经及肿瘤免疫等多个治疗领域方面形成了一定的市场优势。现阶段公司进一步聚焦创新药及高壁垒复杂制剂,在一致性评价及带量采购的政策下,丽珠集团拥有独特的原料药优势,将不断加快"原料—制剂"一体化进程。

(三)成熟的质量管理体系

丽珠集团建立了涵盖产品生产、科研、销售等业务流程的立体化质量管理体系,持续提升质量管理水平,生产和经营质量管理总体运行状况良好。质量管理体系的健康运行,使集团各领域产品的安全性和稳定性得到了有效保障,进一步增强了集团产品的市场竞争力。

三、境外业务

丽珠集团在不断加强自主创新的同时,关注前沿技术,加强外部合作,在全球市场积极开展创新业务合作模式,推进国际化布局。丽珠集团境外业务规模稳定增加,从 2017 年的 1 032 765 597 元逐步扩大至 2023 年的 1 571 352 658 元。2023 年,丽珠集团境外业务占比 12.64%,同比增加 0.14%(具体如图 12—3 所示)。

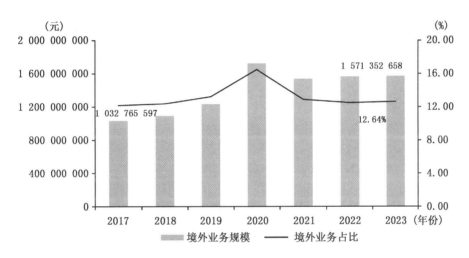

资料来源:《丽珠医药集团股份有限公司 2023 年度报告》,第 38 页。

图 12—3　丽珠集团境外业务情况

丽珠集团的出口业务涵盖高端抗生素、宠物驱虫药以及中间体产品三大板块,持续深耕细分市场,多个产品持续保持全球市场占有率前列:(1)高端抗生素产品达托霉素等,受益于下游制剂放量而保持较好增长态势;(2)宠物驱虫药系列产品莫昔克丁、多拉菌素和国际知名动保公司强强联合,市场占有率逐步上升;(3)中间体霉酚酸出口深化客户合作,头孢曲松产业链上下联动,均实现稳定增长。

为了适应境外业务的不断拓展,丽珠集团需要提升自身的 ESG 表现。这不仅是为了满足日益严格的国际标准和法规要求,而且有利于丽珠集团吸引海外投资,提高其在全球供应链中的地位和影响力,从而使其在全球市场中占据更有利的竞争优势。

首先,拓展境外业务需要遵循国外 ESG 相关要求。而相比国内,国外 ESG 体系更加完善,相关要求也更加严格。在国外,许多国家和地区颁布了严格的环境保护法律和法规,例如欧盟的《欧盟绿色协议》。这些法规对企业减少碳排放、节能减排、资源利用等方面提出了严格要求。此外,许多国家出台了针对企业社会责任的法规,例如美国的《道德供应链法》和欧盟的《企业社会责任指令》等,要求企业关注员工福利、劳工权益、供应链透明度等方面。国外许多国家的治理法规也更加严格,例如美国的《萨班斯—奥克斯利法案》(Sarbanes-Oxley Act)要求企业加强内部控制和财务透明度,防止出现财务造假和不当行为。此外,国际上 ESG 方面的标准和指南,如联合国的《全球契约》和国际劳工组织的《社会责任指南》等,对于全球范围内的企业同样具有指导作用。尽管中国也参与了一些国际标准的制定和推广,但在实际执行方面与国际标准仍存在一定差距。因此,丽珠集团需要提升自身 ESG 表现,以满足日益严格的国际标准和法规要求。

其次,海外投资者越来越重视企业的 ESG 评级。ESG 评级已经成为国际资本市场的重要参考指标,许多投资基金、保险公司和养老基金等机构投资者在进行投资决策时,都会优先考虑那些在 ESG 方面表现优秀的企业。丽珠集团提升自身的 ESG 水平,不仅有助于满足这些投资者的需求,还能够提升公司的国际形象,增强企业的品牌价值,从而更容易吸引来自全球的优质资本。这对于丽珠集团未来的发展,无疑是至关重要的。

最后,供应商的 ESG 表现也是评价企业 ESG 水平的重要部分。作为供应商,丽珠集团在开拓海外市场时,同样需要提升自身的 ESG 评级。国际大企业在选择供应商时,往往会对供应商的 ESG 表现进行严格审查。提升自身的 ESG 评级,不仅可以增强丽珠集团作为供应商的竞争力,还能提高企业在全球供应链中的地位和影响力。这有助于丽珠集团与国际知名企业建立更加紧密的合作关系,从而拓展更广阔的市场。

第二节　丽珠集团的 ESG 评级

一、横向对比:行业 ESG 评级

在最新的 ESG 评级中,丽珠集团的 ESG 评级处于行业领先水平。截至 2023 年年底,沪深交易所上市公司中,MSCI 覆盖企业的共 645 家 ESG 评级,其中评级为 AAA 的仅有丽珠集团,占比 0.16%。港交所上市公司中,MSCI ESG 评级中获 AAA 评级的上市公司共有 10 家,其中同为制药行业的公司仅有药明生物。在 Wind ESG 评级体系中,截至 2024 年 6 月,丽珠集团的综合得分在行业中排名第二(如图 12—4 所示),其在环境、社会、治理三大维度的评分均高于制药行业平均得分。在妙盈 ESG 评级体系中,截至 2024 年 3 月底,丽珠集团的 ESG 评级在医疗健康一级行业中的排名为第 7 名,在制药二级行业中的排名为第 3 名,仅次于药明生物技术有限公司和上海复星医药(集团)股份有限公司。

丽珠集团及同业 ESG 评级如表 12—1 所示,自上而下各评级机构的截止时间分别为 2024 年 6 月、4 月、5 月、3 月、3 月。由表 12—1 可知,综合 5 家评级机构对各企业的 ESG 评级,药明生物的 ESG 评级位列行业第一,其次为丽珠集团,而海辰药业、长药控股的 ESG 评级相对较低。根据以上分析,无论是在国内 ESG 评级机构还是国外的评级机构中,丽珠集团的 ESG 评级均位于行业前列。

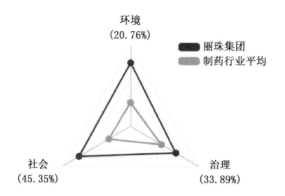

资料来源:Wind 数据库。

图 12—4　丽珠集团与制药行业的 Wind ESG 得分

表 12—1　　　　　　　　　　丽珠集团及同业 ESG 评级

	药明生物	丽珠集团	中国生物制药	复星医药	华润三九	天士力	新华制药	海正药业	海辰药业	长药控股
MSCI	AAA	AAA	A	A	BB	—	BBB	—	—	—
华证	AA	A	BBB	BBB	AA	A	BBB	BB	B	C
Wind	AA	AA	AA	A	A	A	BBB	BBB	BBB	BB
妙盈	AA	A	A	A	A	BB	B	B	C	C
商道融绿	A—	A—	A—	A—	A	B+	A—	B+	B	B—

资料来源:课题组整理。

二、纵向对比:评级变化趋势

由于每个评级机构的评级层数不同,本章按照各评级机构对评级是否为"领先""中等" "落后"分别用颜色进行区分,具体如图 12—5 所示。由图 12—5 可知,各评级机构对丽珠集团的 ESG 评级缺乏一致性。MSCI 对丽珠集团的评级逐年稳步提升,从处于行业落后水平的 B 级提升至最高等级 AAA 级。华证对丽珠集团的评级在 2020—2022 年逐年提升,从行业中等水平的 BB 级提升至行业领先水平的 A 级。Wind 对丽珠集团的评级在 2019—2022 年稳定在行业领先水平的 A 级,2023 年提升至 AA 级。妙盈和商道融绿对丽珠集团的评级趋势与此类似,其均在 2021 年提升了丽珠集团的 ESG 评级,从行业中等水平提升至行业领先水平,其他年份保持稳定。虽然不同评级机构存在一定的分歧,但是这些机构对丽珠集团的 ESG 评级均呈现上升趋势。

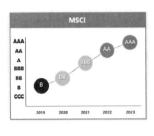 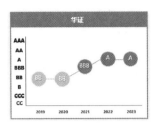 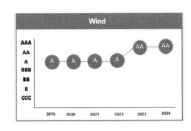

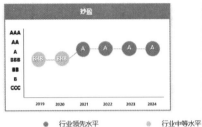 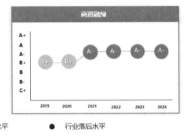

● 行业领先水平　　● 行业中等水平　　● 行业落后水平

资料来源:课题组整理。

图 12—5　丽珠集团在各评级机构中的评级趋势(彩图见二维码)

三、评级分歧原因

导致不同评级机构存在评级分歧的原因主要有以下三方面。

(一)实质性议题不同

实质性议题不同是评级机构存在分歧的首要原因。如表12—2所示,在医药行业,MS-CI ESG 评级体系包含有毒排放与废弃物、人力资本开发、税务透明度等12项实质性议题;华证 ESG 评级体系包含气候变化、供应链、治理结构等14项实质性议题;Wind ESG 评级体系包含废弃物、产品与服务、ESG 治理等17项实质性议题;妙盈 ESG 评级体系包含环境管理、员工参与度多样性、商业道德等18项实质性议题;商道融绿 ESG 评级体系包含环境政策、员工发展、合规管理等12项实质性议题。可以看到,不同评级机构对同一行业的实质性议题存在较大差异,涉及的议题数量和每个维度的全面性均不相同。

表 12—2 各评级机构的实质性议题

MSCI	妙盈	Wind	华证	商道融绿
有毒排放与废弃物	环境管理	废弃物	气候变化	环境政策
水资源短缺	污染物	废水	资源利用	能源与资源消耗
	废弃物	废气	环境污染	污染物排放
	物料消耗	气候变化	环境管理与处罚	应对气候变化
	水资源			
	能源消耗			
	温室气体排放			
	气候变化			
产品安全与质量	员工参与度多样性	产品与服务	人力资本	员工发展
人力资本开发	产品责任	医疗可及性	产品责任	供应链管理
医疗保健服务可得性	劳工管理	客户	供应链	客户权益
化学安全性	社区影响	研发与创新	社会贡献	产品管理
	供应商管理	雇用		社区
	职业健康与安全	发展与培训		
商业道德	商业道德	反贪污腐败	股东权益	治理结构
税务透明度	风险管理	审计	治理结构	商业道德
会计	ESG 治理	董监高	信息披露质量	合规管理
董事会	公司治理信息	股权及股东	治理风险	
所有权和控制权		反垄断与公平竞争	外部处分	
薪酬		ESG 治理	商业道德	
		税务		

环境、社会、治理为左侧纵向分类。

资料来源:课题组整理。

(二)实质性议题的权重不同

在不同的 ESG 评级体系中,即使存在相同或者类似的实质性议题,议题的重要性和所占权重也不相同。例如,如表 12—3 所示,Wind ESG 评级体系和妙盈 ESG 评级体系的治理维度均包含 ESG 治理议题,但是在 Wind ESG 评级体系中 ESG 治理议题所占权重为 3.10%,在妙盈 ESG 评级体系中 ESG 治理议题所占权重为 7.20%,是 Wind ESG 评级体系中权重的两倍多。再如,Wind ESG 评级体系和妙盈 ESG 评级体系的环境维度均包含气候变化议题,但是在 Wind ESG 评级体系中气候变化议题所占权重为 3.34%,在妙盈 ESG 评级体系中气候变化议题所占权重为 3.20%。

表 12—3　　　　　　　　　　　　　妙盈和 Wind 实质性议题权重

妙盈		Wind	
实质性议题	权重	实质性议题	权重
废弃物	3.20％	废弃物	8.35％
气候变化	3.20％	气候变化	3.34％
ESG 治理	7.20％	ESG 治理	3.10％

资料来源:课题组整理。

(三)指标测算方式不同

即使不同 ESG 评级体系的实质性议题与所占权重均相同,对议题的底层测算指标也存在较大的灵活性。如表 12—4 所示,即便在妙盈 ESG 评级体系与 Wind ESG 评级体系中气候变化议题所占权重相近,但是两者对于气候变化议题的测算指标大相径庭。妙盈 ESG 评级体系通过气候变化风险与机遇识别、气候变化风险与机遇应对、CDP 表现、董事会监管气候变化风险与机遇、气候变化管理架构、气候变化情景分析、响应气候变化相关的公共政策、两年自然灾害事故舆情事件共 8 项指标进行测算,而 Wind ESG 评级体系通过气候变化管理体系与制度、气候变化管理目标与规划、识别与应对气候变化风险和机遇、气候变化风险量化分析、直接(范围一)温室气体排放(吨二氧化碳当量)、间接(范围二)温室气体排放(吨二氧化碳当量)、温室气体排放总量(范围一和范围二)(吨二氧化碳当量)、每百万元营收温室气体排放总量(范围一和范围二)(吨二氧化碳当量/CNY)另外 8 项指标进行测算。对 ESG 治理议题的测算,妙盈 ESG 评级体系通过董事会是否监管 ESG 问题、董事会 ESG 委员会的设置、重要性评估(评估过程、评估结果、董事会参与)、针对 ESG 问题的利益相关方沟通、ESG 报告内容索引、ESG 合规情况(环境、劳工、腐败、产品责任)、社会责任奖项及荣誉、ESG 报告参考标准、是否披露 ESG 报告共 9 项指标进行测算,而 Wind ESG 评级体系仅通过 ESG 治理架构、ESG 风险管理、ESG 表现与高管薪酬挂钩 3 项指标进行测算。

表 12—4　　　　　　　　　　　　妙盈和 Wind 实质性议题测算指标

妙盈		Wind	
实质性议题	测算指标	实质性议题	测算指标
废弃物	废弃物管理政策、有害废弃物总量等	废弃物	废弃物管理体系与制度、产生的无害废弃物总量(吨)等
气候变化	气候变化管理架构、两年自然灾害事故舆情事件等	气候变化	气候变化管理体系与制度、温室气体排放总量等
ESG 治理	董事会是否监管 ESG 问题、ESG 报告内容索引等	ESG 治理	ESG 治理架构、ESG 风险管理、ESG 表现与高管薪酬挂钩

资料来源:课题组整理。

第三节 以实质性议题为抓手提升 ESG 表现

一、ESG 披露的变化

丽珠集团连续 8 年披露《环境、社会及管治报告》(以下简称为"ESG 报告"),旨在披露丽珠集团每个年度 ESG 方面最新表现情况。企业所披露的 ESG 报告是评级机构重要的资料来源,评级机构对企业进行评级时,将参考企业 ESG 报告的披露情况,因此,本章旨在探究企业 ESG 披露的变化与评级结果之间的联系。

(一)实质性议题层面的篇幅

本节讨论了不同评级机构实质性议题层面的篇幅变化,基于丽珠集团 ESG 报告中的二级标题和三级标题对字数进行统计,不包括"关于本报告""董事长致辞""香港交易所《环境、社会与管治报告》内容索引"这三个章节的内容。根据评级机构实质性议题的细化指标点,将 ESG 报告中的标题与评级机构实质性议题对应,不同评级机构间相似实质性议题所包含的指标点不同,因此可能出现相似实质性议题的披露篇幅结果不同的情况。2021 年,丽珠集团 ESG 报告中涉及议题层面的字数总和为 101 011 字;2022 年,丽珠集团 ESG 报告中涉及议题层面的字数总和为 108 896 字;2023 年,丽珠集团 ESG 报告中涉及议题层面的字数总和为 168 667 字。[①] 整体披露的篇幅呈现上升趋势。

(1)MSCI 实质性议题层面

MSCI ESG 评级体系共包含 12 个实质性议题,如表 12－5 所示。总体而言,MSCI 实质性议题层面的篇幅逐年上升,2023 年较 2022 年的所有实质性议题的披露篇幅都有较大程度的上升,2022 年较 2021 年除"有毒排放与废弃物"和"产品安全与质量"议题的篇幅有所下降,其他议题也均有较大程度的上升,具体如下:

有毒排放与废弃物,相比于 2021 年,2022 年的篇幅有所下降;2023 年较 2022 年的篇幅有较大的提升。水资源短缺,整体篇幅呈现上升趋势。产品安全与质量,相比于 2021 年,2022 年的篇幅有所下降;2023 年较 2022 年的篇幅有较大的提升。人力资本开发,整体篇幅呈现上升的趋势。医疗保健服务可得性,整体篇幅呈现较为明显的上升趋势。化学安全性,ESG 报告中未披露化学安全性相关的章节。治理维度,MSCI 的"治理"维度包括"所有权和控制权""董事会""薪酬""会计""商业道德"和"税务透明度"6 个主题的关键指标,权重设置是在支柱层面进行的且该支柱与所有企业都相关,因此此处也做合并处理。整体篇幅呈现上升的趋势,但上升趋势较缓。

---

① 资料来源:根据 2021、2022、2023 年《丽珠医药集团股份有限公司环境、社会及管治报告》整理。

表 12－5　　　　　　　　　　　　丽珠在 MSCI 实质性议题层面的篇幅

实质性议题	权重	2021 年		2022 年		2023 年	
		字数	增长率	字数	增长率	字数	增长率
有毒排放与废弃物	9.00%	4 226	—	3 114	−26.31%	4 965	59.44%
水资源短缺	0.20%	1 928	—	2 515	30.45%	3 742	48.79%
产品安全与质量	27.20%	15 023	—	11 999	−20.13%	15 971	33.10%
人力资本开发	18.20%	9 731	—	13 733	41.13%	20 120	46.51%
医疗保健服务可得性	12.00%	7 270	—	10 437	43.56%	18 022	72.67%
化学安全性	0.10%	0	—	0	0.00%	0	0.00%
治理	33.40%	13 915	—	15 784	13.43%	19 778	25.30%

资料来源：课题组整理。

（2）妙盈实质性议题层面

妙盈 ESG 评级体系共包含 18 个实质性议题，如表 12－6 所示，在"水资源""气候变化""员工参与度多样性""劳工管理""商业道德"和"ESG 治理"这 6 个实质性议题上，披露的篇幅呈现持续上升的现象，其中，"水资源""气候变化""员工参与度多样性"和"劳工管理"议题披露篇幅的上升趋势较为明显；其余 12 个实质性议题都呈现不同程度的波动。总体而言，2023 年较 2022 年除"环境管理"的议题外披露篇幅都有所提升，而 2022 年较 2021 年半数实质性议题的披露篇幅有所下降。

表 12－6　　　　　　　　　　　　丽珠在妙盈实质性议题层面的篇幅

实质性议题	权重	2021 年		2022 年		2023 年	
		字数	增长率	字数	增长率	字数	增长率
环境管理	6.40%	3 290	—	3 576	8.69%	1 080	−69.80%
污染物	3.20%	3 261	—	2 194	−32.72%	3 659	66.77%
废弃物	3.20%	965	—	920	−4.66%	1 306	41.96%
物料消耗	0.64%	644	—	484	−24.84%	723	49.38%
水资源	3.20%	1 928	—	2 515	30.45%	3 742	48.79%
能源消耗	6.40%	4 181	—	1 428	−65.85%	4 815	237.18%
温室气体排放	3.20%	/	—	/	/	/	/
气候变化	3.20%	3 155	—	8 625	173.38%	16 087	86.52%
员工参与度多样性	9.60%	9 185	—	13 821	50.47%	20 086	45.33%
产品责任	9.60%	32 158	—	29 538	−8.15%	49 191	66.53%
劳工管理	4.80%	3 926	—	6 056	54.25%	9 198	51.88%

续表

实质性议题	权重	2021年		2022年		2023年	
		字数	增长率	字数	增长率	字数	增长率
社区影响	4.80%	3 310	—	3 187	−3.72%	4 614	44.78%
供应商管理	4.80%	11 186	—	9 745	−12.88%	15 295	56.95%
职业健康与安全	0.96%	8 292	—	4 428	−46.60%	6 474	46.21%
商业道德	14.40%	6 213	—	9 240	48.72%	10 975	18.78%
风险管理	7.20%	966	—	945	−2.17%	2 891	205.93%
ESG治理	7.20%	3 294	—	3 611	9.62%	3 811	5.54%
公司治理信息	7.20%	709	—	705	−0.56%	737	4.54%

注:温室气体排放议题仅在ESG报告附录中披露了指标数据。

资料来源:课题组整理。

(二)披露篇幅中的量化披露

目前,上海证券交易所、深圳证券交易所和北京证券交易所分别发布了《可持续发展报告指引(试行)》(征求意见稿),《指引》中均含"量化"原则,即在报告中披露量化的绩效指标。此节将讨论不同评级机构实质性议题层面量化披露的变化,统计口径与上节一致,此处定量数据的统计均根据丽珠集团ESG报告手动整理。2021年,丽珠集团ESG报告中涉及议题层面的定量数据为729个;2022年,丽珠集团ESG报告中涉及议题层面的定量数据为457个;2023年,丽珠集团ESG报告中涉及议题层面的定量数据为674个。2022年披露的定量数据较2021年有较大的下降篇幅,2023年披露的定量数据较2022年有所回升。

(1)MSCI实质性议题层面

如表12−7所示,MSCI的实质性议题中,"人力资本开发""医疗保险服务可得性"和"治理维度"议题的定量数据逐年增加,其中"人力资本开发"和"医疗保险服务可得性"议题2023年的定量数据较2022年有显著的提升;"产品质量与安全"和"治理维度"议题的定量数据近年保持平稳;"有毒排放与废弃物"和"水资源短缺"议题的定量数据逐年减少,2022年的定量数据较2021年有显著的降低,2022年和2023年的定量数据趋于平稳。ESG报告中未披露"化学安全性"相关的章节。

表12−7 丽珠在MSCI实质性议题层面的量化披露

实质性议题	权重	2021年		2022年		2023年	
		定量数据	定量数据/字数	定量数据	定量数据/字数	定量数据	定量数据/字数
有毒排放与废弃物	9.00%	113	7.54%	34	2.06%	33	2.04%
水资源短缺	0.20%	42	1.40%	26	0.44%	29	0.37%

续表

实质性议题	权重	2021 年		2022 年		2023 年	
		定量数据	定量数据/字数	定量数据	定量数据/字数	定量数据	定量数据/字数
产品安全与质量	27.20%	109	7.12%	115	8.51%	113	7.21%
人力资本开发	18.20%	67	2.26%	82	2.34%	133	3.14%
医疗保健服务可得性	12.00%	33	1.36%	37	1.02%	108	1.94%
化学安全性	0.10%	0	0.00%	0	0.00%	0	0.00%
治理维度	33.40%	22	2.10%	26	1.70%	28	1.94%

资料来源:课题组整理。

(2)其他机构的实质性议题层面

表 12－8 为妙盈实质性议题层面的量化披露的情况,与 MSCI 类似,部分实质性议题的定量数据逐年增加,部分实质性议题的定量数据逐年减少,大多呈现不规律的波动,并未发现明显的偏向。

表 12－8　　　　　丽珠在妙盈实质性议题层面的量化披露

实质性议题	权重	2021 年		2022 年		2023 年	
		定量数据	定量数据/字数	定量数据	定量数据/字数	定量数据	定量数据/字数
环境管理	6.40%	35	3.79%	41	4.82%	34	7.34%
污染物	3.20%	75	4.43%	18	1.19%	19	1.58%
废弃物	3.20%	38	3.11%	16	0.87%	14	0.46%
物料消耗	0.64%	19	2.48%	9	1.24%	7	0.55%
水资源	3.20%	42	1.40%	26	0.44%	29	0.37%
能源消耗	6.40%	137	3.18%	31	1.89%	63	1.23%
温室气体排放	3.20%	4	/	4	/	4	/
气候变化	3.20%	0	0.00%	0	0.00%	0	0.00%
员工参与度多样性	9.60%	78	2.24%	82	1.19%	138	2.20%
产品责任	9.60%	212	11.36%	180	10.45%	244	9.57%
劳工管理	4.80%	16	1.58%	20	1.65%	30	1.53%
社区影响	4.80%	62	2.85%	42	1.47%	59	1.49%
供应商管理	4.80%	30	0.82%	32	1.83%	65	2.57%
职业健康与安全	0.96%	51	0.58%	16	0.29%	19	0.25%
商业道德	14.40%	13	1.16%	21	1.03%	22	1.19%

续表

实质性议题	权重	2021 年		2022 年		2023 年	
		定量数据	定量数据/字数	定量数据	定量数据/字数	定量数据	定量数据/字数
风险管理	7.20%	1	0.10%	1	0.11%	2	0.21%
ESG 治理	7.20%	0	0.00%	0	0.00%	0	0.00%
公司治理信息	7.20%	4	0.56%	4	0.57%	4	0.54%

注：温室气体排放议题仅在 ESG 报告附录中披露了指标数据。

资料来源：课题组整理。

(三)媒体管理

丽珠集团在公司媒体如官网与公众号、新浪等媒体平台、公众口碑三方面进行关于可持续发展的媒体管理。

首先，在公司媒体方面，丽珠集团 2023 年在公司官网开设专门的"可持续发展"板块（如图 12—6 所示），从环境、社会及管制报告，人力发展，商业道德，供应商，环境、职业健康与安全，公益慈善，ESG 评级及荣誉共 7 方面详细介绍企业可持续发展情况；并在"投资者关系"板块披露了公司治理章程以及 ESG 报告等。此外，丽珠集团设置"丽珠医药"公众号，不定期发布公司在 ESG 方面的努力与最新动态。例如，2024 年 5 月 8 日，对丽珠集团获中国红十字会总会"特殊贡献奖"和"中国红十字博爱奖章"进行宣传；在世界地球日，丽珠集团组织参与"地球一小时"活动等。

资料来源：丽珠集团官网。

图 12—6　丽珠集团官网可持续发展页面

其次，在新浪等媒体平台方面，新浪财经发布《中国 ESG 500 强医药生物企业榜单》，并介绍丽珠集团位列该榜单前五，其还开展"ESG 赋能中国好公司"系列活动，走进丽珠集团进行走访宣传。此外，《证券市场周刊》曾转载丽珠集团的 2022 年 ESG 报告，并指出丽珠集团为行业发展做出了积极贡献。

最后,在公众口碑方面,由于丽珠集团并不直接面向消费者,故对丽珠集团的评价多集中在财务表现与投资回报,有个体投资者将丽珠集团评价为优秀的大型综合医药公司。此外,有自媒体博主 2021、2022 年连续两次通过参与股东大会调研丽珠集团,并指出丽珠集团的分红规模已经远超其上市以来的融资规模,对丽珠集团给予好评。

二、ESG 表现的变化

(一)ESG 表现提升重点

2021 年至 2023 年,丽珠集团整体 ESG 表现逐年提升,其重点提升了"废弃物管理""应对气候变化""产品责任""普惠健康"和"雇用"方面的表现,其在"ESG 管治""合规经营""供应链""社会贡献"等方面已有中等偏上的表现,这三年提升的幅度并不大。

(1)废弃物管理

有害废弃物处置是废弃物管理实践的重点之一,2021 年和 2022 年丽珠集团没有披露相关有害废弃物的处置措施,在 2023 年的 ESG 报告中披露了为确保危险废弃物得到合法合规处置的相关措施。

废弃物管理的相关绩效也呈现逐年提升的现象(如表 12-9 所示)。每百万元营收产生的有害废弃物总量逐年减少;每百万元营收废弃物回收利用总量在 2021 年没有披露,2023年较 2022 年大幅度提升;回收再利用的废弃物占比在 2021 年也没有披露,2023 年较 2022年大幅度提升,从 9.88% 提升至 44.9%,提升了 354%。

表 12-9　　　　　　　　　　　丽珠集团废弃物管理相关绩效

指标名称	2021 年	2022 年	2023 年
有害废弃物强度(吨/百万元营收)	0.25	0.25	0.19
废弃物回收利用总量(吨/百万元营收)	未披露	0.92	3.84
回收再利用的废弃物占比(%)	未披露	9.88	44.9

资料来源:Wind 数据库。

企业优化废弃物管理能够提高资源利用率,降低成本。丽珠集团逐年加强废弃物的回收与再利用,降低废弃物处理成本,同时更多利用再生资源,减少对原始资源的需求,也降低了原材料采购成本;此外,其规范的废弃物处置可以减少环境污染和健康相关风险,从而降低相关的社会治理成本,有助于企业的可持续发展,也有助于保护环境和促进社会经济的健康发展。

(2)应对气候变化

2021 年,丽珠集团按照气候相关财务信息披露工作组(TCFD)的建议进行气候变化影响的管理和披露。TCFD 建议围绕气候相关风险和机遇对于财务影响展开指引,并从治理、战略、风险管理、指标和目标四个模块提出了披露建议。但在 2021 年的 ESG 报告中,丽珠集团只考虑了气候变化的风险及其措施,并未识别气候变化的机遇和相关措施;此外,其在对风险影响进行分析时,也没有重视气候风险的潜在财务影响。

在2022年与2023年,丽珠集团全面评估了自身业务所面临的气候变化风险和机遇,并具体分析了实体风险和转型风险潜在的财务影响,在此基础上制定并执行了应对实体气候风险和转型气候风险的具体行动方案。具体而言,实体风险可能会导致营业成本增加,如电力等能源价格上涨,极端高温引致的电力短缺,高温天气带来的能耗上升,环保合规成本上升等;转型风险可能会使得销量或产出降低从而导致收入减少,如政府限电导致生产延误,台风及洪水等自然灾害导致运输受阻或停产,气温上升影响员工健康从而导致生产效率下降,无法获取生产所需的自然资源,气候变化导致生产的必要资源变成稀缺资源等。

丽珠集团识别其中财务风险并制定其应对措施,能够最大限度减少损失,对机遇的识别和应对也能增加未来在市场中获利的可能性,促进企业的可持续发展。目前,丽珠集团使用的能源仍为碳排放的主要来源。面对"能源替代"的新机遇,丽珠集团在各生产企业开展光伏发电项目建设,同时积极探索其他适用可行的清洁能源,这能够更好地促进本集团达成减排目标。在中国积极推进能源转型、构建新能源占比逐渐提高的新型电力系统的背景下,以及随着可再生能源的运营成本越来越有竞争力,丽珠集团建立清洁生产的激励机制,保障清洁生产持续有效进行,减少温室气体排放以增加未来在碳交易市场中获利的可能性。丽珠集团也积极关注市场上消费者偏好趋势,聚焦绿色低碳产品的开发,建设绿色制造体系,这不仅能够满足消费者日益增长的环保需求、增强市场竞争力,还能开拓新的收入渠道,提升品牌形象。这种对环境友好的创新不仅有助于丽珠集团树立作为可持续发展和负责任企业的形象、吸引更多消费者和投资者的关注,还可以通过优化能源和资源的使用,降低企业的运营成本,提高企业的效率和盈利能力。

此外,丽珠集团在2023年的气候风险管理中还开展了气候相关情景分析,以评估公司价值链各方面对气候情景的适应能力、气候相关风险和机遇的重要性以及向低碳未来过渡的潜在风险和机遇对公司的影响。

从2022年起,丽珠集团通过CDP气候变化问卷对于"应对气候变化"进行更为详细的披露。CDP气候问卷受关注度较高,由16个模块组成,包括定性指标(治理、战略、风险和机遇)、定量指标(碳排放计算、碳排放核证、碳定价等)和不评分指标(供应链模块)组成。按照当年度CDP Climate Change评价等级赋值,满分为10分,2022年丽珠集团CDP表现为7分,2023年丽珠集团CDP表现为8分。①

(3)产品责任

近年来,丽珠集团持续关注产品注册和质量管理体系认证情况。如表12-10、表12-11和表12-12所示,在丽珠集团制剂工作情况方面,产品国际注册的项目逐年增加,

———————————

① 资料来源:妙盈数据库。

相对而言,国内注册的项目则逐年减少,国际认证情况与生产线 GMP(药品生产质量管理规范)符合性情况不断提高;在丽珠集团原料药工作情况方面,产品国际注册的项目逐年增加,国内注册的项目和国际认证情况基本保持不变,生产线 GMP 符合性情况则不断提高;在丽珠集团体外诊断试剂工作情况方面,产品国际注册项目有所减少,而国内注册项目有所增加,国际认证情况不断提高,生产线 GMP 符合性情况保持不变。总体来说,丽珠集团非常重视产品注册、国家认证及 GMP 符合性情况,产品注册情况会因业务在国内或国外发展而有所侧重性调整,而国际认证情况和 GMP 符合性情况普遍呈现提升的趋势。

表 12－10   丽珠制剂产品注册、国家认证及 GMP 符合性情况

项目		2021 年	2022 年	2023 年
国际注册		13	35	39
国内注册		440	146	152
国际认证	国际认证品种	1	1	3
	国际认证证书	2	2	3
生产线 GMP 符合性情况		39	43	52

资料来源:《丽珠医药集团股份有限公司环境、社会及管治报告 2021》。

表 12－11   丽珠原料药产品注册、国家认证及 GMP 符合性情况

项目		2021 年	2022 年	2023 年
国际注册		104	133	167
国内注册		59	56	58
国际认证	国际认证品种	17	14	14
	国际认证证书	49	21	27
生产线 GMP 符合性情况		42	54	74

资料来源:《丽珠医药集团股份有限公司环境、社会及管治报告 2022》。

表 12－12   丽珠体外诊断试剂产品注册、国家认证及 GMP 符合性情况

项目		2021 年	2022 年	2023 年
国际注册		37	23	27
国内注册		98	121	147
国际认证	国际认证品种	6	8	10
	国际认证证书	1	1	5
生产线 GMP 符合性情况		2	2	2

资料来源:《丽珠医药集团股份有限公司环境、社会及管治报告 2023》。

此外,2023年,经过与日本富士瑞必欧深度战略合作的推进与落地,丽珠试剂正式成为其全部颗粒凝集法系列产品的全球独家生产商,并通过了MDSAP、ISO13485等体系认证,具备了制造产品并向美国、日本、东南亚等国家和区域供应的资质。①

产品注册、国家认证及GMP符合性情况方面的提升,有助于企业提高产品和服务的质量水平,确保产品和服务符合市场需求和用户期望,从而提升用户的满意度和忠诚度;此外,高质量的产品和服务是企业赢得市场认可和客户信任的基础,能够显著增强企业的市场竞争力。在全球化商业背景下,质量认证成为企业拓展海外市场、参与国际竞争的重要通行证。

强化产品责任意识也同样要求企业加强内部管理,改进生产流程,优化资源利用效率。通过合理配置和利用资源,企业能够最大化地减少资源浪费和能源消耗,实现资源的循环利用和价值最大化。

(4)普惠健康

在产品可及性方面,丽珠集团产品涵盖制剂、原料药和中间体以及诊断试剂及设备,覆盖了消化道、辅助生殖、精神及抗肿瘤等众多治疗领域,现已形成比较完善且多元化的产品集群。秉持将更多安全有效的产品惠及全球患者的理念,丽珠集团加速推进集团国际化发展,在境外新兴市场及发展中国家积极布局疫苗、专利药、仿制药及诊断试剂及设备等多类型产品的注册及销售。丽珠集团通过直接运营、授权合作、股权投资等方式拓展中国境外市场,业务现已遍及中国、欧美、拉美、大洋洲、独联体、东南亚、东亚、中亚、西亚、南亚、中东及非洲等全球主要医药市场及新兴市场。

2023年,在拓展海外市场的同时,丽珠集团亦重点关注产品在弱势群体及特殊人群中的可及性,如妇女、儿童、老年人等。丽珠集团的现有产品覆盖肿瘤、自身免疫、生殖、传染病预防等领域,其中已上市产品注射用重组人绒促性素及在研产品重组人促卵泡激素注射液都属于辅助生殖产品,为女性不孕症患者带来了福音。此外,丽珠集团在新冠疫苗(包括二价疫苗)的临床研究中,尤其关注老年人群等高风险人群的临床用药需求,并在试验设计中针对性地纳入相关群体,以获得更夯实的试验数据,证明产品的安全有效性,为高风险人群的疫苗接种提供更多的选择。

在产品可负担性方面,丽珠集团持续提升其产品在全球市场的可负担性,针对国家间和国家内的市场分别制定公平定价政策。丽珠集团积极参与国内各层级开展的药品集中带量采购项目,2023年,其累计15个品规中选,价格平均降幅为45.71%。公司积极响应国家医改政策,在药品招采准入过程中进一步降低药品价格,减轻患者经济负担和医保基金压力。

考虑到新兴市场和发展中国家的人民通常用药成本负担相对较高,丽珠集团在境外欠发达国家和地区进行产品推广时,会根据当地发展水平及市场情况来制定合理、优惠的价格,并积极参与当地的政府投标,努力降低当地患者的用药负担。2021年,丽珠集团原料药

---

① 《丽珠医药集团股份有限公司环境、社会及管治报告2023》,2024年,第94页。

和制剂共有 16 款产品在南亚、东南亚、南美及非洲地区的销售过程中采用了与当地收入水平匹配的公平定价政策，于 2022 年增加至 25 款产品，2023 年增加至 27 款产品。

（5）雇用

从 2022 年起，丽珠集团开始重点关注困难员工帮扶，给员工送温暖。同时在 2022 年和 2023 年，丽珠集团逐步并进一步重视集体谈判权、应对工作场所欺凌及骚扰的措施、劳工风险评估、生育福利等方面。此外，丽珠集团注重员工培训与发展，以"丽珠商学院"为核心平台，建设全方位和多元化的员工培训体系。丽珠集团在 2022 年加大管理和领导力培训力度，培训总时长达 74 105 小时，100% 覆盖全体员工，在参加管理和领导力发展培训的员工中，共有 507 位员工获得晋升（占全体员工 6%）。

（二）机构实质性议题层面分析

（1）MSCI 实质性议题层面

MSCI 在"社会"和"环境"维度所关注的 6 个实质性议题中，有 4 个实质性议题与丽珠集团 ESG 表现提升重点相对应且权重较高，分别为"有毒排放与废弃物"的权重为 9.0%，"产品安全与质量"的权重为 27.2%，"人力资本开发"的权重为 18.2%，"医疗保健服务可得性"的权重为 12.0%，共计 66.4%。而未与之对应的实质性议题"水资源短缺"和"化学安全性"的权重仅为 0.2% 和 0.1%。

（2）其他机构实质性议题层面

妙盈所关注的 15 个实质性议题中，与丽珠集团 ESG 表现提升重点相对应的议题有"废弃物""气候变化""员工参与度多样性"和"产品责任"，权重共计 25.60%，远低于 MSCI 所关注的议题权重（66.4%）；而未与之对应的在"社会"和"环境"维度的议题权重总和为 38.40%，远高于未与 MSCI 对应的议题权重（0.3%）。在 Wind 所关注的实质性议题中，与丽珠集团 ESG 表现提升重点相对应的议题有"废弃物""气候变化""产品与服务""医疗可及性"和"雇用"，权重共计 36.04%，同样远低于 MSCI 所关注的议题权重（66.4%）；而未与之对应的在"社会"和"环境"维度的议题权重总和为 30.07%，远高于未与 MSCI 对应的议题权重（0.3%）。华证和商道融绿所关注的实质性议题也有类似的情况。

三、策略性提升 ESG 表现

在前文的研究中，我们发现，丽珠集团的 ESG 评级似乎存在针对 MSCI 的偏向性提升，即丽珠集团重点针对 MSCI 所关注的实质性议题进行 ESG 方面的提升，而对于其他机构关注的其他实质性议题则并没有明显提升。MSCI 的评级结果对全球资本市场具有重要影响，海外企业，尤其是那些寻求国际融资或希望在国际市场上获得更高认可度的企业，更倾向于获得 MSCI 的评级，这有助于提升其在国际投资者中的知名度和信誉。相比之下，妙盈、商道融绿等国内评级机构的评级覆盖范围主要集中在国内企业上，其在海外市场的知名度和影响力仍有待提升。因此，丽珠集团为了应对境外业务的不断拓展，需要提升其在

MSCI 的评级结果,相对而言,国内其他评级机构的评级结果提升就会被相对弱化。为了验证这一猜想,我们以 MSCI、妙盈和商道融绿为例进行分析。

MSCI 所不关注的 21 项实质性议题中,对于"电子废弃物""产品碳足迹"等半数实质性议题,丽珠集团都未进行相关的 ESG 披露,只有"气候变化脆弱性""生物多样性和土地利用""原材料采购"和"劳工管理"这 4 个议题的定量数据的披露篇幅呈现持续上升的趋势,其余议题都有不同程度的波动。此外,在 ESG 表现方面,2021—2023 年丽珠集团 ESG 表现提升重点中,仅"应对气候变化"这一实质性议题为 MSCI 所不关注的实质性议题,其余半数 MSCI 不关注的议题丽珠集团 ESG 报告中都未披露,并且披露的部分议题,如"原材料采购""社区关系"等在这三年中 ESG 表现提升的幅度并不大。

MSCI 所不关注的 21 个实质性议题中,表 12－13 所列的 9 个议题是妙盈所关注的丽珠集团的实质性议题。在 ESG 披露层面,只有"气候变化脆弱性"和"劳工管理"的披露篇幅呈现持续上升的趋势;在 ESG 表现层面,也只有"气候变化脆弱性"和"包装材料和废弃物"这两个议题的内容是 2021—2023 年丽珠集团 ESG 表现的提升重点。我们可以明显看出,丽珠集团并未重点注意妙盈关注但 MSCI 所不关注的议题,在这些议题上,无论是 ESG 披露层面,还是 ESG 表现方面都没有重点提升。

表 12－13　　　　　　　　　**妙盈关注但 MSCI 不关注的实质性议题**

其他实质性议题	2021 年		2022 年		2023 年	
	定量数据	字数	定量数据	字数	定量数据	字数
碳排放	4	/	4	/	4	/
气候变化脆弱性	0	3 155	0	8 625	0	16 087
原材料采购	21	11 186	23	9 745	56	15 295
包装材料和废弃物	16	644	6	484	4	723
可再生能源机遇	133	4 181	27	1 428	59	4 815
健康与安全	48	8 292	13	4 428	16	6 474
劳工管理	27	3 380	20	6 144	35	9 164
隐私与数据安全	1	1 236	0	869	2	2 236
社区关系	50	2 855	34	2 769	51	3 700

资料来源:课题组整理。

第四节　实质性议题驱动可持续发展

重要性评估是确定可持续发展报告中应披露的议题以及与这些议题相关的影响、风险与机遇的起点,对 ESG 评级中实质性议题的设置同样具有重要意义。虽然当前不同司法管辖区(如欧盟、美国、中国)发布的可持续发展信息披露监管要求,以及国际上普遍采用的 GRI 标准、ISSB 标准采取的重要性原则存在一定差异,但均强调财务重要性原则。财务重要性是指与企业有关的可持续议题引发或合理预期会对企业产生重大的财务影响,如某项可持续议题产生的风险或机遇,会在短期、中期或长期对企业发展、财务状况、现金流、融资能力等有重大影响或可能产生重大影响,则该议题将被认为具有财务重要性。

ESG 的财务重要性描述的是对企业价值创造具有重要性意义的 ESG 因素,其信息可以帮助投资者等资本提供者提升投资能力。ESG 财务重要性特征在评级活动中的应用也可以降低被评主体通过过度披露非重要 ESG 信息进行"漂绿"的影响,因为重要性判断过程只关注对财务具有重大影响的 ESG 信息。[①] 接下来,本章将从财务重要性角度出发,以财务指标为例,探究丽珠集团的实质性议题如何影响其可持续发展。

一、ESG 表现与盈利能力

资产收益率 ROE 是净利润与股东权益之比,反映了股东权益的收益水平,同时也是衡量公司盈利能力和经营成果的重要指标。由图 12—7 可知,丽珠集团自 2019—2023 年的资产收益率(ROE)呈现稳定上升趋势,从 2019 年的 11.0% 增加至 2023 年的 13.5%,与 ESG 评级的变化趋势一致。此外,丽珠集团在制药行业的 ESG 评级处于行业领先水平,在 MSCI 评级体系中与药明生物同为最高 AAA 级,在 Wind 与妙盈评级体系中排名均居行业前列,而丽珠集团的资产收益率(ROE)同样远高于行业平均水平,与 ESG 评级的行业排名相吻合。此外,资产收益率的稳步提升,反映企业经营状况良好,有利于促进丽珠集团的可持续发展。

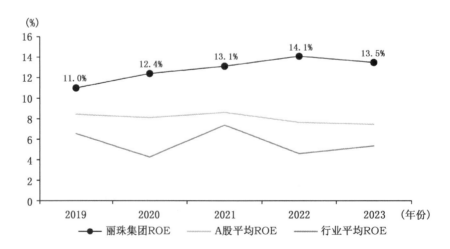

资料来源:Wind 数据库。

图 12—7　2019—2023 年丽珠集团及行业平均 ROE

---

① 资料来源:《中金 ESG 评级:总览》,https://mp.weixin.qq.com/s/wPvD4V_tEpfJS1AWzdIu9Q。

二、普惠健康促抗风险能力

在"普惠健康"和"产品责任"实质性议题方面，丽珠集团逐渐丰富产品种类、扩大产品覆盖范围。由图12—8可知，以丽珠集团原料药产品为例，其注册项目数量增长迅速，从2020年的84个增长至2023年的167个，产品数量也呈现稳定增长趋势。此外，丽珠集团原料药及中间体产品的覆盖国家/地区从2020年的40个逐年增长至2023年的103个。截至2023年年末，丽珠集团原料药及中间体共有36个在产品种在103个海外国家/地区完成了167个注册项目。通过丰富产品种类，面向更广泛的地区和人群，丽珠集团能够增强抗风险能力和稳定性，从而促进自身的可持续发展。

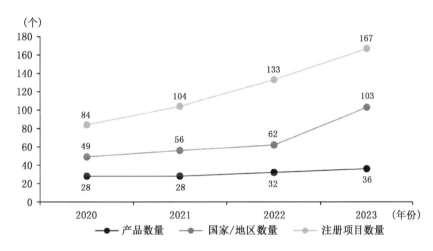

资料来源：课题组整理。

图12—8 丽珠集团原料药产品覆盖范围

三、员工培训提高人均创利

在"雇用"实质性议题方面，丽珠集团为员工提供了全方位多维度的培训，包括通用类培训（比如商业道德、负责任营销、数据安全和隐私保护、多元化、管理类、领导力等）、针对具体岗位的专业技能培训（比如生产、研发、EHS等岗位），以及针对不同级别员工的培训（比如应届毕业生、新员工、初级管理层、中级管理层及高级管理层等），为研发人员提供了包括项目重大技术及研发思路、药物研发的理论和原理、科研的思维方式、项目计划制定等培训内容。此外，丽珠集团支持所有全职员工在工作之余考取岗位相关的学位及专业资质，并协助员工申报相关特定资质或国家职称认定，同时亦鼓励兼职员工及合约人员进行学历与资质的提升。一系列的员工培训，有助于增强丽珠集团员工的工作能力，提高员工工作效率，从而助力公司绩效提升。以人均创利指标（利润总额/全年平均职工人数）为例，如图12—9所示，丽珠集团人均创利从2019年的14.45万元逐年提高至2023年的21.87

万元,反映了"雇用"议题对企业可持续发展的推动作用。

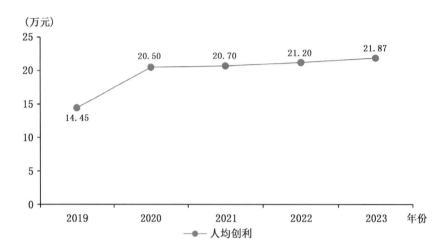

资料来源:Wind 数据库。

图 12-9 2019—2023 年丽珠集团人均创利

第五节 本章小结

作为 2024 年之前 A 股上市公司中唯一一家 MSCI 评分"AAA"级企业,丽珠集团开展的 ESG 行动布局不仅仅是为了企业"走出去"而特意量身定做的表面工作,而是充分理解借鉴国内外上市公司具体议题的最佳实践案例,其真正实现了内部 ESG 表现的全方面升级,从而有助于公司实现长期可持续发展。丽珠集团不仅重视 ESG 披露和媒体管理,而且对医疗领域的重点议题均进行了大幅提升。同时,丽珠集团对 MSCI 的评级框架进行了针对性提升,表现为在披露层面偏向于提升了 MSCI 所关注实质性议题的篇幅,在实践层面重点提升了 MSCI 所关注实质性议题的表现。

对可持续发展的驱动方面,丽珠集团的资产收益率(ROE)高于行业平均水平并稳步提升,反映了企业经营状况良好。"普惠健康"和"产品责任"的发展丰富了产品种类,扩大了产品覆盖范围,能够增强丽珠集团的抗风险能力和稳定性,从而促进公司可持续发展。在"雇用"实质性议题方面,丽珠集团通过为员工提供全方位培训,提高员工的工作效率和公司的生产效率,从而提升公司盈利能力,促进公司可持续发展。

结　语

通过本书前面章节的系统梳理与分析,我们可以总结为以下几个主要结论:第一,ESG 的实践远没有跟上 ESG 理念。ESG 的理念已经倡导了 20 多年,但 ESG 的实践也就是最近几年的事情,还远远滞后于其理念的传播。而且,ESG 在实践中还残留着很多传统的简单的社会责任观,以为 ESG 就是单纯地做慈善、植树造林。第二,ESG 的披露标准,特别是在实质性议题的认定上,无论是相关准则,还是企业和评级机构的实践上,还存在特别大的分歧。第三,企业对于 ESG 的实践和提升,既有实质性的战略举措,更有策略性的行为手段,如何从推动企业可持续发展的高度,来推动企业的 ESG 实践,还任重道远。

对于未来的 ESG 实践,课题组认为做好以下四点工作尤为关键:

第一,要真正领会 ESG 的理念,在可持续发展的高度推动 ESG 实践。ESG 并不是 CSR 的简单升级,而是在指导思想和具体内涵上有一个革命性的变化。CSR 主要关注企业的社会责任行为,通常不直接强调其对财务的影响;而 ESG 则涵盖了环境、社会和治理三大因素,且与财务表现紧密相关。ESG 对资本市场的影响是深远的,不仅通过负面筛选和整合等策略来引导资本市场的资金流向,更在经济学理论中成为确权与定价的重要依据,其影响力已远超 CSR 的传统范畴。因此,必须在可持续发展的战略高度推动 ESG 的理念落地和实践。

第二,要准确完整地理解 ESG 双重实质性的逻辑。在推动 ESG 的实践中,应该有更科学严谨的实质性议题准则和规范,让企业来遵循。特别是对于"双重实质性"的理念,企业应该旗帜鲜明地坚持,现在部分准则和企业在这方面还是比较犹豫和纠结。从推动企业全面的风险管理和可持续发展来讲,如果企业仅关注财务实质性而忽视影响实质性,其可能会错过潜在的重大风险,例如环境法规变化、社会运动或公众舆论的影响。而强调双重实质性使企业能够更全面地识别和管理这些风险,从而提高其抗风险能力。在当前全球面临环境变化、社会不平等等敏感问题的背景下,企业通过遵循双重实质性的原则,也能够更有效地为实现可持续发展目标做出贡献,提升自己的社会价值。

第三,推动统一的 ESG 准则体系建设,避免部门本位主义。在我国 ESG 的实践进入快车道之后,推动统一的 ESG 准则体系建设显得尤为重要。这一举措不仅能够确保各行业在环境、社会和治理(ESG)方面的标准一致性,还能有效避免部门本位主义的产生。部门本位主义往往导致不同部门或行业在 ESG 实践中各自为政,缺乏协同作用,这不仅影响了资源的有效配置,也可能导致企业在面对环境法规和社会责任时的应对措施不协调,进而影响公司的整体形象和可持续发展。因此,建立一个统一的 ESG 准则体系,可以为各行各业提供一个明确的标准框架,使其在规范实践的同时,增强企业间的良性竞争与合作。

第四,创造一个有利于 ESG 理念传播和实践的生态环境。创造一个有利于 ESG 理念传播和实践的生态环境,需要监管部门、企业、评级机构和学术界等各方的共同努力与协作。首先,监管部门应发挥引导和监督角色,通过制定明确的政策和法规,促使企业在环境、社会和治理方面设置明确的标准。其次,企业部门应积极融入 ESG 理念,将其纳入战略规划和日常运营。同时,企业应积极参与 ESG 相关合作平台,分享成功案例和经验,以促进行业内的知识交流和创新。同时,评级机构在收集、分析和发布 ESG 相关数据方面扮演重要角色。评级机构应当提供科学、公正的评级体系,让企业的 ESG 表现得到公平评估。这不仅能帮助投资者做出明智选择,也为企业提供改进和提升的方向。最后,学术界应通过研究和教育提升对 ESG 理念的理解和认知。学术界应通过开展相关课题的研究,为政策制定提供数据支持和理论依据,同时,应培养具有 ESG 意识的人才,增强未来领导者的社会责任感。通过各方的协作与共赢,可以共同构建一个支持和推动 ESG 理念的生态环境,使得可持续发展成为社会各界共同的目标和责任。

参考文献

[1]白瑞瑛.长虹美菱股份有限公司盈利管理研究[J].老字号品牌营销,2024(10):103—105.

[2]蔡贵龙,张亚楠.基金 ESG 投资承诺效应——来自公募基金签署 PRI 的准自然实验[J].经济研究,2023,58(12):22—40.

[3]陈诗一,陈登科.雾霾污染、政府治理与经济高质量发展[J].经济研究,2018,53(2):20—34.

[4]翟胜宝,程妍婷,许浩然,等.媒体关注与企业 ESG 信息披露质量[J].会计研究,2022(8):59—71.

[5]范庆泉,周县华,张同斌.动态环境税外部性、污染累积路径与长期经济增长——兼论环境税的开征时点选择问题[J].经济研究,2016,51(8):116—128.

[6]方先明,胡丁.企业 ESG 表现与创新——来自 A 股上市公司的证据[J].经济研究,2023,58(2):91—106.

[7]冯丽艳,肖翔,程小可.社会责任对企业风险的影响效应——基于我国经济环境的分析[J].南开管理评论,2016,19(6):141—154.

[8]高杰英,褚冬晓,廉永辉,等.ESG 表现能改善企业投资效率吗?[J].证券市场导报,2021(11):24—34,72.

[9]顾雷雷,郭建鸾,王鸿宇.企业社会责任、融资约束与企业金融化[J].金融研究,2020(2):109—127.

[10]胡智韬.基于员工长期发展的企业培训模式研究[J].人才资源开发,2015(2):162—163.

[11]黄恩,徐晋,李梦影,等.多元化发展对企业财务风险影响的实证研究[J].现代商业,2024(5):173—176.

[12]黄世忠.支撑 ESG 的三大理论支柱[J].财会月刊,2021(19):3—10.

[13]黄世忠.可持续发展报告体系之争——ISDS 与 ESRS 的理念差异和后果分析[J].财会月刊,2022(16):3—10.

[14]黄世忠,叶丰滢.欧洲可持续发展报告准则解读:《一般披露》准则[J].财会月刊,2023,44(22):3—8.

[15]贾茜.对"IFRS 实务声明 2:进行重要性判断"的分析[J].财会通讯,2019(25):119—122.

[16]李强.可持续发展概念的演变及其内涵[J].生态经济,2011(7):87—90.

[17]李诗,黄世忠.从 CSR 到 ESG 的演进——文献回顾与未来展望[J].财务研究,2022(4):13—25.

[18]李小荣,徐腾冲.环境—社会责任—公司治理研究进展[J].经济学动态,2022(8):133—146.

[19]李兆前,齐建国.循环经济理论与实践综述[J].数量经济技术经济研究,2004(9):145—154.

[20]李志斌,阮豆豆,章铁生.企业社会责任的价值创造机制:基于内部控制视角的研究[J].会计研究,2020(11):112—124.

[21]刘柏,卢家锐."顺应潮流"还是"投机取巧":企业社会责任的传染机制研究[J].南开管理评论,2018,21(4):182—194.

[22]刘启亮,罗贞,李洪.可持续信息披露与评估:基于双重重要性原则[J].财会月刊,2024,45(17):31—37.

[23]吕颖菲,刘浩.可持续发展报告中双重重要性的概念、转化和评估——兼与财务报告重要性的比较[J].财会月刊,2022(15):71—76.

[24]马文杰,余伯健.企业所有权属性与中外 ESG 评级分歧[J].财经研究,2023,49(6):124—136.

[25]毛其淋,王玥清.ESG 的就业效应研究:来自中国上市公司的证据[J].经济研究,2023,58(7):86—103.

[26]孟庆春,张夏然,郭影."供应链＋多元主体"视角下中小制造企业污染共治路径与机制研究[J].中国软科学,2020(9):100—110.

[27]莫建雷,段宏波,范英,等.《巴黎协定》中我国能源和气候政策目标:综合评估与政策选择[J].经济研究,2018,53(9):168—181.

[28]聂辉华,林佳妮,崔梦莹.ESG:企业促进共同富裕的可行之道[J].学习与探索,2022(11):2,107—116.

[29]邱牧远,殷红.生态文明建设背景下企业 ESG 表现与融资成本[J].数量经济技术经济研究,2019,36(3):108—123.

[30]权小锋,吴世农,尹洪英.企业社会责任与股价崩盘风险:"价值利器"或"自利工具"?[J].经济研究,2015,50(11):49—64.

[31]史永东,王淏淼.企业社会责任与公司价值——基于 ESG 风险溢价的视角[J].经济研究,2023,58(6):67—83.

[32]孙俊秀,谭伟杰,郭峰.中国主流 ESG 评级的再评估[J].财经研究,2024,50(5):4—18,78.

[33]孙蕊,甘舜予,祖澳雪,等.ESG 实质性议题披露研究[J].财会月刊,2024,45(3):41—47.

[34]汤旭东,张星宇,杨玲玲.监管型小股东与企业 ESG 表现——来自投服中心试点的证据[J].数量经济技术经济研究,2024,41(4):173—192.

[35]唐棣,金星晔.碳中和背景下 ESG 投资者行为及相关研究前沿:综述与扩展[J].经济研究,2023,58(9):190—208.

[36]涂正革.环境、资源与工业增长的协调性[J].经济研究,2008(2):93—105.

[37]汪建新.ESG 活动表现与企业升级[J].金融研究,2023(11):132—152.

[38]王金南,董战峰,蒋洪强,等.中国环境保护战略政策 70 年历史变迁与改革方向[J].环境科学研究,2019,32(10):1636—1644.

[39]王琳璘,廉永辉,董捷.ESG 表现对企业价值的影响机制研究[J].证券市场导报,2022(5):23—34.

[40]王茂斌,叶涛,孔东民.绿色制造与企业环境信息披露——基于中国绿色工厂创建的政策实验[J].经济研究,2024,59(2):116—134.

[41]王一婷,陈利顶,李纯,等.面向可持续发展目标的社会—生态系统研究进展——基于文献计量分析[J].生态学报,2023,43(22):9564—9575.

[42]王翌秋,谢萌.ESG 信息披露对企业融资成本的影响——基于中国 A 股上市公司的经验证据[J].南开经济研究,2022(11):75—94.

[43]温素彬.企业三重绩效的层次变权综合评价模型——基于可持续发展战略的视角[J].会计研究,2010(12):82—87.

[44]肖红军,沈洪涛,周艳坤.客户企业数字化、供应商企业 ESG 表现与供应链可持续发展[J].经济研究,2024,59(3):54—73.

[45]肖红军.关于 ESG 争议的研究进展[J].经济学动态,2024(3):145—160.

[46]谢红军,吕雪.负责任的国际投资:ESG 与中国 OFDI[J].经济研究,2022,57(3):83—99.

[47]徐凤敏,景奎,李雪鹏."双碳"目标背景下基于 ESG 整合的投资组合研究[J].金融研究,2023(8):149—169.

[48]杨博文,吴文锋,杨继彬.绿色债券发行对承销商的溢出效应[J].世界经济,2023,46(9):206—236.

[49]杨有德,徐光华,沈弋."由外及内":企业 ESG 表现风险抵御效应的动态演进逻辑[J].会计研究,2023(2):12—26.

[50]杨子晖,李东承,陈雨恬.金融市场的"绿天鹅"风险研究——基于物理风险与转型风险的双重视角[J].管理世界,2024,40(2):47—67.

[51]叶丰滢,黄世忠.重要性的不同理念及其评估与判断[J/OL].财会月刊,1—9[2024—10—08].

[52]叶丰滢,黄世忠.可持续发展报告的目标设定研究[J].财务研究,2023(1):15—25.

[53]叶莹莹,王小林.企业 ESG 表现如何影响股票收益波动率? ——基于 A 股上市公司的实证研究[J].会计研究,2024(1):64—78.

[54]张大永,张跃军,王玉东,等.气候金融的学科内涵、中国实践与热点前沿研究[J].管理科学学报,2023,26(8):1—15.

[55]张军泽,王帅,赵文武,等.可持续发展目标关系研究进展[J].生态学报,2019,39(22):8327—8337.

[56]张可扬.上市企业盈利能力研究——以老凤祥为例[J].商场现代化,2022(7):186—188.

[57]张鹏.培训体系如何助力绩效提升[J].人力资源,2020(10):82—83.

[58]郑少华,王慧.ESG 的演变、逻辑及其实现[J].上海财经大学学报,2024,26(4):124—138.

[59]朱佳.企业成本结构对毛利率的影响研究[J].环渤海经济瞭望,2024(2):164—166.

[60]诸大建.从 ESG 到可持续商业——企业推进 ESG 的四个方面的变革和转型[J].可持续发展经济导刊,2023(Z2):16—20.

[61]诸大建.从可持续发展到循环型经济[J].世界环境,2000(3):6—12.

[62]Abhayawansa S, Tyagi S. Sustainable Investing: The black box of environmental, social, and governance(ESG)ratings[J]. *The Journal of Wealth Management*,2021,24(1):49—54.

[63]Amel-Zadeh A, Serafeim G. Why and how investors use ESG information: Evidence from a global survey[J]. *Financial Analysts Journal*, 2018, 74(3): 87—103.

[64]Avramov D, Cheng S, Lioui A, et al. Sustainable investing with ESG rating uncertainty[J]. *Journal of Financial Economics*, 2022:145, 642—664.

［65］Baker E D，Boulton T J，Braga-Alves M V，et al. ESG government risk and international IPO underpricing［J］. *Journal of Corporate Finance*，2021(67)：101913.

［66］Berg F，Kölbel J F，Rigobon R. Aggregate confusion：The divergence of ESG ratings［J］. *Review of Finance*，2022,26(6):1315—1344.

［67］Brandon G R，Glossner S，Krueger P，et al. Do responsible investors invest responsibly? ［J］. *Review of Finance*，2022，26(6)：1389—1432.

［68］Brandon G R，Krueger P，Schmidt P S. ESG rating disagreement and stock returns［J］. *Financial Analysts Journal*，2021，77(4)：104—127.

［69］Broadstock D C，Chan K，Cheng L T W，et al. The role of ESG performance during times of financial crisis：Evidence from COVID-19 in China［J］. *Finance Research Letters*，2021(38)：101716.

［70］Carol A. Adams，et al. The double-materiality concept application and issues［EB/OL］. www. globalreporting. org,2021.

［71］Cerbone D，Maroun W. Materiality in an integrated reporting setting：Insights using an institutional logics framework［J］. *The British Accounting Review*，2020(3):100876.

［72］Chen S，Song Y，Gao P. Environmental，social，and governance(ESG) performance and financial outcomes：Analyzing the impact of ESG on financial performance［J］. *Journal of Environmental Management*，2023(345):118829.

［73］Chen Y C，Hung M，Wang Y. The effect of mandatory CSR disclosure on firm profitability and social externalities：Evidence from China［J］. *Journal of Accounting and Economics*，2018，65 (1)：169—190.

［74］Chen Z，and Xie G，ESG disclosure and financial performance：moderating role of esg investors［J］. *International Review of Finance Analysis*，2022(83)，102291.

［75］Christensen D M，Serafeim G，Sikochi A. Why is corporate virtue in the eye of the beholder? The case of ESG ratings［J］. *The Accounting Review*，2022，97(1)：147—175.

［76］Delgado-Ceballos J，Ortiz-De-Mandojana N，Antolín-López R，et al. Connecting the sustainable development goals to firm-level sustainability and ESG factors：The need for double materiality［J］. *BRQ Business Research Quarterly*，2023，26(1)：2—10.

［77］Downar B，Ernstberger J，Reichelstein S，et al. The impact of carbon disclosure mandates on emissions and financial operating performance［J］. Review of Accounting Studies,2021,26(3):1137—1175.

［78］ESRS 1 general requirements［EB/OL］. http：//finance. europa. eu,2023—07—31.

［79］Edmans A. The end of ESG［J］. *Financial Management*，2023，52(1)：3—17.

［80］Eliwa Y，Aboud A，Saleh A. Board gender diversity and ESG decoupling：Does religiosity matter? ［J］. *Business Strategy and the Environment*，2023，32(7)：4046—4067.

［81］Feng G F，Long H，Wang H J，et al. Environmental，social and governance，corporate social responsibility，and stock returns：What are the short-and long-Run relationships? ［J］. *Corporate Social Responsibility and Environmental Management*，2022，29(5)：1884—1895.

［82］Garcia-Torea N，Fernandez-Feijoo B，De La Cuesta M. CSR reporting communication：Defective reporting models or misapplication? ［J］. *Corporate Social Responsibility and Environmental Management*, 2020, 27(2): 952—968.

［83］Gillan S L, Koch A, Starks L T. Firms and social responsibility: A review of ESG and CSR research in corporate finance［J］. *Journal of Corporate Finance*, 2021(66):101889.

［84］He F, Qin S, Liu Y, et al. CSR and idiosyncratic risk: Evidence from ESG information disclosure ［J］. *Finance Research Letters*, 2022(49), 102936。

［85］Houston J F, Shan H. Corporate ESG profiles and banking relationships［J］. *The Review of Financial Studies*, 2022, 35(7): 3373—3417.

［86］Huang W, Luo Y, Wang, X, et al. Controlling shareholder pledging and corporate ESG behavior ［J］. *Research in International Business and Finance*, 2022(61): 101655.

［87］ISSB. IFRS S1 general requirements for disclosure of sustainable-related financial information ［EB/OL］. www. ifrs. org, 2023—06—26.

［88］Kimbrough M D, Wang X, Wei S, et al. Does voluntary ESG reporting resolve disagreement among ESG ratings［J］. *European Accounting Review*, 2022:1—33.

［89］Krueger P, Sautner Z, Tang D Y, et al. The effects of mandatory ESG disclosure around the world［J］. *Journal of Accounting Research*, 2021(5):1—54.

［90］Larcker D F, Tayan B, Watts E M. Seven myths of ESG［J］. *European Financial Management*, 2022, 28(4): 869—882.

［91］Li T , Belal A R. Authoritarian state, global expansion and corporate social responsibility reporting: The narrative of a Chinese state-owned enterprise［J］. *Accounting Forum*, 2018, 42(2): 199—217.

［92］Li X, Xu F, Jing K. Robust enhanced indexation with ESG: An empirical study in the Chinese stock market［J］. *Economic Modelling*, 2022(107): 105711.

［93］Lian Y, Ye T, Zhang Y, et al. How does corporate ESG performance affect bond credit spreads: Empirical evidence from China［J］. *International Review of Economics & Finance*, 2023(85): 352—371.

［94］Liang H, Renneboog L. On the foundations of corporate social responsibility［J］. *Journal of Finance*, 2017, 72(2): 853—910.

［95］Marquis C, Yin J, Yang D. State-mediated globalization processes and the adoption of corporate social responsibility reporting in China［J］. *Management and Organization Review*, 2017, 13(1):167—191.

［96］McWilliams A, Siegel D S. Corporate social responsibility: A theory of the firm perspective［J］. *Academy of Management Review*, 2001(26): 117—127.

［97］Mensah J, Ricart Casadevall, S. Sustainable development: Meaning, history, principles, pillars, and implications for human action: Literature review［J］. *Cogent Social Sciences*, 2019, 5(1):1653531, DOI:10. 1080/23311886. 2019. 1653531.

［98］Michaud D W, Magaram K A. Recent technical papers on corporate governance［J］. *Available at SSRN* 895520, 2006.

［99］Michelon G, Pilonato S, Ricceri F. CSR reporting practices and the quality of disclosure: An empirical analysis［J］. *Critical Perspectives on Accounting*, 2015(33): 59—78.

［100］Moosmayer D C，Chen Y，Davis S M. Deeds not words：a cosmopolitan perspective on the influences of corporate sustainability and NGO engagement on the adoption of sustainable products in China ［J］. *Journal of Business Ethics*，2019，158(1)：135－154.

［101］Parsa S，Roper I，Muller-Camen M，et al. Have labor practices and human rights disclosures enhanced corporate accountability? the case of the GRI framework［J］. *Accounting Forum*，2018，42(1)：47－64.

［102］Parsa S，Dai N，Belal A，et al. Corporate social responsibility reporting in China：Political，social and corporate influences［J］. *Accounting and Business Research*，2020，51(1)：36－64.

［103］Pedersen L H，Fitzgibbons S，Pomorski L. Responsible investing：The ESG-efficient frontier ［J］. *Journal of Financial Economics*，2021，142(2)：572－597.

［104］Pollman E. The making and meaning of ESG［J］. *University of Pennsylvania，Institute for Law & Economics Working Paper*，2022，No. 659/2022.

［105］Pucker K P，King A. ESG investing isn't designed to save the planet［J］. *Harvard Business Review*，2022，Aug. 1.

［106］Ramanathan S，Isaksson R. Sustainability reporting as a 21st century problem statement：Using a quality lens to understand and analyse the challenges［J］. *The TQM Journal*，2023，35(5)：1310－1328.

［107］Ramanna K. Friedman at 50：Is it still the social responsibility of business to increase profits? ［J］. *California Management Review*，2020，62(3)：28－41.

［108］Rau P R，Yu T. A survey on ESG：Investors，institutions and firms［J］. *China Finance Review International*，2024，14(1)：3－33.

［109］Schiehll E，Kolahgar S. Financial materiality in the informativeness of sustainability reporting ［J］. *Business Strategy and the Environment*，2021，30(2)：840－855.

［110］Schleussner C F，Rogelj J，Schaeffer M，et al. Science and policy characteristics of the Paris agreement temperature goal［J］. *Nature Climate Change*，2016(6)：827－835.

［111］Shu H，Tan W. Does carbon control policy risk affect corporate ESG［J］. *Economic Modelling*，2023(120)：106148.

［112］Soergel B，Kriegler E，Weindl I，et al. A sustainable development pathway for climate action within the UN 2030 Agenda［J］. *Nature Climate Change*，2021(11)：656－664.

［113］Sun Y，Wang J J，Huang K T. Does IFRS and GRI adoption impact the understandability of corporate reports by Chinese listed companies? ［J］. *Accounting and Finance*，2022，62(2)：2879－2904.

［114］Wang K，Li T，San Z，et al. How does corporate ESG performance affect stock liquidity? Evidence from China［J］. *Pacific-Basin Finance Journal*，2023(80)：102087.

［115］Wang Z，Liao K，Zhang Y. Does ESG screening enhance or destroy stock portfolio value? Evidence from China［J］. *Emerging Markets Finance and Trade*，2022，58(10)：2927－2941.

［116］Wang L，Le Q，Peng M，et al. Does central environmental protection inspection improve corporate environmental，social，and governance performance? Evidence from China［J］. *Business Strategy and the Environment*，2023，32(6)：2962－2984.

［117］Yang Y，Orzes G，Jia F，et al. Does GRI sustainability reporting pay off? An empirical investigation of publicly listed firms in China［J］. *Business and Society*，2021，60(7)：1738—1772.

［118］Zhang N，Zhang Y，Zong Z. Fund ESG performance and downside risk：Evidence from China ［J］. *International Review of Financial Analysis*，2023(86)：102526.

［119］Zhang X，Zhao X，He Y. Does it pay to be responsible? The performance of ESG investing in China［J］. *Emerging Markets Finance and Trade*，2022，58(11)：3048—3075.